NETWORK

中等职业学校计算机系列教材
网络专业 zhongdeng zhiye xuexiao jisuanji xilie jiaocai

局域网
组建与维护（第3版）

JuyuwangZujian
Yu Weihu

◎ 闫书磊 张仕娇 陈博清　主编

◎ 常彩虹 杨华安 阎旗　副主编

U0213018

人民邮电出版社

北 京

图书在版编目（CIP）数据

局域网组建与维护 / 闫书磊，张仕娇，陈博清主编
. -- 3版. -- 北京：人民邮电出版社，2012.5（2024.2重印）
中等职业学校计算机系列教材
ISBN 978-7-115-27447-2

Ⅰ. ①局… Ⅱ. ①闫… ②张… ③陈… Ⅲ. ①局域网
—中等专业学校—教材 Ⅳ. ①TP393.1

中国版本图书馆CIP数据核字（2012）第028191号

内 容 提 要

本书详细介绍 Windows Server 2003 操作系统下局域网的基础知识和操作方法，帮助学生了解和掌握局域网的基本概念和组建方法，使学生初步具备局域网组建和维护的能力。

全书共 10 章，内容主要包括计算机网络与局域网基础、局域网硬件、局域网规划设计与综合布线、局域网布线施工与网线制作、Windows Server 2003 网络操作系统的安装和配置、架设局域网服务器、客户机的配置与管理、组建局域网、局域网与 Internet 连接技术、局域网维护与使用技巧等。在书后的附录中给出了布线施工常用术语、ping 命令常用参数以及常用的 DOS 命令。在每章的最后均设有习题，使学生能够巩固本章所学知识。

本书适合作为中等职业学校"局域网组建与维护"课程的教材，也可作为局域网络初学者的自学参考书。

- ◆ 主　编　闫书磊　张仕娇　陈博清
  　副主编　常彩虹　杨华安　阎　旗
  　责任编辑　王　平
- ◆ 人民邮电出版社出版发行　　北京市丰台区成寿寺路 11 号
  　邮编　100164　电子邮件　315@ptpress.com.cn
  　网址　http://www.ptpress.com.cn
  　固安县铭成印刷有限公司印刷
- ◆ 开本：787×1092　1/16
  　印张：16.25　　　　　　　2012 年 5 月第 3 版
  　字数：395 千字　　　　　2024 年 2 月河北第 23 次印刷

ISBN 978-7-115-27447-2

定价：31.00 元

读者服务热线：(010)81055256　印装质量热线：(010)81055316
反盗版热线：(010)81055315

中等职业学校计算机系列教材编委会

　　中等职业教育是我国职业教育的重要组成部分，中等职业教育的培养目标定位于具有综合职业能力，在生产、服务、技术和管理第一线工作的高素质的劳动者。

　　随着我国职业教育的发展，教育教学改革的不断深入，由国家教育部组织的中等职业教育新一轮教育教学改革已经开始。根据教育部颁布的《教育部关于进一步深化中等职业教育教学改革的若干意见》的文件精神，坚持以就业为导向、以学生为本的原则，针对中等职业学校计算机教学思路与方法的不断改革和创新，人民邮电出版社精心策划了《中等职业学校计算机系列教材》。

　　本套教材注重中职学校的授课情况及学生的认知特点，在内容上加大了与实际应用相结合案例的编写比例，突出基础知识、基本技能。为了满足不同学校的教学要求，本套教材中的3个系列，分别采用3种教学形式编写。

- 《中等职业学校计算机系列教材——项目教学》：采用项目任务的教学形式，目的是提高学生的学习兴趣，使学生在积极主动地解决问题的过程中掌握就业岗位技能。
- 《中等职业学校计算机系列教材——精品系列》：采用典型案例的教学形式，力求在理论知识"够用为度"的基础上，使学生学到实用的基础知识和技能。
- 《中等职业学校计算机系列教材——机房上课版》：采用机房上课的教学形式，内容体现在机房上课的教学组织特点，学生在边学边练中掌握实际技能。

　　为了方便教学，我们免费为选用本套教材的老师提供教学辅助资源，教师可以登录人民邮电出版社教学服务与资源网（http://www.ptpedu.com.cn）下载相关资源，内容包括如下。

- 教材的电子课件。
- 教材中所有案例素材及案例效果图。
- 教材的习题答案。
- 教材中案例的源代码。

　　在教材使用中有什么意见或建议，均可直接与我们联系，电子邮件地址是wangyana@ptpress.com.cn，wangping@ptpress.com.cn。

中等职业学校计算机系列教材编委会

2011 年 3 月

　　随着信息网络化和网络小型化的发展，局域网已经成为信息发展新的潮流，遍布 IT 业的各个角落，在诸如学校、企业、工厂、银行、政府、娱乐场所等地方成为信息交流不可缺少的平台。

　　局域网能够为我们提供高效、快捷、安全的信息交流，使用者能够利用这个平台方便地进行批量数据传输、资源共享、即时通信等。局域网协议标准 IEEE 802 以及其他各种标准的定义日渐成熟，为局域网的建设提供了强大的技术支持，加之相应的硬件设备也日趋完善，因此局域网已经成为网络架构的宠儿。

　　本书是根据教育部颁布的《教育部关于进一步深化中等职业教育教学改革的若干意见》的文件精神而编写的，坚持"以就业为导向、以学生为本"的原则，同时参考了《国家网络技术水平考试标准》中的一级、二级、三级考试大纲。

　　本书采用案例式编写体例，在一些比较难理解的知识点上尽量使用图片、图表加以描述，力求通俗易懂，重点突出。

　　全书共分 10 章，主要内容如下。

- 第 1 章：主要介绍计算机网络的定义、功能、分类，OSI 参考模型，TCP/IP 参考模型等基础知识，并介绍局域网的定义、协议标准、网络拓扑结构等知识。
- 第 2 章：介绍局域网硬件的主要构成，重点介绍服务器和工作站的内部结构、网卡的安装、双绞线的特性及识别、集线器和交换机的选购等内容。
- 第 3 章：介绍局域网规划与设计的几个方面以及综合布线的几个子系统，并重点讲述水平、垂直干线子系统的设计方法。
- 第 4 章：介绍局域网布线施工和网线制作的相关知识，详细介绍施工要求、常用工具、新建筑物施工、已有建筑物施工等与布线施工紧密相关的几个方面。
- 第 5 章：介绍操作系统的安装和配置，主要介绍 Windows Server 2003 操作系统的安装过程及其基本配置。
- 第 6 章：介绍各种应用服务器的配置方法，介绍 IIS、Web 站点、FTP 站点、Serv-U、DHCP、DNS，以及 Outlook Express 的安装和使用方法。
- 第 7 章：介绍客户机的配置和管理方法，详细介绍客户机的软硬件配置过程，系统备份与还原，资源共享，DNS，WINS 的设置方法。
- 第 8 章：介绍局域网的组建，概括介绍对等网的知识，重点介绍双机通信、VPN 设置、无线局域网配置等知识，最后概括描述蓝牙技术的相关内容。
- 第 9 章：介绍局域网与 Internet 连接技术，介绍 Internet 的几种接入方法，并重点介绍 ADSL、光纤接入和 Cable Modem 三种宽带接入方式的安装配置过程。
- 第 10 章：详细介绍网络维护与使用技巧的相关知识，介绍系统安全配置的方法，事件查看器的使用方法和作用，注册表的使用等知识。

教师一般可用 40 个学时来讲授本书的内容，然后辅以 32 个学时的上机时间，总课时约为 72 个课时即可较好地完成教学任务，达到融会贯通的效果。教师可结合实际需要进行课时的增减。

为方便老师授课，我们免费为老师提供本书的 PPT 课件及素材，老师可登录人民邮电出版社教学服务与资源网（www.ptpedu.com.cn）下载资源。

本书由闫书磊、张仕娇、陈博清主编，常彩虹、杨华安、阎旗副主编，参加本书编写工作的还有沈精虎、黄业清、宋一兵、谭雪松、向先波、冯辉、计晓明、滕玲、董彩霞、管振起等。由于编者水平有限，书中难免存在疏漏之处，敬请读者批评指正。

编者

2011 年 12 月

目　录

第1章 计算机网络与局域网基础

计算机和通信技术的结合推动了计算机网络的发展，而计算机网络的发展和运用也改变着这个世界。网络已经从实验室进入人们的日常生活中，成为人们学习、工作和生活的基本工具之一。本章基于计算机网络的重要性，讲述计算机网络的基本知识、基本功能特点，以及和计算机网络息息相关的网络参考模型、TCP/IP 及 IP 地址等知识，使读者对真正意义上的计算机网络有一个比较全面的了解，为后续章节的学习奠定基础。

学习目标

- 掌握计算机网络的定义、功能和分类。
- 理解 OSI 参考模型的 7 层结构。
- 理解 TCP/IP 参考模型的 4 层结构。
- 理解 IP 地址、子网掩码等基本概念的含义。
- 理解局域网的定义、特点、分类和拓扑结构。
- 了解局域网的基本硬件和软件条件。

1.1 计算机网络概述

计算机网络虽然只有半个世纪的发展历程，但其发展速度却令人叹为观止，这是与人们对网络的需求以及网络提供的功能密切相关的。

1.1.1 计算机网络的定义

随着计算机应用的普及以及网络技术的不断发展，计算机网络已经成为当今社会的重要技术之一。

1. 计算机技术的发展

计算机网络的主要实体是计算机，1946 年 2 月 14 日，世界上第一台电子计算机在美国军方的研究部门诞生。图 1-1 所示为第一台计算机的实物。

早期计算机主要用于军事计算，而且计算速度相当慢，完全是一个低级计算器。经过几十年的发展，计算机技术已经发生了翻天覆地的变化。图 1-2 所示为现代计算机和第一台计算机的对比。

现在，计算机已经发展到第六代，但是它的发展还远远没有结束，正向着更实用、更智能化的模式发展。

图1-1 第一台计算机

第一台计算机	现代计算机
重：30 000kg	重：8kg
尺寸：160m²	尺寸：1 600cm³
耗电：174kW	耗电：250W
耗资：45万美元	耗资：3 000 人民币
运行速度：5 000次	运行速度：2 800 000 千次
使用者：军方	使用者：任何人

图1-2 计算机对比图（图中数据为约数）

2. 计算机网络

计算机网络是为了实现信息交换和资源共享，利用通信线路和通信设备，将分布在不同地理位置上的具有独立工作能力的计算机互相连接起来，按照网络协议进行数据交换的计算机系统。数量众多的计算机通过通信线路串联起来，就像网一样错综复杂。

 要点提示　计算机网络应该具备"不同地理位置的计算机"、"通信连接设备"、"网络协议"和"计算机间有互连"4个条件。

3. 计算机网络实例

我们以校园网为例，来进一步说明什么是计算机网络。就像学校有教务处、后勤处、财务科和各学院办公室一样，网络也有各自的组成部分。校园网主要是将网络连接到各个部门，然后各个部门的计算机再通过各种连接设备连接起来组成的，如图1-3所示。

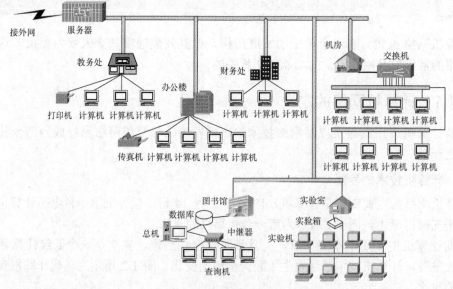

图1-3 校园网组成

校园网首先要有计算机（打印机、传真机也是可以连在网上的），然后要有传输线，再有就是连接设备，如交换机、中继器等。并不是所有的计算机都在一个地方，教务处、办公楼、图书馆和实验室都有计算机，而这些计算机用网线按照一定的方式连起来，就组成了计算机网络。将计算机连接起来的目的就是可以通过网络来进行信息的传输、交流等。

1.1.2　计算机网络的功能

计算机网络给人们带来了很多方便的地方，可以使用聊天工具进行文字、语音或视频聊天，可以查看新闻，在线看电影、玩游戏，也可以查询资料、在线学习等。这样看来，计算机网络不但可供教学和娱乐，还提供了资源共享和数据传输的平台。图 1-4 所示为传统的计算机网络的功能描述。

图1-4　计算机网络功能

计算机网络的基本功能可以归纳为 4 个方面。

1.　资源共享

所谓的资源是指构成系统的所有要素，包括软、硬件资源。例如，计算处理能力、大容量磁盘、高速打印机、绘图仪、通信线路、数据库、文件和其他计算机上的有关信息。由于受经济和其他因素的制约，这些资源并非（也不可能）所有用户都能独立拥有，所以网络上的计算机既可以使用自身的资源，也可以共享网络上的资源。资源共享增强了网络上计算机的处理能力，提高了计算机软硬件的利用率。

计算机网络建立的最初目的就是为了实现对分散的计算机系统的资源共享，以此提高各种设备的利用率，减少重复劳动，进而实现分布式计算的目标。

2.　数据通信

数据通信功能也即数据传输功能，这是计算机网络最基本的功能，主要完成计算机网络中各个结点之间的系统通信。用户可以在网上传送电子邮件，发布新闻消息，进行电子购物、电子贸易、远程电子教育等。计算机网络使用初期的主要用途之一就是在分散的计算机之间实现无差错的数据传输。同时，计算机网络能够实现资源共享的前提条件，就是在源计算机与目标计算机之间完成数据交换任务。

3.　分布式处理

通过计算机网络，可以将一个任务分配到不同地理位置的多台计算机上协同完成，以此实现均衡负荷，提高系统的利用率。对于许多综合性的重大科研项目的计算和信息处理，利用计算机网络的分布式处理功能，采用适当的算法，将任务分散到不同的计算机上共同完成。同时，联网之后的计算机可以互为备份系统，当一台计算机出现故障时，可以调用其他计算机实施替代任务，从而提高了系统的安全可靠性。

4.　网络综合服务

利用计算机网络，可以在信息化社会实现对各种经济信息、科技情报和咨询服务的信息处理。计算机网络对文字、声音、图像、数字、视频等多种信息进行传输、收集和处理。综合信息服务和通信服务是计算机网络的基本服务功能，人们得以实现文件传输、电子邮件、电子商务、远程访问等。

1.1.3 计算机网络的分类

传统的计算机网络主要按网络作用范围、采用的交换技术和网络拓扑结构 3 种模式分类。此处重点讲述按照网络作用范围和交换技术分类的网络结构及特征。

1. 按照网络作用范围划分

按照网络作用范围划分，计算机网络基本可以分为局域网、城域网和广域网 3 种。各种工厂、学校或企业内的网络称为局域网；以一个城市为核心的网络称为城域网；各城市之间、国家之间构成的网络称为广域网。其概念特点如图 1-5 所示。

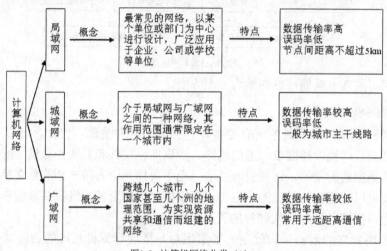

图1-5 计算机网络分类（1）

2. 按照采用的交换技术划分

按照采用的交换技术可将计算机网络分为分组交换网络、报文交换网络、电路交换网络和混合交换网络 4 种。各网络类型的性能特点如图 1-6 所示。

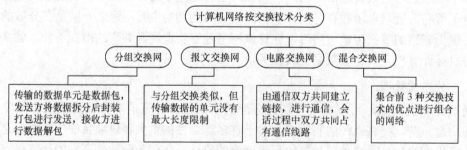

图1-6 计算机网络分类（2）

网络的划分并不是绝对的，一般要根据网络采用的技术、提供的服务质量以及网络的地理范围进行划分。除了按照以上方式分类外，计算机网络还可以按照传输介质划分为有线网络和无线网络，其中无线网络是现代网络发展的热点，后续章节将予以介绍。

3. Internet 及其应用

下面以 Internet 的构成为例，进一步说明计算机网络的分类。

通常所讲的因特网（Internet）是指全球网，即全球各个国家通过线路连接起来的计算机网络，可以说是世界上最大的网络了。那么这么庞大的一个网络是怎么连起来的呢？

(1) 首先，在一个城市内各个地方的小网络（像一些企业、学校、政府机关等）都连到主干线上，如图1-7所示。

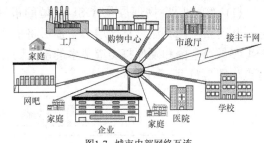

图1-7 城市内部网络互连

(2) 然后，各城市之间又由主干线连接起来。现在的主干线大都是光纤连接，各城市之间通过各种形式将光纤连接起来，然后再由对外接口接到国外的网络上，如图1-8所示。

(3) 最后，一个国家的网络通过网络接口接到其他国家，这样，全球的 Internet 就建成了，如图1-9所示。

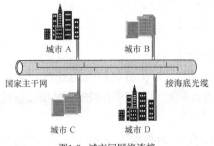

图1-8 城市间网络连接

图1-9 国家间网络互连

Internet 就是一级一级这样级联构成的。当然，它的构成还远不是这么简单，这里面除了网络线路、连接设备和计算机外，还有许多软件在支持着网络的运行。在以后的学习中我们会陆续介绍。

1.2 计算机网络模型——OSI 参考模型

OSI 是开放式系统互连模型，主要包括 7 个层次。这 7 个层次的划分原则为：每个结点在网络中都有相应的层次；在不同的结点中，同一层次的功能相同；可以使用接口，使同一结点中相邻层进行通信；每一层的下层向上层提供服务。

1. OSI 参考模型的 7 个层次

OSI 参考模型共分 7 层，从下往上分别为：物理层（Physical Layer）、数据链路层（Data Link Layer）、网络层（Network Layer）、传输层（Transport Layer）、会话层（Session Layer）、表示层（Presentation Layer）和应用层（Application Layer）。1～3 层和硬件打交道，负责在网络中进行数据传送，因此又叫"介质层"（Media Layer）；4～7 层在下 3 层数据传输的基础上，保证数据的可靠性，又叫"主机层"（Host Layer）。OSI 参考模型如图1-10所示。

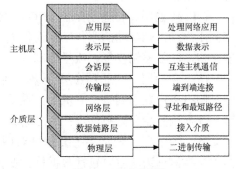

图1-10 OSI 参考模型

(1) 物理层。物理层是 OSI 模型的最底层，可以使用物理传输介质为上一层提供服务，从而获得比特流。物理层负责最后将信息编码成电流脉冲或其他信号用于网上传输，是 OSI 参考模型中和硬件打交道最多的层，因此对信息的传输起着至关重要的作用，其功能和特点如图 1-11 所示。

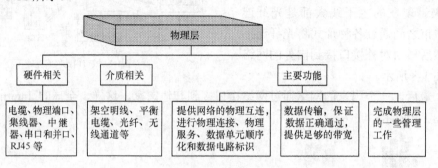

图1-11　OSI 参考模型物理层

(2) 数据链路层。数据链路层位于物理层的上一层，主要是在相邻的线路中，传输以"帧"为单位的数据。在传输的过程中不能出现差错，同时可以使用差错控制和流量控制的方法将存在差错的物理线路变为无差错的物理线路。

数据链路层可以粗略地理解为数据信道。图 1-12 所示为数据链路层的特点及功能。

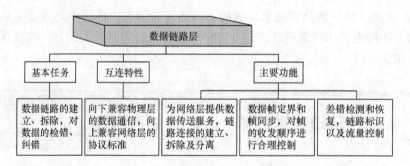

图1-12　OSI 参考模型数据链路层

(3) 网络层。网络层主要提供路由，也就是选择一个到达目标位置的最合适路径，从而保证能够及时地传输和接收数据。

网络层的主要功能是：路由选择和中继，网络连接的建立和释放，在一条数据链路上复用多条网络连接（多采取时分复用技术），差错检测与恢复，排序和流量控制，服务选择，网络管理。

(4) 传输层。传输层是位于 OSI 体系的中间层，也是体系中最为关键的一层，主要用来向用户提供端到端的服务，从而传输报文。传输层的主要功能是：为会话层提供性能恒定的接口，进行差错恢复、流量控制等。

(5) 会话层。会话层主要用来交换数据，还可以对两个会话进行组织通信。会话是指通过网络用户登录到一个主机上，或是正在传输数据的连接。会话层的主要功能是：会话管理、数据流同步和重新同步；建立会话实体间连接，连接释放。

(6) 表示层。表示层主要用来对两个通信系统中的交换信息语法表示方式进行处理，其中交换信息语法主要包括数据格式变换和数据压缩。表示层的主要功能是：屏蔽通信双方

因数据格式不同而产生的错误，为异构计算机通信提供一种公共语言。

(7) 应用层。应用层位于最顶层，即体系结构中的最高层，使用此层可以确定进程间的通信性质。应用层向应用程序提供服务，直接为应用进程提供服务，在实现多个系统应用进程相互通信的同时，完成一系列业务处理所需的服务。

2. OSI 参考模型数据传输方式

当数据从一层传送到另外一层时，支持各层的协议软件负责相应的数据格式转换。图1-13 所示为数据传输时在两台计算机之间的数据格式。

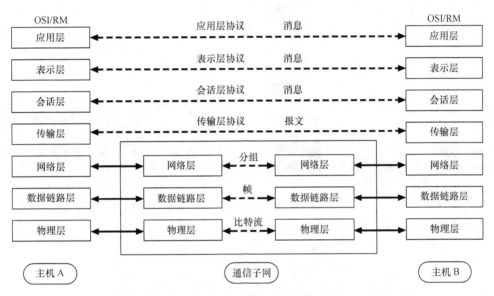

图1-13 OSI 参考模型数据传输

数据转换的基本规则是：当数据从上层往下层传送时，协议软件在数据上添加头部；当接收方收到数据从下往上传时，协议软件负责去掉下层头部。

【例1-1】 两地 QQ 信息如何传输。

本案例主要介绍两地间 QQ 信息是怎样传输的，从而使大家了解计算机网络中数据信息的传输原理。

步骤解析

现在很多人都在使用 QQ 等聊天工具，那么这些信息是如何在网络上传送的呢？在网络中，一条 QQ 信息的传送是需要很多技术来支持的，其中一个必不可少的技术就是要通过OSI 参考模型的引领。下面就详细介绍 QQ 信息的传输过程。

(1) 数据发送。

① QQ 信息的编辑和发送。QQ 的聊天界面如图 1-14 所示。当编辑好一条信息如"你好"后，单击 发送(S) 按钮，这样一条信息就可以通过网络传出去了。然而，在真正的信息发送中，计算机并不是把"你好"这两个字原样通过网线发出去，而是经过转换。网络上是不支持任何字体直接传输的，而是把所有信息都转换成二进制的形式。所以，"你好"这一信息在计算机里就被转换成了二进制形式，如"你好"两字可被编辑成"1101011011110111 1100011011010101"，再传输。

② 建立链接。当计算机把"你好"转换成二进制形式后，就可以进行传输了。首先，要想把这样一条信息传输出去，必须和对方的计算机建立连接，同时使双方的信息都能够相互识别，就是要为不同计算机间提供公共语言，这两个任务是由 OSI 参考模型中的表示层和会话层完成的，会话层负责通信链路连接，表示层则负责双方能够顺利通信，如图 1-15 所示。

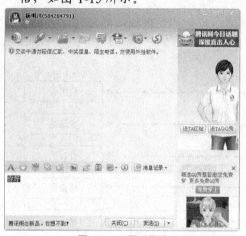

图1-14 QQ 聊天界面

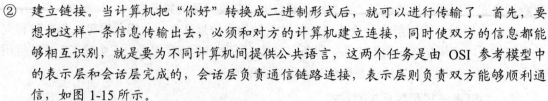

图1-15 会话层、表示层功能

③ 信息容错。不管发送什么信息，在传输时都要检测传输线路的容错性。这一过程由 OSI 参考模型的传输层完成，如图 1-16 所示。

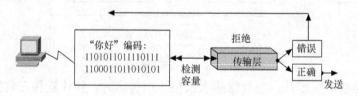

图1-16 传输层功能

④ 路径选择。当传输线路容错检测完毕后，就可以发送了，然而这样一条信息该往哪儿发送呢？在网络传输上，每一条信息都是有地址的，就像我们寄信一样，寻找地址的工作就由 OSI 参考模型的网络层来完成，如图 1-17 所示。

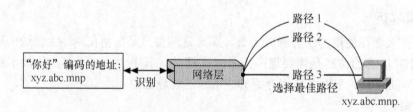

图1-17 网络层功能

⑤ 数据纠错、建立链接。要发送的信息地址找到后，就要进行数据的纠错，如果发现信息有错误，则通知上层重新整理发送；如果信息无误，则进行物理链路的链接。这一功能主要由 OSI 参考模型的数据链路层来完成，如图 1-18 所示。

⑥ 数据发送。信息地址被确认之后，就要进行信息编码的传输了。这里要说明的问题是，要把计算机连到网上，就需要网卡、网线、集线器等设备，这些设备必须遵循国

际上的统一标准，即 OSI 参考模型中的物理层标准，从而使世界上所有的计算机都能使用上面说到的那些设备，以顺利地相互传送信息，如图 1-19 所示。

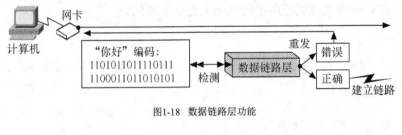

图1-18 数据链路层功能

图1-19 物理层功能

如果线路上不出故障，即通信线路畅通的话，信息就顺利传到想要传送到的计算机上了。

(2) 数据接收。

① 对于接收计算机来说，首先，信息由网线传送到对方的网卡上，执行接收过程。

② 当数据被接收时，会进行数据检测，如果发现数据有误，则发出通知，要求对方重新发送；若信息正确，则接收信息"你好"，然后拆除链路。这一工作由接收计算机的数据链路层完成，如图 1-20 所示。

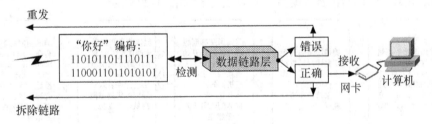

图1-20 接收方数据链路层功能

③ 信息确认，会话结束。当信息被接收到计算机后，由高层进行数据确认，然后发送收到确认，结束会话。这一过程是由接收方计算机的传输层和会话层完成的，如图 1-21 所示。

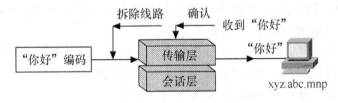

图1-21 接收方传输层、会话层功能

④ 发送完毕，编码转化。到此，通过 QQ 发送的"你好"两个字发送完毕，只不过发到接收计算机上的仍然是二进制编码，然后再由计算机转换成"你好"二字，显示在屏幕上。如果对方再发回一条信息，则又会重新建立一条链路，原理和前面介绍的完全一样。

以上只是传送一条信息的基本线路，实际上这样的传输还需要其他许多协议或标准的支持，如传输层和会话层的功能是在 OSI 参考模型表示层的监督下进行的，而 QQ 软件本身的运行则是在 OSI 参考模型应用层的基础上建立起来的。

 案例小结

本案例介绍了聊天工具 QQ 的信息传输过程，OSI 参考模型各层在数据传送过程的功能等，重点介绍了一条信息"你好"如何通过计算机网络传到另一台计算机的原理。

 ① 在网络传输中，任何两台计算机间的数据交换都要用到 OSI 参考模型的所有 7 个层次才能顺利进行通信吗？
② 可以给自己发送 QQ 信息吗？为什么？

1.3 网络通信协议——TCP/IP 参考模型

虽然 OSI 参考模型在功能、层次等方面很详细，但由于考虑太细，完全实现比较困难，而 TCP/IP 参考模型由于 Internet 的广泛应用，得到用户和生产企业的推崇，所以成为事实上的网络标准。

1. TCP/IP 的发展

20 世纪 70 年代中期，美国国防部高级研究计划局为了实现异构网络之间的互连与互通，开始研究建立 TCP/IP 参考模型。其发展过程如图 1-22 所示。

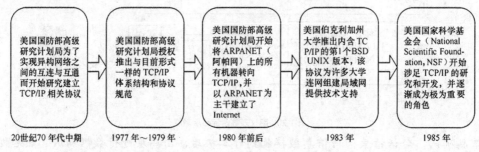

美国国防部高级研究计划局为了实现异构网络之间的互连与互通而开始研究建立 TCP/IP 相关协议	美国国防部高级研究计划局授权推出与目前形式一样的 TCP/IP 体系结构和协议规范	美国国防部高级研究计划局开始将 ARPANET（阿帕网）上的所有机器转向 TCP/IP，并以 ARPANET 为主干建立了 Internet	美国伯克利加州大学推出内含 TCP/IP 的第 1 个 BSD UNIX 版本，该协议为许多大学连网组建局域网提供技术支持	美国国家科学基金会（National Scientific Foundation, NSF）开始涉足 TCP/IP 的研究和开发，并逐渐成为极为重要的角色
20 世纪 70 年代中期	1977 年~1979 年	1980 年前后	1983 年	1985 年

图1-22 TCP/IP 的发展

2. TCP/IP 参考模型

与 OSI 参考模型不同，TCP/IP 参考模型分为 4 层，它们从上到下分别是：应用层、传输层、互联网层和网络接口层。

- 应用层负责处理高层协议，相关数据表示，编码和会话控制等工作。
- 传输层负责处理关于可靠性、流量控制、超时重传等问题。这一层也被称为主机到主机层（Host-to-Host Layer）。
- 互联网层用于把来自互联网上的任何网络设备的源数据分组发送到目的设备，并进行最佳路径选择和分组交换。
- 网络接口层也叫做主机—网络层，相当于 OSI 参考模型中的物理层和数据链路层，主要功能是为分组选择一条物理链路。

OSI 参考模型和 TCP/IP 参考模型的对比以及各层上的传输设备配置如图 1-23 所示。

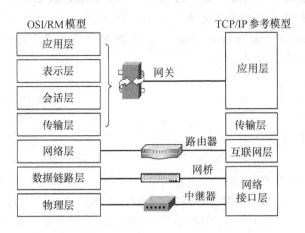

图1-23 OSI 参考模型和 TCP/IP 参考模型比较

【例1-2】 邮件的传送过程。

本案例介绍通常使用的电子邮件是如何发送的，从而使大家了解 TCP/IP 的功能和作用。

步骤解析

现在有很多人在使用电子邮箱，当编辑好一封邮件以后，输入对方邮件地址，就可以将邮件发送到对方的邮箱里了，这一过程看似简单，实际上要有 TCP/IP 来支持。下面就分析一下在邮件发送过程中 TCP/IP 起到了什么作用。

(1) 邮件的编辑与发送。邮件被编辑好后，单击 发送 按钮，如图 1-24 所示。

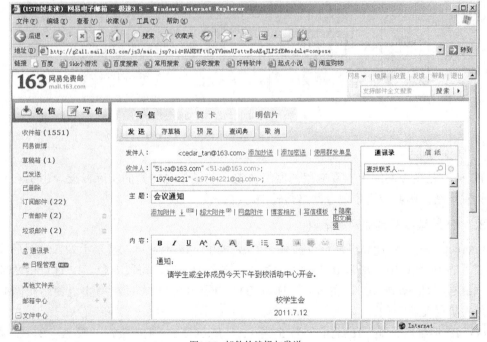

图1-24 邮件的编辑与发送

(2) 随后，计算机内部会进行一系列处理工作。首先，将邮件进行编码，编制成可以在网络上传输的二进制码；然后，进行会话连接，并将数据打包，以供下一步操作。这一过程主要由 TCP/IP 的应用层来完成，如图 1-25 所示。

(3) 当文档被编码打包，会话连接成功后，由 TCP/IP 传输层负责进行流量的检测、线路可靠性的检测，如图 1-26 所示。

图1-25 TCP/IP 应用层功能　　　　　　　　图1-26 TCP/IP 传输层功能

(4) 文档被传输层检测后就等待数据传输，此时由互联网层建立本地计算机和网络邮件服务器的连接，并将应用层的文档编码进行分组，以方便传输，如图 1-27 所示。

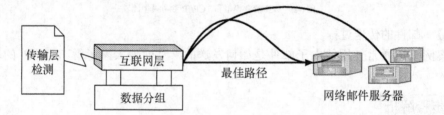

图1-27 TCP/IP 互联网层功能

(5) 最后，由网络接口层进行物理链路的选择、连接，然后将分组后的文档传送到网络服务器的相关接口设备上。服务器再通过相关途径接收邮件并存储到对方邮箱物理单元，如图 1-28 所示。

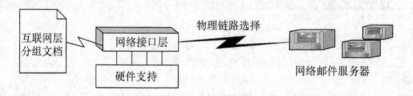

图1-28 TCP/IP 网络接口层功能

案例小结

TCP/IP 是现今网络上实际应用的网络协议，也是信息传输的实际标准。由于它应用方便，设置灵活，因此成为了现今网络传输的标准协议。

3. IP 地址以及其他网络术语

Internet 上每一台计算机都至少拥有一个 IP 地址。IP 地址可以被表示为二进制形式。二进制表示的 IP 地址中，每个 IP 地址含 32 位，被分为 4 段，每段 8 位。IP 地址由两部分组成：网络号（Network ID）、主机号（Host ID）。同一网络内部的所有主机使用相同的网络号，但主机号是唯一的。

(1) IP 地址的分类。IP 地址分为 5 类：A、B、C、D 和 E 类，一般 A、B、C 类地址更为常用。其分类如图 1-29 所示。

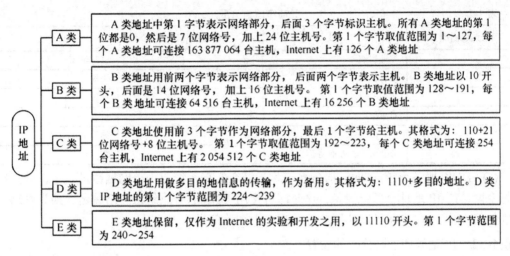

图1-29　IP 地址分类

以 C 类地址为例，表示 IP 地址的格式，如图 1-30 所示。

(2) 子网掩码。子网掩码是一个 32 位的值，其中网络号和子网号部分全部被置 "1"，主机的部分被置 "0"，一般格式为：255.255.255.0。

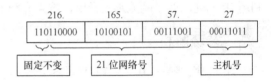

图1-30　C 类 IP 地址格式

子网掩码与 IP 地址二者是相辅相成的。子网掩码必须与 IP 地址一同使用，不能单独存在。使用子网掩码可以将 IP 地址划分为网络地址和主机地址两个部分。

IP 地址中的 A 类、B 类和 C 类地址相对应的默认子网掩码如表 1-1 所示。

表 1-1　A 类、B 类和 C 类默认子网掩码

IP 地址分类	十进制子网掩码	二进制子网掩码
A 类 （0.0.0.0~126.255.255.255）	255.0.0.0	11111111 00000000 00000000 00000000
B 类 （128.0.0.0~191.255.255.255）	255.255.0.0	11111111 11111111 00000000 00000000
C 类 （192.0.0.0~223.255.255.255）	255.255.255.0	11111111 11111111 11111111 00000000

其中，十进制子网掩码中的 "0" 可以在 0~255 范围内任意变化，如 255.255.2.4。

(3) 主机名。主机名是指在某个网络中计算机的名称，主机名一般以字符形式分配到网络中。通常按照每台计算机在网络中的用途、主机用户和网络管理使用的命名原则进行分配。

(4) 域名。域名是为了方便记忆而研究出来用来代替 IP 地址的一些字符型标识。用户在网络中可以使用域名进行相互访问。每个域名都使用小点将一串名称隔开，如 http://www.163.com/。

域名主要由两部分组成，分别为组织域名和后缀。域名后缀又叫顶级域名，每个域名后缀具有不同的含义，具体如表 1-2 所示。

表 1-2 顶级域名分配

顶级域名后缀	含义	顶级域名后缀	含义
com	商业组织	int	国际组织
edu	教育机构	cn	中国
gov	政府部门	uk	英国
mil	军事部门	jp	日本
net	主要网络支持中心	de	德国
org	社会组织、专业协会	fr	法国

(5) DNS 服务系统。DNS 服务系统称为域名管理系统。由于网站数量众多，用户很难把每个网站的 IP 地址全部记清楚。这时即可使用 DNS 服务系统将网络域名变换为网络可以识别的 IP 地址，用户就可以使用此地址在网上浏览信息。

【例1-3】 IP 地址和子网掩码的设置。

本案例主要介绍计算机数据传输所依据的路径——IP 地址，并且介绍小型网内如何充分利用 IP 地址，即子网掩码的设置，重点介绍 IP 地址的分类以及各类 IP 地址的设置方法。

 步骤解析

(1) 查找 IP 地址。IP 地址的设置是在计算机的"网上邻居"里面。用鼠标右键单击"网上邻居"图标。

(2) 在弹出的快捷菜单中选择【属性】命令，打开【网络连接】窗口，如图 1-31 所示。

(3) 再用鼠标右键单击"本地连接"图标，在弹出的快捷菜单中选择【属性】命令，弹出【本地连接 属性】对话框，如图 1-32 所示。

图1-31 【网络连接】窗口

(4) 选择【常规】选项卡，在文本列表中勾选【Internet 协议（TCP/IP）】复选框，再单击 属性(R) 按钮，会弹出如图 1-33 所示的【Internet 协议（TCP/IP）属性】对话框。

图1-32 【本地连接 属性】对话框

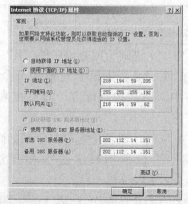

图1-33 【Internet 协议（TCP/IP）属性】对话框

在【常规】选项卡中单击【自动获得 IP 地址】和【使用下面的 IP 地址】单选按钮后，

即可对 IP 地址和子网掩码进行设置。

 知识链接 —— IPv6

现有的 Internet 是在 IPv4 的基础上运行的。随着 Internet 的迅速发展，IPv4 定义的有限地址空间将被耗尽，地址空间的不足必将影响 Internet 的进一步发展。为了扩大地址空间，IPv6 作为下一版本的 Internet 协议被推出，重新定义地址空间。表 1-3 所示为 IPv4 和 IPv6 的对比。

表 1-3 IPv4 和 IPv6 的对比

对 比 内 容	IPv4	IPv6
版本时间	当前版本	下一版本
地址容量	43 亿	无限制
地址长度	32 位	128 位
分隔符	点号	冒号
使用期限	2012 年	无限期
扩充应用	无	3G 移动通信网络

按保守方法估算 IPv6 实际可分配的地址，整个地球每平方米面积上可分配 1 000 多个地址。在 IPv6 的设计过程中除了解决地址短缺问题以外，还考虑了在 IPv4 中解决不好的其他问题。

IPv6 的地址格式与 IPv4 不同。一个 IPv6 的 IP 地址由 8 个地址节组成，每节包含 16 个地址位，以 4 个十六进制数书写，节与节之间用冒号分隔，其书写格式为 x:x:x:x:x:x:x:x，其中每一个 x 代表 4 位十六进制数。

当然，IPv6 并非十全十美、一劳永逸，它不可能解决所有问题。IPv6 只能在发展中不断完善，这种过渡需要时间和成本，但从长远看，IPv6 有利于 Internet 的持续和长久发展。

 案例小结

IP 地址设置是计算机联网非常关键的一步，IP 地址设置不好，数据就无法识别用户的计算机，因而也就不能发送数据。子网掩码是解决 A 类网络和 C 类网络不足的重要方法，在 IP 地址有限的情况下，可以起到很大的作用。

  ① 有如下计算机的 IP 地址：218.194.59.10。请问，这个地址是属于 IP 地址的哪一类？
② IPv6 在网络地址分配数量上可以无限制地满足人类需要吗？

  上机查找自己所使用计算机的 IP 地址，并按照课本描述更改 IP 地址（注意：更改前一定要记住原始的 IP 地址号，更改完毕一定要再改回原地址）。

1.4 局域网概述

相对于广域网和城域网，局域网是在比较小的地理范围内通信的网络。局域网络是将单位或者部门的各种通信设备连接起来进行数据通信的计算机网络。我们经常见到的局域网有：网吧局域网、办公室局域网、校园网、酒店局域网、企业内网等。

1.4.1 局域网定义

我们可以从功能和技术两个方面来定义局域网。

- 功能性定义：局域网是指一组计算机和其他设备，在物理地址上彼此相隔不远，以用户相互通信和共享计算机资源为目的互连在一起的计算机系统。
- 技术性定义：局域网是指由特定类型的传输介质（如电缆、光纤或无线电波）和网卡互连在一起的，由网络操作系统控制的计算机网络系统。

以上是针对局域网在功能上和技术上的不同而进行的概括性定义，其实，对于现代的网络，已经很难进行严格的定义，只能从各种网络所提供的功能和本身特点定性地来讨论。

理解局域网应注意如下要点。
① 局域网是一个通信网络。
② 局域网中的数据通信设备包括计算机、各种终端以及外围设备。
③ 局域网的地理范围是相对的。

1.4.2 局域网功能与特点

目前局域网已经相当普遍，并且人们也越来越离不开这种网络所带来的高效率和快乐的生活便捷性，它的主要特点可以概括如图 1-34 所示。

图1-34 局域网特点

(1) 共享文件。局域网内的计算机彼此之间连接的距离并不远，最远为几千米，最近只有几米，由于距离近，数据传输速度通常很快，利用这个特点，计算机之间可以通过局域网共享数据。只要将磁盘文件设置为共享，就可以让其他用户读取共享的文件。

(2) 共享外围设备。如果为局域网中的每一台计算机都配备完整的外围设备，不仅浪费资源，也占用空间。共享外围设备是局域网的最大特色，可将局域网中的大容量硬盘、打印机、刻录机以及其他特殊仪器通过网络共享给统一网络上的其他用户，不但节省资金，也避免了资源浪费。

(3) 充分利用旧计算机。计算机硬件系统更新速度快，不断有被淘汰下来的旧计算机。利用局域网可以将旧计算机专门用来保存文件，或当做打印机服务器，以降低其他计算

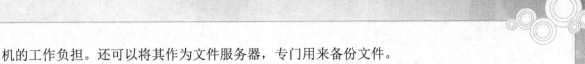

机的工作负担。还可以将其作为文件服务器，专门用来备份文件。

1.4.3　局域网协议标准

局域网标准 IEEE 802 是由美国电气与电子工程师学会（Institute of Electrical and Electronics Engineers，IEEE）制定的，该标准的大部分内容已经成为 ISO 标准。目前 IEEE 802 标准已近 20 个，部分标准如表 1-4 所示。

表 1-4　　　　　　　　　　　　　IEEE 802 部分标准及职责

标　　准	职　　责
802.1	局域网概述，体系结构和网络互连，寻址、网络互连和网络管理
802.2	逻辑链路控制，提供 OSI 参考模型数据链路层两个子层中的上面一个子层的功能，逻辑链路控制是高层协议与任何一种局域网 MAC 子层的接口
802.3	CSMA/CD，定义了 CSMA/CD 总线网络的 MAC 子层和物理层规范
802.4	令牌总线网络，定义了令牌总线网络的规范
802.5	令牌环网，定义了令牌环网络的两层
802.6	定义了城域网的规范
802.7	宽带网络技术
802.8	光纤技术
802.9	综合语音数据网络
802.10	可互操作的局域网的安全
802.11	无线局域网
802.12	新型高速局域网

IEEE 802.3 标准采用的是 CSMA/CD（带有冲突检测的载波侦听多路访问）技术。习惯上有人将 IEEE 802.3 定义的局域网叫做以太网。

目前，常用的以太网都采用 CSMA/CD 策略进行介质访问。其基本原理可以这样描述：以太网一般采用广播方式，网络上各个结点共享传输介质，当某个结点发送数据时，将数据信号广播出去，网络中所有结点都能收到信息。

IEEE 802.3 标准的优点和缺点描述如图 1-35 所示。

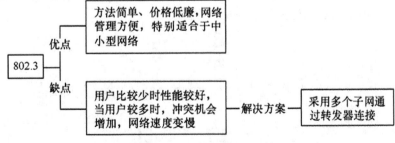

图1-35　IEEE 802.3 标准优缺点示图

1.4.4 局域网的拓扑结构

拓扑结构是局域网组网的重要组成部分，也是关系局域网性能的重要特征，局域网拓扑结构通常分为星型、环型、总线型、树型、网状型等。下面将分别介绍各类型的结构和性能特点。

1. 星型拓扑结构

星型拓扑结构是以中央结点为中心且各结点与之连接而组成的，各结点与中央结点通过点到点方式连接。图 1-36 所示为星型拓扑结构及其性能特点。

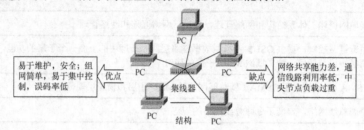

图1-36 星型拓扑结构及其性能特点

2. 环型拓扑结构

环型拓扑结构中各结点通过环路接口连在一条首尾相连的闭合环型通信线路中，环路上任何结点均可以请求发送信息，也可以接收环路上的任何信息。图 1-37 所示为环型拓扑结构及其性能特点。

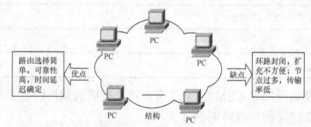

图1-37 环型拓扑结构及其性能特点

3. 总线型拓扑结构

总线型拓扑结构采用一条称为总线的中央主电缆，所有网上计算机都通过相应的硬件接口直接连在总线上。由于其信息向四周传播，类似于广播电台，故总线网络也被称为广播式网络。图 1-38 所示为总线型拓扑结构及其性能特点。

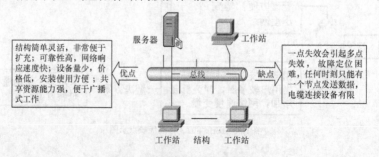

图1-38 总线型拓扑结构及其性能特点

总线型拓扑结构是目前使用最广泛的结构，也是相对传统的一种主流网络结构，适合于信息管理系统、办公自动化系统等应用领域。

4. 树型拓扑结构

树型拓扑结构是总线型拓扑结构的扩展，它是在总线网上加上分支形成的，其传输介质可有多条分支，但不形成闭合回路。树型网是一种层次网，也是广播式网络。

5. 网状型拓扑结构

网状型拓扑结构是将多个子网或多个局域网连接起来构成的。根据组网硬件不同，主要有3种网状拓扑结构：网状网、主干网和星型连接网。

  问题思考

在一个局域网组网过程中，可以将总线型拓扑结构和星型拓扑结构连在一起使用吗？

1.5 局域网硬件和软件

局域网是由许多硬件和软件组成的系统。硬件是组建网络的基础，软件则更加丰富和完善了硬件的功能。本节将介绍常用局域网组建中使用的硬件系统及部分典型硬件。

1.5.1 局域网硬件

硬件是人们能够看得见、摸得着的物质实体，如硬盘、集线器等。然而这里讲的硬件系统并不是单纯的一个个硬件，而是指各个硬件按照一定的规律相互关联、有机地组成一个完整的网络硬件体系。下面将分类介绍几种常见的硬件设备。

1. 传输介质

局域网的传输介质可分为有线介质和无线介质两种。有线介质主要有双绞线、同轴电缆、光纤等；无线介质主要是电磁波、微波、红外电波等。双绞线是局域网中最常见的连接线缆，目前最常用的是超 5 类非屏蔽双绞线，市场上随处可见。同轴电缆是 10Mbit/s 以太网时代最常用的网络传输介质，由于它价格低廉，连接简单灵活，在一些小型网络中仍可见到它的影子。光纤是一种以高纯石英玻璃为导体对光进行传输的介质，由于现代宽带技术的运用，光纤越来越受到局域网用户的青睐。图 1-39 所示为各种传输介质的实物图。

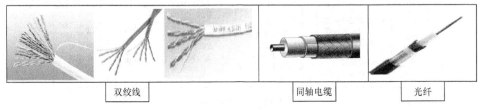

双绞线　　　　　　　　　　同轴电缆　　　　　光纤

图1-39 传输介质实物图

2. 网卡

网卡是网络接口卡的简称，传输介质通过网络接口将计算机连接到网络，所以网卡是计算机联网的关口。没有网卡，计算机就不能联网，因此也就无法架构局域网系统。图 1-40 所示为网卡实物图。

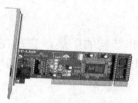

图1-40 网卡

3. 集线器

集线器是将连接至计算机网卡上的一条条电缆汇集在一起的设备，它将各终端设备连在一起，并使各计算机可以相互通信。常见集线器如图 1-41 所示。

图1-41 集线器

4. 其他设备

除了以上设备外，架构局域网还要用到服务器、交换机、路由器、中继器等设备，本书将在稍后的内容中详细介绍有关局域网硬件的内容。

1.5.2 局域网软件

硬件系统构成了网络的躯体，而软件则是构成网络的灵魂。局域网要正常工作，除了硬件系统以外，还需要网络操作系统、通信协议软件以及其他相关软件。

软件是一个计算机网络能够运行的技术平台，也是我们能够使用网络所依据的基本要素。随着计算机网络的不断发展，网络软件也越来越多，下面概要描述几种常用的局域网软件系统的组成部分，并重点讲述网络操作系统的内容。

局域网软件系统主要有：协议、网络操作系统、客户机操作系统、数据库软件系统、网络应用软件系统、其他专用软件系统等。图 1-42 所示为各软件系统的具体内容。

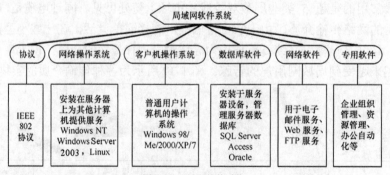

图1-42 局域网软件系统

1. 网络操作系统

网络操作系统也是操作系统的一种，可以认为是计算机系统的特殊系统。

Windows Server 2003 是微软公司的服务器操作系统，于 2003 年 3 月 28 日发布，并在同年 4 月底上市。Windows Server 2003 提供丰富的网络通信组件，能够管理不同通信协议的局部网络，支持共享服务，能够对用户访问安全进行有效控制。Windows Server 2003 相对于 Windows 2000 做了很多改进，如改进了 Active Directory（活动目录）和 Group Policy（组策略）操作、管理等。特别是在改进的脚本和命令行工具，对微软公司来说是一次革新。

2. 客户机/服务器模型

在客户机/服务器模型中，客户机和服务器既可以是某个软件，也可以是专用计算机，它是在局域网环境中数据传输双方进行通信的模型。

客户机/服务器模型是网络软件运行的一种形式，通常有一台或多台服务器以及大量的客户机。服务器配备大容量存储器并安装数据库系统，用于数据的存放和数据检索。客户机则安装专用的软件，负责数据的输入、运算和输出。图 1-43 所示为客户机/服务器模型。

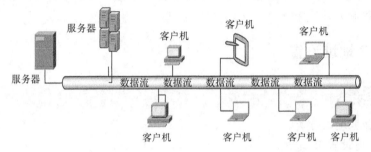

图1-43 客户机/服务器模型

1.6 实训

学完本章后，应了解局域网的定义，掌握局域网的拓扑结构，理解局域网软件和硬件等知识。为进一步巩固本章知识，下面提供几个实训内容。

1.6.1 查看校园网结构

 操作要求

- 了解局域网的定义。
- 了解校园网拓扑结构。
- 了解网络构成。

 步骤解析

(1) 查看校园内属于互联网的线路。

(2) 画出网络线路草图。

(3) 分析校园网属于哪种（或哪几种）网络拓扑结构。

1.6.2 机房（或网吧）局域网硬件与软件探查

 操作要求

- 了解局域网硬件构成。
- 了解局域网软件构成。

 步骤解析

(1) 在机房内查看网络的连接线路是属于哪种网线。

(2) 探查能够找到几种属于局域网硬件的设备（服务器、客户机、交换机、集线器、网线、路由器等）。

1.6.3 IP 地址设置

 操作要求

- 了解 IP 地址的分类。
- 掌握如何设置 IP 地址。

 步骤解析

(1) 打开计算机，找到 IP 地址的位置（选择【网上邻居】/【属性】/【本地连接】/【属性】/【Internet 协议（TCP/IP）】/【属性】命令）。

(2) 记下显示的 IP 地址。

(3) 将 IP 地址改成一个 C 类地址。

(4) 将 IP 地址修改回原来的 IP 地址。

习题

一、填空题

1. 计算机网络的定义是_____。

2. 计算机网络进行分类的标准有_____、_____和_____。

3. 根据网络作用范围划分，计算机网络可以分为_____、_____和_____。

4. OSI 参考模型包括（按从高到低的顺序）_____。

5. TCP/IP 参考模型包括（按从高到低的顺序）_____。

6. 一个 IP 地址分为两部分，前一部分是_____地址，后一部分是_____地址。

二、选择题

1. （　　　）交换技术特别适合计算机通信。

    A. 分组交换   B. 报文交换   C. 电路交换

2. 局域网具有（　　　　）的特点。
　　A．数据传输率高　　　　　B．数据传输率低
　　C．传输延迟大　　　　　　D．传输延迟小
3. Internet 属于（　　　　）。
　　A．局域网　　　　　　　　B．广域网　　　　　　C．城域网
　　D．企业网　　　　　　　　E．以上都不对
4. 以下对 IP 地址分配中描述不正确的是（　　　　）。
　　A．网络号不能全为 1　　　B．网络号不能全为 0　　　C．网络号不能以 127 开头
　　D．同一网络上的每台主机必须有不同的网络 ID
　　E．同一网络上的每台主机必须分配有唯一的主机 ID
5. 下列属于 C 类地址的是（　　　　）。
　　A．31.55.55.18　　　　　　B．210.103.256.56　　　C．240.9.12.12
　　D．162.5.91.255　　　　　　E．129.9.200.21
6. 下面对子网掩码的设置，叙述正确的是（　　　　）。
　　A．对应于网络地址的所有位都设为 0
　　B．对应于主机地址的所有位都设为 1
　　C．对应于网络地址的所有位都设为 1
　　D．以上都不对
7. 子网掩码为 255.255.0.0，下列不在同一网段中的 IP 地址是（　　　　）。
　　A．172.25.15.201　　　　　B．172.25.16.15
　　C．172.16.25.16　　　　　　D．172.25.201.15

三、判断题
1. IP 负责数据交互的可靠性。（　　　）
2. OSI 参考模型中物理层的主要功能是进行数据传输。（　　　）
3. TCP/IP 参考模型中传输层的主要功能是负责主机到主机的端对端的通信。（　　　）
4. OSI 参考模型是 ISO 提出的。（　　　）

四、简答题
1. OSI 参考模型各层的主要功能是什么？
2. 简要回答 TCP/IP 参考模型的各层功能。
3. 为何做子网划分？
4. 简要叙述 QQ 信息传送过程。
5. 简要叙述电子邮件的发送过程。
6. 简要叙述 IP 地址的设置步骤。

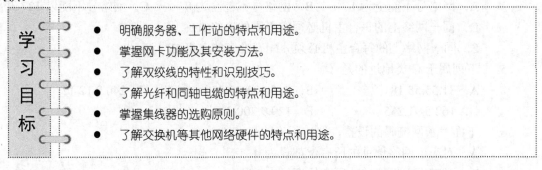

第2章 局域网硬件

本章将深入讨论与局域网紧密相关的硬件组成，以便读者能够对局域网有更进一步的认识。

学习目标

- 明确服务器、工作站的特点和用途。
- 掌握网卡功能及其安装方法。
- 了解双绞线的特性和识别技巧。
- 了解光纤和同轴电缆的特点和用途。
- 掌握集线器的选购原则。
- 了解交换机等其他网络硬件的特点和用途。

2.1 以太网简介

以太网是由 IEEE 802.3 工作组指定的网络标准规格。早期的常见标准有 10Base-2、10Base-5 以及 10Base-T，后来又陆续制定了 IEEE 802.3u 的 100Base-T 快速以太网标准以及 IEEE 802.3z 的 1000Base-X 吉比特以太网标准。

2.1.1 快速以太网

目前使用率最高的当属 100Base-T 以太网，这是 IEEE 在 1995 年正式通过的 802.3u 规格，并将其定义为快速以太网。其主要特性如下。

(1) 数据传输速率为 100Mbit/s。

(2) 以双绞线或光纤为传输介质，双绞线可以是非屏蔽双绞线（UTP）或屏蔽双绞线（STP），而光纤则有单模和多模两种。

(3) 局域网内的所有计算机共同分享网络内的带宽。

(4) 采用 CSMA/CD（载波监听多路访问/冲突检测）通信协议，可以解决多台计算机同时传递数据的需求，但无法提供优先权服务。

(5) 网络负载重时，会导致网络使用效率降低。

(6) 如果有多台计算机同时发送数据而造成冲突，发生冲突的数据会被视为无效，处于等待状态，必须重新发送。当网络负载量大时，可能会因为不断发生冲突而无法预测数据成功完成传输所需要的时间。

小常识

100Base-T 中，100 表示传输速率为 100Mbit/s（每秒传输兆位的数据量）。Base 代表基频，表示是以数字信号传发数据，T 表示使用的传输介质是双绞线。

100Base-T 以太网有 3 种变形形式，具体如表 2-1 所示。

表 2-1 　　　　　　　　　　　100Base-T 以太网的 3 种变形形式

类型	100Base-TX	100Base-FX	100Base-T4
传输速率	100Mbit/s	100Mbit/s	100Mbit/s
标准	802.3u	802.3u	802.3u
区段最长距离	100m	150m	100m
传输介质	UTP 或 STP	光纤	UTP

2.1.2 　吉比特以太网

随着数据传输量的规模与日俱增，目前居于主流的 100Base-T 以太网面临使用上的巨大瓶颈。为了提高传输带宽，IEEE Gigabit 以太网委员会在 1998 年 6 月通过吉比特以太网标准。吉比特以太局域网速度可高达 1 000Mbit/s（1Gbit/s），比传统的 100Base-T 以太网快了10 倍。

吉比特以太网又分为采用光纤的 IEEE 802.3z 和采用铜线的 IEEE 802.3ab 两种规格。其中光纤型的超高速以太网主要用于主干网络，连接各小型局域网，连接距离可达 5 000m。

吉比特以太网的种类如表 2-2 所示。

表 2-2 　　　　　　　　　　　吉比特以太网的种类

类型	规格标准	使用介质	最远连接距离
1000Base-SX	IEEE 802.3z	光纤	275m 或 550m
1000Base-LX	IEEE 802.3z	光纤	550m 或 5 500m
1000Base-CX	IEEE 802.3z	屏蔽双绞线	25m
1000Base-T	IEEE 802.3ab	CAT-5 等级双绞线	100m

2.2 服务器和工作站

局域网如果没有服务器，就像人没有大脑一样，既不能接收信息，也不能发送信息。所以服务器是网络中最重要的硬件设备之一，是组建局域网所必需的基本配置。要想组建一个局域网，首先就要有一台服务器，而工作站是局域网的终端，也是组成局域网的基本部件，因此，两者缺一不可。本节介绍服务器和工作站的应用、选购等相关知识。

2.2.1 　服务器

图 2-1 所示为某类型服务器的实物图。

服务器的内部结构和普通计算机差不多，也有 CPU、主板控制芯片、内存条、硬盘、PCI 插槽等设备，但与后者不同的是，服务器的各种性能指标要高得多。图 2-2 所示为服务器的内部结构图。

图2-1 服务器

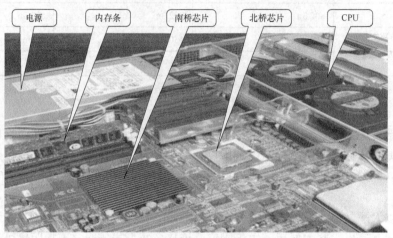

图2-2 服务器内部结构

一般情况下，服务器放在机箱里面，它的主板结构不易被观察到，从外面看到的只是它和外部设备的接口部分。现将服务器内部几个重要部件介绍如下。

- CPU：又叫中央处理器，是主板上最重要的部件，一般的服务器主板都具有多CPU 插槽，可以安装多个 CPU。目前市面上的产品主要有：Intel 公司的 Xeon（至强）、Xeon MP 和 Itanium（安腾）；AMD 公司的 Athlon MP 等。
- 北桥芯片：主要控制和配合 CPU 的工作，一般不用去考虑。
- 南桥芯片：控制主板上各接口、插槽及其外围芯片的工作。
- 内存条：是决定服务器工作性能好坏的重要部件，一般的主板会提供 6～24 个插槽。
- 电源：主板的供电设备，要求输出电压稳定、噪声小、功率大等，为满足以上标准尽量选择品牌比较好的电源。

购买服务器时，从一般意义上来说，只要能满足用户的要求，达到性价比最高就是最好的。现在市场上的产品内存容量为 256MB～10GB；处理器主频一般为 1 500MHz～4 000MHz；CPU 数量为 2～32，数量越大，性能越好，价格也越高。图 2-3 所示为服务器性能指标图示。

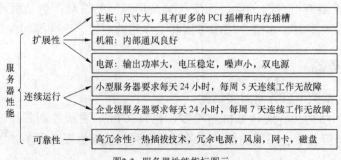

图2-3 服务器性能指标图示

一般来讲，任何一台计算机都可以作为服务器，服务器内部结构也和普通计算机差不多，也有 CPU、主板控制芯片、内存条、硬盘、PCI 插槽等，但与后者不同的是，服务器的各种性能指标要高得多。

2.2.2 工作站

工作站就是用户使用的普通计算机，其性能随配置的需求而定，可根据具体情况对计算机进行配置。服务器和计算机的差别，可以从两个方面来考察，一个是硬件方面，另一个是软件方面。硬件方面服务器要比普通计算机配置更好、更高级；软件方面服务器安装的是专用的服务器网络操作系统，而普通计算机则是普通操作系统。表 2-3 所示为服务器和客户机的性能对比。

表 2-3　　　　　　　　　　　　服务器、客户机性能对比

部件名称	服务器配置	客户机配置
CPU	服务器专用，2~8 路对称多处理器系统，一般两个以上	单 CPU 系统（或内置双核）
内存	4~12 个插槽，SDRAM 或 DDR 内存条	SDRAM 或 DDR 内存条，一般 128MB~1GB
硬盘	采用 SCSI 接口，可热插拔，可安装 2~12 块硬盘	IDE 接口，一般为一块，40GB~200GB
显卡	无须强大功能，一般显存 8MB~64MB 即可	要求较高，显存为 32MB~512MB，或更高
显示器	14 英寸即可，无性能要求	17 英寸纯平或液晶显示器
声卡	一般不需要	独立高效声卡或集成声卡
网卡	应为 10/100Mbit/s 或 1 000Mbit/s 服务器专用卡	通常为 10/100Mbit/s 自适应网卡或集成网卡
插槽	具有多种扩展插槽，一般 4~12 个 PCI 插槽和 2 个 ISA 插槽	一般 4~6 个 PCI 插槽和 1 个 AGP 插槽
电源	两个以上可热插拔，电源功率在 300W 以上	一个电源，功率一般为 250W 或 300W
操作系统	专用服务器，一般为 Windows 2000/2003 Server	Windows 2000/Me/XP 等

下面以网吧服务器和客户区的计算机设置为例，以进一步理解网络服务器和工作站的概念。

在网吧里通常能够看到的是客户区的计算机，而服务器和其他交换设备则一般不易被看到，这是因为服务器和交换设备比较贵重，为避免和用户接触，一般都安置在另外的房间里或比较偏僻的地方。图 2-4 所示为网吧的设备结构图。

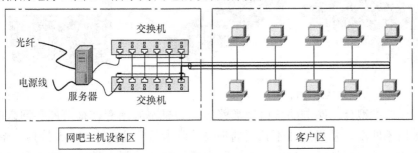

图2-4　网吧设备结构图

如果是购置小型企业服务器或者网吧服务器，选择内存 2GB，主频 3 000MHz 左右，两片 CPU 就完全可以了，价格在 20 000 元左右；若网络扩充，则可根据需要进行升级，添加 CPU 和内存条数量。

2.3 网卡

网卡主要负责将信息打包，按照地址再发送出去，同时也负责接收信息，然后解包，再把属于用户的信件分发给用户。

2.3.1 网卡概述

网卡又叫网络接口卡（Network Interface Card，NIC），也叫网络适配器，主要用于服务器与网络的连接，是计算机和传输介质（即网线）的接口。

1. 网卡的功能

网卡整理计算机上要向网络发送的数据，将其分解为适当大小的数据包，然后将其向网络发送。网卡的基本功能有以下几种。

(1) 准备数据。网卡将较高层数据放置在以太网帧内，接收数据的网卡一方从帧中取出数据并将其传到上一层。

(2) 传送数据。网卡以脉冲方式通过电缆传送信号。

(3) 控制数据流量。网卡根据需要控制数据流量，并负责检查数据碰撞。

2. 网卡的分类

网卡通常按传输速率、总线插口、接口类型等方式分类。

(1) 按传输速率分。

网卡按传输速率可分为 10Mbit/s、100Mbit/s、10/100Mbit/s 自适应以及吉比特网卡。图 2-5 所示为两种不同类型的网卡实物。

如果联网方式是 ADSL 接入或是宽带接入，选择 10/100Mbit/s 自适应网卡比较合适；如果联网方式是高速宽带网或者光纤接入，则应考虑吉比特网卡或者光纤接口网卡。图 2-6 所示为两种吉比特网卡的实物。

图2-5 网卡   图2-6 吉比特网卡

(2) 按接口类型分。网卡的接口种类繁多，如果不看清楚，很可能买回来的网卡和自己需要的接口不匹配，从而造成不必要的损失。网卡接口主要有 RJ45 接口（俗称方口）、BNC 细缆接口（俗称圆口）、AUI 粗缆口和光纤接口 4 类以及综合了前 3 种接口类型于一身的 TP 口（BNC＋AUI）、IPC 口（RJ45＋BNC）、Combo 口（RJ45＋AUI＋BNC）等。

图 2-7 所示为各种网卡接口实物。

AUI 接口　　　BNC 接口　　　RJ45 接口　　　二合一接口

图2-7　各类网卡接口

如果联网的传输线是细同轴电缆则要选用 BNC 接口类型的网卡；如果采用粗同轴电缆则要选用 AUI 接口的网卡；以双绞线为传输线的选用 RJ45 接口类型的网卡。

(3)　按总线插口类型。网卡按总线插口类型可分为 PCI 网卡、ISA 网卡、USB 网卡及服务器 PCI-X 总线网卡。PCI 网卡是现在市场上的主流，如图 2-8 所示。

插入引脚

网络接口

网卡芯片

图2-8　PCI 网卡

USB 网卡一般是外置式的，具有热插拔和不占用计算机扩展槽的优点，安装更为方便。这类网卡主要是为了满足没有内置网卡的笔记本电脑用户。目前常用的是 USB 2.0 标准的网卡，如图 2-9 所示，传输速率可以高达 480Mbit/s。

服务器上经常采用的是 PCI-X 总线网卡，它比 PCI 网卡具有更快的数据传输速度。图 2-10 所示为 PCI-X 总线 4 接口输出的服务器专用网卡。

图2-9　USB 网卡　　　　　　　　　　图2-10　PCI-X 总线 4 接口网卡

网卡除了上述的分类外，还有几种分类方法，如图 2-11 所示。

网卡分类	网络配置分类卡	ATM 网网卡、令牌环网网卡和以太网网卡等
	无线网卡	CMCIA 无线网卡、PCI 无线网卡和 USB 无线网卡 3 种
	笔记本电脑专用	为笔记本电脑能方便地连入局域网或 Internet 而专门设计

图2-11　网卡分类

3. 网卡性能

网卡性能主要从以下几个方面来考虑：网卡芯片、系统资源占用率、工作模式、网络唤醒、兼容性、电源管理等。

网卡芯片是网卡的核心元件，一块网卡性能的好坏，主要是看这块芯片的质量。现在市场上常见的主流芯片有 Intel RC82545EM 吉比特网卡芯片、Realtek 8139D 芯片。后者是现在网卡市场上比较常见的一种，也是主流网卡采用最多的一种，此外，还有集成网卡芯片 SiS900、3Com、3C940 等。图 2-12 所示为 Realtek 8139D 网卡芯片。

图2-12 Realtek 8139D 网卡芯片

小常识　　一般网卡的插入引脚都是镀银或镀金的，所以又叫做"金手指"。通常情况下，新产品引脚光亮无摩擦；如果购买时发现有摩擦痕迹，则说明是以旧翻新的产品，千万不要买。另外，如果网卡使用时间过长可以将其拔下，然后用干净柔软的布轻擦，除去氧化物，以保证信号传输无干扰。

4. 网卡的选购

选购网卡时，主要从网卡的接口类型、总线类型、传输速度等方面综合考虑，以适应所组建的网络，其选购要点如表 2-4 所示。

表 2-4　　　　　　　　　　　网卡的选购要点

性能指标	要点
传输速度	网卡的速度直接决定了网络中计算机接收和发送数据的快慢程度
	10Mbit/s 网卡价格虽低，但是仅能满足普通小型共享式局域网传输数据的需要
	如果传输频带较宽的信号或处于交换式局域网中，应使用 100Mbit/s 网卡
	考虑网络的可扩展性，可以使用 10/100Mbit/s 网卡
总线类型	使用台式机接入网络时，推荐使用 PCI 或 USB 接口网卡
	使用笔记本电脑接入网络时，推荐使用 PCMCIA 接口或 USB 接口网卡
接口	若接入无线网络，则使用无线接口类型的网卡
	若接入双绞线网线的网络，则使用 RJ-45 接口类型的网卡
	若接入同轴电缆的网络，则使用 BNC 接口类型的网卡
无线网卡支持的网络标准	支持 802.11b 标准的网卡最高速率为 11Mbit/s
	支持 802.11g 标准的网卡最高速率为 54Mbit/s，并且还能兼容 802.11b 标准
	若用户移动办公频繁，还可以选用支持 GPRS 或 CDMA1×无线标准网卡
其他因素	网卡价格、驱动程序所支持的操作系统、交换机路由器的传输速率等因素

2.3.2　网卡的安装过程

网卡的安装主要分两步，一是网卡硬件的安装，二是网卡软件的安装。硬件安装是指将网卡顺利地装到计算机的主板上；软件安装则是将网卡安装到主板上后，通过计算机安装网卡驱动程序。

 查看自己的计算机网卡接口是何种类型。

【例2-1】　安装网卡。

网卡分为独立网卡和集成网卡两种。集成网卡集成在主板上，不需要单独安装；独立网卡需要安装到主板上，另外也需要安装网卡驱动程序。下面以 PCI 网卡为例介绍网卡的安装过程。

 基础知识

(1)　网卡"金手指"。"金手指"就是指用于插入主板的引脚，一般为 32 个。

(2)　主板总线插槽。主板用于插入网卡的插槽，PCI 插槽一般为白色。

 步骤解析

(1)　将网卡从包装盒中取出，准备安装。

(2)　关掉机箱电源，卸下机箱盖，找到一个空闲的 PCI 插槽，将网卡插入插槽中，如图 2-13 所示。

(3)　用螺丝刀上好螺丝，固定好网卡，如图 2-14 所示。

(4)　装好机箱盖，查看机箱后部的网卡接口，在 RJ45 接口上接上网线，如图 2-15 所示。

图2-13　将网卡插入插槽

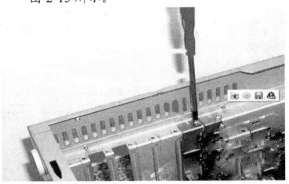

图2-14　固定网卡

图2-15　网卡接口

案例小结

安装时注意插入引脚用力要适度，不要使劲向下压，以免损坏主板。固定螺丝一定要拧紧，以防机箱移动时损坏网卡。

【例2-2】 安装网卡驱动程序。

对于集成网卡，一般主板驱动中都带有网卡驱动程序，在安装完主板驱动后，网卡驱动也会自动安装。对于 Windows XP 操作系统，大部分都带有主流网卡的驱动，安装网卡后启动计算机会自动识别，并自动安装驱动程序，不需要干涉。下面主要介绍 Windows XP 操作系统如何安装和检测网卡。

 基础知识

网卡驱动程序是网卡得以工作的应用软件，一般购置网卡时都会配送安装光盘。

步骤解析

(1) 安装驱动程序。

① 网卡安装完毕后，启动计算机，会看到计算机自动检测到新硬件，弹出如图 2-16 所示【硬件更新向导】对话框。点选"从列表或指定位置安装（高级）"单选按钮，单击 下一步(N) > 按钮，进入下一步。

② 在弹出如图 2-17 所示的对话框中，单击 从磁盘安装(H) 按钮，进入下一步。

图2-16 网卡驱动安装（1）

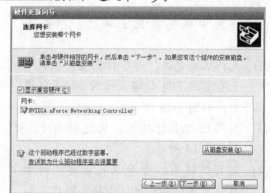

图2-17 网卡驱动安装（2）

③ 在弹出的【从磁盘安装】对话框中，单击 浏览(B)... 按钮，选择安装程序所在路径，单击 确定 按钮进行安装，如图 2-18 所示。

(2) 检测安装是否成功。

① 用鼠标右键单击桌面上"我的电脑"图标，在弹出的快捷菜单中选择【属性】命令，在弹出的【系统属性】对话框中切换到【硬件】选项卡，如图 2-19 所示，单击 设备管理器(D) 按钮，进入下一步。

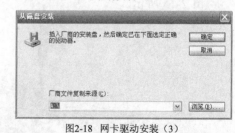

图2-18 网卡驱动安装（3）

② 在弹出的【设备管理器】窗口中，双击"网络适配器"选项，进入下一步。

③ 在【设备管理器】窗口中可以看到"网络适配器"选项下面已经增加了一项软件列表，说明安装成功，如图 2-20 所示。

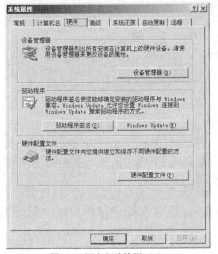

图2-19 网卡驱动检测（1）

图2-20 网卡驱动检测（2）

案例小结

网卡驱动程序安装的成功与否是网卡能否正常工作的关键，驱动程序安装不好，计算机就无法识别网卡，因此也就不能顺利上网。

2.4 传输介质

通俗地讲，传输介质就是连接局域网的网线。网络技术不同，局域网使用的传输介质也不同，主要有双绞线、同轴电缆和光纤。以太网大部分使用双绞线，令牌环网络主要使用同轴电缆和光纤，高速宽带网络主要使用光纤。

2.4.1　双绞线

双绞线已成为目前网络组网中使用最广泛的传输介质，占据了较大的市场份额。

1．双绞线的结构

双绞线是局域网最基本的传输介质，由不同颜色的 4 对 8 芯线组成，每两条按一定规则缠绕在一起，成为一个线对，如图 2-21 所示。

2．双绞线的分类

双绞线的分类有两种。

(1) 按照线缆是否屏蔽分类。

分为屏蔽双绞线（STP）和非屏蔽双绞线（UTP）两种，屏蔽双绞线在电磁屏蔽性能方面比非屏蔽双绞线要好些，但价格略高。

① 屏蔽双绞线。屏蔽双绞线又分为两类，即 STP 和 FTP。STP 是指每条线都有各自屏蔽层的屏蔽双绞线，而 FTP 则是采用整体屏蔽的屏蔽双绞线。图 2-22 所示为屏蔽双绞线的截面结构图。

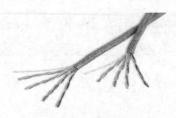

图2-21 双绞线

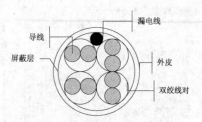

图2-22 屏蔽双绞线截面结构图

 小常识　　屏蔽双绞线在数据传输时可以减少电磁干扰，因此其工作稳定性好，通常用于很多线路装在一个较小空间内或附近有其他用电设备的环境。

② 非屏蔽双绞线。由于价格原因（除非有特殊需要），通常在综合布线系统中只采用非屏蔽双绞线，图 2-23 列出了该类双绞线的优点。

```
                ┌─ 具有独立性和灵活性，适用于结构化综合布线
        非      │
        屏      ├─ 无屏蔽外套，直径小，节省所占用的空间
        蔽      │
        双      ├─ 将串扰减至最小或加以消除
        绞      │
        线      ├─ 重量轻、易弯曲、易安装
        的      │
        优      └─ 具有阻燃性
        点
```

图2-23 非屏蔽双绞线优点释义图

(2) 按照电气特性分类。

按照电气特性可将双绞线分为 3 类、4 类、5 类、超 5 类、6 类、7 类双绞线等类型，数字越大技术越先进、带宽越宽、价格也越高。

目前，在局域网中常用的是 5 类、超 5 类或者 6 类非屏蔽双绞线。

① 5 类非屏蔽双绞线。这类双绞线由 4 对相互扭绞的线对组成，这 8 根线外面有保护层包裹，如图 2-24 所示。

- 橙色、白橙色线对是 1、2 线对。
- 绿色、白绿色线对是 6、3 线对。
- 蓝色、白蓝色线对为 4、5 线对。
- 白棕色、棕色线对为 7、8 线对。

4 对线对通常只使用两对（1、2 线对接收数据，3、6 线对发送数据），另外两对通常不使用。

② 6 类、7 类双绞线。由于这类双绞线是新型的网线类型，且价格昂贵，因此较少在综合布线工程中采用。

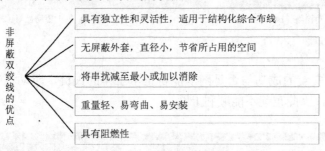

图2-24 5 类非屏蔽双绞线结构图

3. 选购双绞线

双绞线作为一种价格低廉、性能优良的传输介质，不仅可以传输数据，还可以传输语音和多媒体信息。目前的超 5 类和 6 类非屏蔽双绞线可以提供 155Mbit/s 带宽，并具有升级到吉比特带宽的潜力，是水平布线时的首要选择，其选购要点如表 2-5 所示。

表 2-5 双绞线的选购要点

注意事项	要点
包装	包装完整，避免购买包装粗糙的产品
标识	线体上应印有厂商、线长、产品规格等标识
绞合密度	优先选用绞合密度高的双绞线
韧性	优质产品能自由弯曲，铜芯软硬适中
阻燃性	优质产品具有阻燃性

4. 选购水晶头

双绞线是通过水晶头（又称 RJ45 接口）与网卡和路由器上的端口相连的。

水晶头前端有 8 个凹槽，简称 8P（Position，位置），每个凹槽内都有金属片，简称 8C（Contact，触点）。双绞线中共有 8 根芯线，在与水晶头的 8C 相接时，其排列顺序应与水晶头的脚位相对应。将水晶头带有金属片的一面朝上，从左至右的脚位依次为 1~8，如图 2-25 所示。

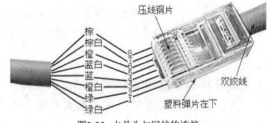

图2-25 水晶头与网线的连接

 小常识　　水晶头的 8 个脚位实际工作中只用到 4 个，也就是双绞线的 8 根芯线只用到 4 根。其中，1 和 2 必须是一对，用于发送数据；3 和 6 必须是一对，用于接收数据。其余的芯线在连接时虽然也插入水晶头中，但是实际并没有使用。

水晶头虽小，但是一定不能忽视其在网络中的重要性，许多网络故障就是由于水晶头质量不好造成的，选购时不能贪图便宜，主要选购要点如表 2-6 所示。

表 2-6 水晶头的选购要点

注意事项	要点
标识	名牌产品在塑料弹片上都有厂商的标识（如 AMP 等）
透明度	优质产品透明度较好，晶莹透亮
可塑性	用线钳压制时，容易成型，不易发生脆裂
弹片弹性	优质产品用手指拨动弹片时会听到清脆的声音，将弹片弯曲 90° 都不会断裂，且能恢复原状。将做好的水晶头插入极限设备或网卡时会听到清脆的"咔"的响声

【例2-3】 辨别双绞线的真伪。

本案例主要介绍识别双绞线的几种重要方法，重点介绍双绞线的内部结构和性能，双绞线的传输速度识别、外部包装识别、线缆物理特性识别等识别技巧。

 步骤解析

双绞线质量的优劣是决定局域网带宽的关键因素之一。某些厂商在 5 类 UTP 电缆中包裹 3 类或 4 类 UTP 电缆中所使用的线对，这种制假方法对一般用户来说很难辨别。这种所谓的"5 类 UTP"无法达到 100Mbit/s 的数据传输速率，最大仅为 10Mbit/s 或 16Mbit/s，网络的信息传输无疑将受到很大的制约。下面将分别介绍几种比较有效的识别真假双绞线的方法。

(1) 查看电缆外面的说明信息。

在双绞线电缆的外皮上应该印有像"AMP SYSTEMS CABLE…24AWG…CAT5"的字样，表示该双绞线是 AMP 公司（最具声誉的双绞线品牌）的 5 类双绞线，其中"24AWG"表示为局域网中所使用的双绞线，"CAT5"表示为 5 类。此外，还有一种 NORDX/CDT 公司的 IBDN 标准 5 类网线，上面的字样是"IBDN PLUS NORDX/CDX…24 AWG…CATEGORY 5"，这里的"CATEGORY 5"也表示为 5 类（CATEGORY 是"种类"的意思）。

(2) 绞合密度。

5 类 UTP 中线对的扭绞度要比 3 类密，超 5 类又要比 5 类密。如果发现电缆中所有线对的扭绞密度相同，或线对的扭绕密度不符合技术要求，或线对的扭绕方向不符合要求，均可判定为伪品。

 小常识　　除组成双绞线线对的两条绝缘铜导线要按要求进行扭绞外，标准双绞线电缆中的线对之间也要按逆时针方向进行扭绞；否则将会引起电缆电阻的不匹配，限制传输距离。

(3) 气味辨别。

真品双绞线应当无任何异味，而劣质双绞线则有一种塑料味道。点燃双绞线的外皮，正品线采用聚乙烯，基本无味；而劣质线采用聚氯乙烯，味道刺鼻。

(4) 手感度。

真线手感舒服，外皮光滑，捏线时手感饱满。线缆还应当可以随意弯曲，以方便布线。

(5) 柔韧性。

为了使双绞线在移动中不至于断线，除外皮保护层外，内部的铜芯还要具有一定的韧性。同时，为便于接头的制作和连接可靠，铜芯既不能太软，也不能太硬，太软不方便接头的制作，太硬则容易导致接头处断裂。

(6) 导线颜色。

与橙色线缠绕在一起的是白橙色相间的线，与绿色线缠绕在一起的是白绿色相间的线，与蓝色线缠绕在一起的是白蓝色相间的线，与棕色线缠绕在一起的则是白棕色相间的线。需要注意的是，这些颜色不是后来用染料染上去的，而是使用相应的塑料制成的。

(7) 是否具有阻燃性。

双绞线最外面的一层包皮除应具有很好的抗拉特性外，还应具有阻燃性。（可以用火烧进行测试：如果是正品，胶皮会受热松软，不会起火，如图 2-26 所示；如果是假货，一点就着，如图 2-27 所示。）为了降低制造成本，非标准双绞线电缆一般采用不符合要求的材料制作电缆的外皮，不利于通信安全。

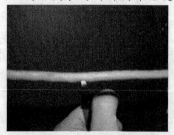

图2-26 真品双绞线

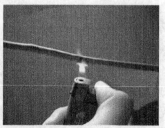

图2-27 劣质双绞线

案例小结

本案例主要介绍了双绞线的内部结构和识别双绞线的几种方法，重点介绍了传输速率的测试方法。需要注意的是，以上方法的鉴别应该综合起来考虑，只考虑一方面是远远不够的。另外，提醒大家在购买时一定要慎重，小心为好。

2.4.2 光纤

光纤是一种以玻璃纤维为载体对光进行传输的介质，它具有重量轻、频带宽、不耗电、抗干扰能力强、传输距离远等特点，目前在电信领域得到广泛应用。

1. 光纤的发展

光纤技术至今已有 100 多年历史了，其发展大致可分为如下 4 个阶段。

- 第 1 阶段（1880 年—1966 年）：技术探索时期。
- 第 2 阶段（1966 年—1976 年）：从基础研究到商业应用的开发时期。
- 第 3 阶段（1976 年—1988 年）：以提高传输速率和增加传输距离为研究目标和大力推广应用的发展时期。
- 第 4 阶段（1988 年至今）：以超大容量、超长距离为目标，全面深入开展新技术研究的时期。

各阶段具体发展标志事件如图 2-28 所示。

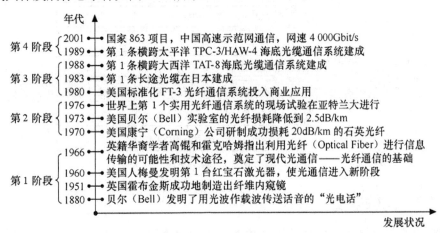

图2-28 光纤发展概况

光纤一般为圆柱状，是由纤芯、包层、塑料保护涂层等组成的。图 2-29 所示为一段六芯光缆实物。

图2-29 六芯光缆实物

纤芯是最内层部分，它由一根或多根非常细的由玻璃或塑料制成的绞合线或纤维组成。每一根纤维都由各自的包层包着，包层是一玻璃或塑料的涂层。最外层是保护层，由分层的塑料和其附属材料制成，用它来防止潮气、擦伤、压伤和其他外界带来的危害，如图2-30 所示。

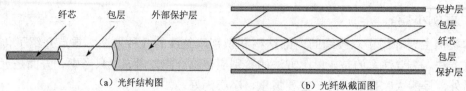

（a）光纤结构图　　　　　　　　　　（b）光纤纵截面图

图2-30　光纤内部结构

2.　光纤的分类

根据光纤传输模数的不同，光纤主要分为两种类型，即单模光纤（Single Mode Fiber，SMF）和多模光纤（Multi Mode Fiber，MMF）。1 000Mbit/s 单模光纤的传输距离为 550m～100km，常用于远程网络或建筑物间的连接和电信中的长距离主干线路。1 000Mbit/s 多模光纤的传输距离为 220m～550m，常用于中、短距离的数据传输网络和局域网络。

3.　光纤的优缺点

光纤在电信领域之所以能够被广泛利用，是因为它具有许多独有的优点，但也由于它的玻璃质的原因，给应用带来不少困难。图 2-31 所示为光纤的优缺点示意图。

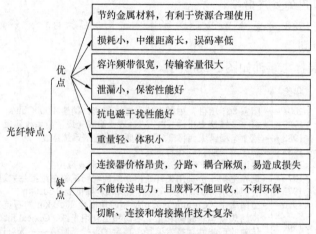

图2-31　光纤优缺点

2.4.3　同轴电缆

同轴电缆是局域网中较早使用的传输介质，主要用于总线型拓扑结构的布线，它以单根铜导线为内芯（内导体），外面包裹一层绝缘材料（绝缘层），外覆密集网状导体（外屏蔽层），最外面是一层保护性塑料（外保护层），其内部结构如图 2-32 所示。

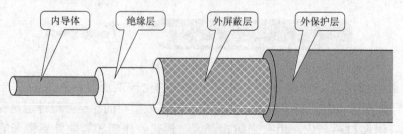

图2-32　同轴电缆结构

1. 同轴电缆的分类

同轴电缆有两种，一种为 50Ω 同轴电缆，另一种为 75Ω 同轴电缆。根据直径的不同，同轴电缆可以分为粗缆和细缆两种类型，两者的对比如表 2-7 所示。

表 2-7   同轴电缆的对比

注意事项	特点
粗缆	适合于大型局域网的网络干线 布线距离长，可靠性高 安装和维护较困难，造价较高
细缆	电子特性精确，符合 IEEE 标准 易于安装，造价低 日常维护不方便 一个用户出故障会影响其他用户的使用 适合于组建局域网时的布线

2. 同轴电缆的应用

典型同轴电缆的最大传输距离限于数千米，而宽带网络则可延伸到数十千米的范围。同轴电缆的抗扰性取决于应用的现场情况。一般情况下它的抗扰性优于双绞线，现场有强电磁干扰情况下采用同轴电缆传输要强于双绞线。

由于受到双绞线的强大冲击，同轴电缆已经逐渐退出了局域网布线的行列，但是现在的 CATV，即有线电视信号的线路仍然在使用它，相信随着综合布线的展开，同轴电缆的应用将最终成为历史。

同轴电缆的抗干扰能力强、数据传输稳定、价格便宜，常用做闭路电视线。

2.5 其他网络硬件设备

除了前面介绍的常用网络硬件外，还有集线器、交换机、中继站等网络设备，下面对这些设备进行简要介绍。

2.5.1 集线器

集线器（Hub）在 OSI 参考模型中属于物理层。集线器与网卡、网线等传输设备一样，属于局域网中的基础设备。从应用方面来讲，集线器是中继器的一种，其区别仅在于集线器能够提供更多的端口服务，所以集线器又叫多口中继器，它最初是为优化网络布线结构、简化网络管理而设计的，目前主要用于小型局域网的连接。

1. 集线器的结构

集线器的外部主要有接口、电源接口、指示灯等。集线器上的接口主要有 RJ45 接口、BNC 接口和 AUI 接口。RJ45 接口用于连接工作站或服务器，BNC 接口或 AUI 接口用于连接主干网。其他端口介绍如下。

- 主干网端口：通常都有一个 Up-link 标志，被用来与网络的主干网连接。
- 数据端口：用于连接终端客户机，一般为 4～24 个。
- 电源接口：用于连接电源线。

大部分集线器都有多种状态的 LED 指示灯，以表示对应接口的工作情况，常见有电源（Power）指示灯、RJ45 接口指示灯、碰撞（Collision）指示灯。

 要点提示 如果 Collision 指示灯闪烁过分频繁，说明网络负载已经很重了，就要对网络进行调整或者升级。

2. 集线器的功能

集线器的主要功能是对接收到的信号进行再生、整形、放大，以扩大网络的传输距离，同时把所有节点集中在以它为中心的节点上。

3. 集线器的分类

集线器的主要分类方式有：端口数量、配置形式、带宽等。

- 按端口数量分，集线器主要有 4 口、8 口、16 口、24 口等大类。口数即集线器上的端口数量，通常指 RJ45 接口数。
- 按配置形式分，集线器主要有独立式集线器、堆叠式集线器和模块式集线器 3 种。它们的性能特点如表 2-8 所示。

表 2-8　　　　　　　　　　　　　3 种集线器性能对比表

类 型	应 用	应用位置	优 点	缺 点
独立式集线器	十分广泛	低端连接 小型网内	价格低，管理方便	性能差，速度慢
堆叠式集线器	较广	小型网间	误码率低，速度快	价格较高
模块式集线器	较广	不同类型 网络之间	管理方便，误码率低	价格高，不适合普通应用

【例2-4】 选购集线器。

本案例主要介绍构建小型局域网时如何正确选择集线器，如何用集线器组成小型网络，从而使局域网的性能达到最佳。

 步骤解析

在局域网组建中，集线器的购置是一个非常重要的方面，如果购置不当，不但会造成经济上的浪费，还有可能使网络性能降低甚至完全破坏网络的连通性。下面将分别从传输带宽、端口、网管性能、品牌等几个方面介绍怎样为构建局域网配置集线器。

1. 根据所需传输带宽选择集线器

现在一般都是宽带网络，所以选择集线器时也尽量选择带宽较宽的产品，选择时应尽量做到物尽其用，并充分考虑网络今后一定时期的可持续发展性。图 2-33 所示为某网络结构图。

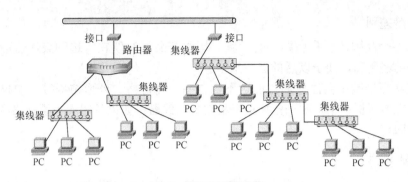

图2-33 集线器配置结构图

选择带宽时应考虑以下几个方面。

- 尽量不要选择纯 10Mbit/s 带宽的集线器，目前这类集线器市面上也比较少见了。
- 如果集线器的上连设备带宽允许 100Mbit/s 速率传输，可以选择 100Mbit/s 带宽的集线器或交换机，因为这样可以更好地利用现有设备的带宽性能，也可保持网络的可持续发展性。
- 如果对网络带宽需求比较高，而原来在网络中存在许多较低档的网络设备（如存在很多 10Mbit/s 或以下的设备），为了充分利用、保护原有的设备投资，最好选择 10/100Mbit/s 自适应集线器。

要点提示　10/100Mbit/s 自适应集线器能自动选择 10Mbit/s 或 100Mbit/s 带宽，这样既可以保护原有较低档次设备又可与较高档次的设备保持高性能连接，充分发挥高档次设备的带宽优势。

- 尽量不要选择纯 100Mbit/s 集线器，当前市场上 100Mbit/s 集线器与 10/100Mbit/s 交换机价格上基本持平，但性能却远逊于后者，所以尽量避免使用这类产品。

2. 根据计算机数量选择不同端口的集线器

集线器的最大特点就是能提供多个端口，所以在端口的选择上也需要充分考虑网络的实际需要及发展需求。图 2-34 所示为 16 口 10/100Mbit/s 自适应集线器。

端口的选择应充分考虑到网络的发展需求，如果确定网络上还要增加计算机，则最好选择端口数较多的集线器，以免造成网络设备投资的浪费。例如，现在有 4 台计算机要联网，但今后可能要增加计算机数量，则最好选择 8 端口或者 12 端口的集线器，如图 2-35 所示。

图2-34 集线器

已有计算机　　预计新增　　选择

图2-35 集线器选购配置图

3. 级联集线器选择

如果要对集线器进行级联，一定要注意级联的端口数，因为集线器级联时上级集线器是有两个端口不能接计算机的，所以一定要考虑好购买多少端口的最合适，如图 2-36 所示。

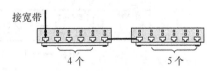

接宽带

4 个　　　5 个

图2-36 集线器级联端口图

4. 品牌差别

集线器各个品牌的质量差距不会太大，国内产品相对便宜。选购集线器最好选择有实力、信誉好的经销商，便于以后的运行维护。

当然在实际选购中要注意的方面远不止这些，如价格、外形结构等。如果是较大型网络，需安装在专用机柜中，则一定要选择机架式集线器；如果是用于小型网络中，通常只需桌面型结构即可。

案例小结

配置集线器一定要注意的是端口数量和传输速度，如果配置不当，极有可能造成网络拥塞，使上网速度变慢。另外，端口数量掌握不好，可能会对以后网络扩充造成麻烦。

2.5.2 交换机

网络连接设备除了传输介质、网卡、集线器之外，还有路由器、交换机等设备，本小节将重点介绍交换机的相关知识。在交换机出现之前，组建网络都用集线器，但集线器是"共享"设备，不利于信息传输，因此交换机就应运而生了。

交换机和集线器差不多，也是一种计算机级联设备，不同的是交换机比集线器性能更好，所以也可以将交换机称为"高级集线器"，如图 2-37 所示。

在选购交换机时一定要注意交换机的端口数，如果选择不当可能会造成麻烦。对于集线器来说，如果是 6 个接口，则最多可以连接 5 台计算机；而同样端口的交换机只能连接 4 台计算机，这是因为交换机的 UPLINK 端口和它旁边的接口是并行的，这两个接口只能使用一个，所以对于交换机上的端口实际上最多只能连 $N-2$ 个，N 即指总端口数。图 2-38 所示为 6 端口交换机，其中 5x 端口不能接终端用户。

图2-37 交换机

图2-38 交换机端口

交换机与集线器的最大差别就是在数据传输上，这主要表现在两个方面，一个是"共享"和"交换"数据传输，另一个是数据传递的方式。

1. "共享"和"交换"的区别

集线器是采用共享方式进行数据传输的，而交换机则是采用"交换"方式进行数据传输的。我们可以把"共享"和"交换"理解成公路。"共享"方式就是来回车辆共用一个车道的单车道公路；而"交换"方式则是来回车辆各用一个车道的双车道公路。"共享"和"交换"这两种数据传输方式的示意图如图 2-39 所示。

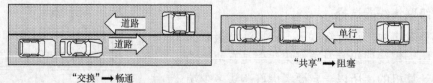

图2-39 交换机与集线器特征图

2. 数据传递方式的差别

集线器的数据包传输方式是广播方式，由于集线器只能以广播方式同时向各工作站进行信息数据的传输，所以同一时刻只能有 1 个数据包在传输，数据传输的利用率较低，如图2-40 所示。

对于交换机而言，它能够"认识"连接到自己身上的每一台计算机，从而把数据直接发送到目的计算机上，是一种"点对点"方式，而不是通过"广播找人"的方式，从而减少了带宽占用量，如图 2-41 所示。

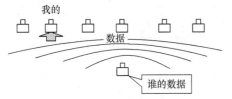

图2-40 广播方式数据传输

图2-41 交换方式数据传输

交换机是如何知道要发送的目的计算机的呢？原因是这样的，交换机具有物理地址学习功能，它会把连接到自己身上的物理地址记住，形成一个节点与物理地址对应表。凭这样一张表，它就不必再进行广播了。

2.5.3 中继器

中继器是一个可选设备，用来连接两个以太网的骨干网段，以增强电缆上的信号，图2-42 所示为中继器连接结构图。当传输距离较长时，为了减少信号的损失，就需要用到中继器，一般情况下中继器连接的是两个相同的网络，因此安装简单、使用方便。

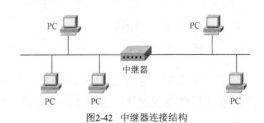

图2-42 中继器连接结构

2.5.4 收发器

收发器为粗同轴电缆与工作站之间的连接器。它有 3 个接头，两个为粗电缆进/出接头，第 3 个用于连接工作站。

2.5.5 路由器

路由器是一种多端口设备，如图 2-43 所示，它可以连接不同传输速率并运行于各种环境的局域网和广域网。当两个不同类型的网络彼此相连时，必须使用路由器，如图 2-44 所示。路由器的配置比较复杂，需要用到 IP 地址分配、路由算法的知识，限于篇幅原因，本书不再详细介绍，感兴趣的读者可以参阅相关资料。

图2-43 路由器实物图

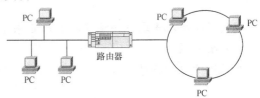

图2-44 路由器连线图

2.5.6 网桥

网桥看上去有点像中继器。它具有单个的输入端口和输出端口，与中继器的不同之处就在于它能够解析它收发的数据。当两种相同类型但又使用不同通信协议的网络进行互连时，就需要使用网桥，如图 2-45 所示。

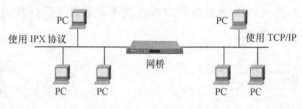

图2-45　网桥连线图

2.5.7 网关

当连接两个完全不同结构的网络时，必须使用网关，如以太网和大型主机网络的连接，必须使用网关来完成。网关不能完全归为一种具体网络硬件，它是能够连接不同网络的软件和硬件的结合产品。

2.6 实训

学完本章后，应了解局域网硬件的组成，网卡的安装过程，传输介质的种类，双绞线的辨别，集线器的选购，交换机的特点等内容。为进一步巩固本章知识，下面提供几个实训内容。

2.6.1 网卡的安装过程

 操作要求

- 了解网卡的功能。
- 掌握网卡的硬件安装过程。

 步骤解析

(1) 打开主机，查看网卡的位置（如果是集成网卡，查看网卡在主板的安装位置，外部接口）。
(2) 将网卡从主机中取下（注意不要带电操作）。
(3) 重新安装网卡。
(4) 安装网卡驱动程序。

2.6.2 识别双绞线

操作要求

- 了解双绞线在当前局域网组网中的地位。
- 掌握双绞线的内部结构。
- 掌握双绞线的识别方法。

步骤解析

(1) 找一段双绞线。

(2) 剥除外皮，查看内部结构。

(3) 根据所介绍的识别双绞线的方法，辨别所找的双绞线是真品还是劣质品。

(4) 点燃双绞线外皮，观察是否燃烧，是否有刺鼻气味（注意防火）。

  习题

一、填空题

1. 服务器的内部结构主要有_____、_____、_____、_____等。

2. 服务器和个人计算机的差别，主要可以从_____和_____两方面来考察。

3. 网卡又叫_____，也叫网络适配器，主要用于服务器与网络连接，是计算机和传输介质的接口。

4. 网卡通常可以按_____、_____和_____方式分类。

5. _____是网卡的核心元件，一块网卡性能的好坏，主要是看这块芯片的质量。

6. 局域网传输介质主要有_____、_____和_____。

7. 根据光纤传输点模数的不同，光纤主要分为_____和_____两种类型。

8. 双绞线是由_____对_____芯线组成的。

9. 集线器在 OSI 参考模型中属于_____层。

10. 在信息传输上集线器是_____设备，而交换机是_____设备。

二、选择题

1. 下列不属于服务器内部结构的是（   ）。

    A．CPU   B．电源   C．5 类双绞线   D．北桥芯片

2. 下列不属于网卡接口类型的是（   ）。

    A．RJ45   B．BNC   C．AUI   D．PCI

3. 下列不属于传输介质的是（   ）。

    A．双绞线   B．光纤   C．同轴电缆   D．电磁波

4. 下列属于交换机优于集线器的选项是（   ）。

    A．端口数量多   B．体积大

    C．灵敏度高   D．交换机传输信息是"点对点"方式

5. 当两个不同类型的网络彼此相连时，必须使用的设备是（　　　　　）。

   A．交换机　　　　　B．路由器　　　　　C．网关　　　　　　　D．网桥

三、判断题

1. 服务器只是在硬件配置上比个人计算机好一些。（　　　）

2. 网卡必须安装驱动程序。（　　　）

3. 同轴电缆是目前局域网的主要传输介质。（　　　）

4. 局域网内不能使用光纤作传输介质。（　　　）

5. 交换机可以代替集线器使用。（　　　）

四、简答题

1. 简要描述服务器和个人计算机配置的差别。

2. 简要叙述网卡的安装过程。

3. 什么是"金手指"？

4. 简要叙述辨别双绞线真伪的几种方法。

5. 分析交换机和集线器的异同点。

第3章 局域网规划设计与综合布线

局域网的规划是局域网组建的第一项，缺少了局域网规划环节，组网过程就没有章法可循。本章前一部分将介绍局域网组建前的需求分析、组网规划和设计方法、局域网设计中软件和硬件的选择等内容。

建筑物综合布线系统（Generic Cabling System，GCS）的兴起与发展，是在计算机技术和通信技术发展的基础上进一步适应社会信息化和经济国际化的需要，是办公自动化进一步发展的结果，同时也是建筑技术与信息技术相结合的产物，是计算机网络工程的基础。本章后一部分将介绍有关局域网综合布线设计的相关知识。通过本章的学习，希望读者能够掌握局域网组网的规划与设计的基本方法和步骤，掌握楼宇内部综合布线的过程。

学习目标

- 掌握局域网规划的基本内容。
- 了解局域网设计的几个方面。
- 了解综合布线系统的几个子系统。
- 理解水平、垂直布线子系统的设计方法。

3.1 局域网规划

任何单位和个人组建局域网都有特定的目的和要求。网络设计人员在具体施工之前应该完全理解客户的需求，争取做到以下几点：直接参与网络的设计和分析；根据实际需要，提出网络应该满足的功能、结构特点以及安全指标；设计规模要适当，并具有可扩充性；网络结构合理，设备和技术先进等。

3.1.1 硬件线路规划

由于要有各种设备的相互连接，才会有局域网的产生，因此在开始建立局域网之前，要先规划计算机怎么放置，网线怎么连，以免影响美观，也避免造成危险隐患。

组建局域网的第一步就是要规划如何布线，针对不同的用户和环境，规划局域网的方式也不相同。网卡、网线和集线器，是组建局域网所需的基本网络设备，针对不同用户和环境，所选择的配件类型也就不一样。

1. 一般家庭局域网

通常家庭使用的计算机数量并不多，计算机之间能够互连很重要。

（1）连接两台计算机。

如果是两台计算机之间的连接，可以用的连接器材很多，1394 传输线、USB 传输线、跳线式的 Cross Over 网线等，都可以让两台计算机互相传输数据，如图 3-1 所示。

3 种传输线的优缺点如下。

- 1394 传输线：传输速度快，可达 400Mbit/s，但相互连接的两台计算机都必须配有 1394 接口。
- USB 传输线：使用 USB 接口较为普遍，USB 传输线长度不能过长，文件传输速度比 1394 传输线慢。
- Cross Over 网线：这是临时性的解决方法，使用该网线无法扩充网络规模，如果有第 3 台计算机要连入时，就不能使用这种跳线式的网线。

(2) 连接 3 台以上的计算机。

如果家中有 3 台以上的计算机要联网时，就不能够使用上面的方法，必须使用正规的方法，也就是在每台计算机上都安装网卡，牵网线，最后利用集线器将所有的计算机连接起来，如图 3-2 所示。

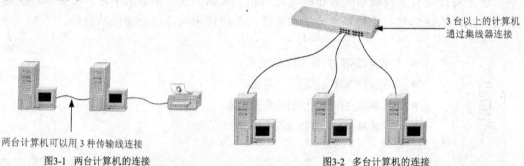

两台计算机可以用 3 种传输线连接

图3-1 两台计算机的连接

3 台以上的计算机通过集线器连接

图3-2 多台计算机的连接

要点提示　　3～5 台计算机联网时，建议选购 100Base-T 网卡，另外配上规格为 100Mbit/s 的集线器，端口数以 5 端口为标准。

2. 多个房间的家用局域网

随着计算机的普及程度越来越高，有的家中可能每个房间都有一台计算机，这个时候还是要用网卡、网线和集线器将计算机串联起来。这里还是建议选购 100Base-T 网卡，再配上规格为 100Mbit/s 的集线器，端口数以 8 端口为标准，如图 3-3 所示。

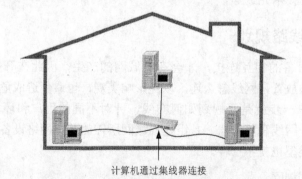

计算机通过集线器连接

图3-3 多个房间的计算机连接

接下来就要考虑计算机摆放的位置了，同时必须想好布线方式。由于网线越长，传输信号就越弱，因此集线器放置的位置很重要，理论上来说应该放在所有计算机的中央，但是网线暴露在地面上，很容易使人绊倒或是被拉扯到，集线器也很容易被人踩踏，因此集线器最好放在所有计算机中心附近的角落，这样不但网络损坏的几率低，所有计算机连接到集线器的距离也较短，节省线材。

3. 小型办公室局域网

这里说的小型办公室，指的是计算机数量少，没有隔间的办公室，通常只有六七台计算机，共享网络设备（如打印机），此外这些计算机通常有共享和备份文件的需求，因此还需要一台作为共同使用和备份文件的服务器。

这种局域网的组建方式和前面说的一样，每一台计算机都要安装网卡，然后通过网线来访问，最后利用集线器将所以有的计算机连接起来，如图 3-4 所示。

这里建议选购 100Base-T 网卡，另外最好购买交换式集线器，端口数在 8 个左右，如果以后还要增加计算机，也比较方便。

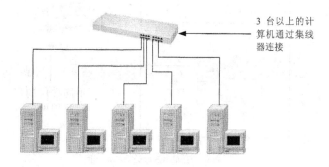

3 台以上的计算机通过集线器连接

图3-4　小型办公室局域网

4. 大型办公室局域网

大型的办公室，使用的计算机大概在 30 台以上，如果将所有的计算机都连接成单一的局域网，等到网络出现问题，要进行故障检查就比较麻烦了。

计算机数量多的办公室，最好能够以一个区域或部门作为一个单位，连接成独立的局域网（如研发部门组成一个小型局域网)，之后再用网线将每个单位的集线器连到主集线器上，如图 3-5 所示。这样既不会造成集线器的负担，也不会有网线在办公室横跨的情形发生。

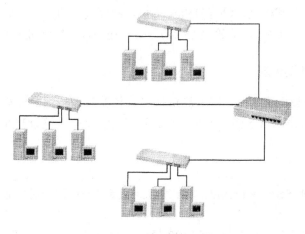

图3-5　大型办公室局域网

这里建议每台计算机都选购 100Base-T 网卡，由于端口数越多的集线器越复杂，因此请按照需要的接口数来选购交换式集线器，以后要增加计算机，也比较方便。

5. 有距离的办公室

有的公司的办公室位于同一栋大楼中的不同楼层中，要让这些不同楼层的计算机互传数据，建议先将各个楼层的局域网架构好后，再以楼层为单位，利用交换机（或网桥）将不同楼层的局域网互连起来，如图 3-6 所示。

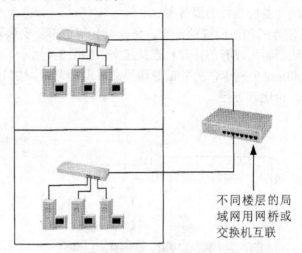

不同楼层的局域网用网桥或交换机互联

图3-6　有距离的办公室的局域网

要点提示　通常规模大的网络是由多个小型网络组成的，只要先分别将小型网络通过集线器连接好，再想办法将所有小型网络连接起来就行了。如果要组建的网络规模庞大，要考虑的细节更多了，包括网线长度、访问节点数量等，因此还是建议请教专业的人员。

知识链接 ——— 如何看懂集线器的规格

集线器上的"Auto MDI / MDIX"标记表示可支持并行线、跳线连接端口。使用 Cross Over 线连接两台集线器，只要线的两端全部插入普通的插孔中就可以了；而使用网线连接两台集线器，线的一端插入普通插孔，另一端则插入 Uplink 孔。

目前，较新型的集线器大都没有 Uplink 端口，取而代之的是每一个端口都有 Auto MDI / MDIX，具有自动辨识的功能，无论是 Cross Over 线还是双绞线都可以使用。

3.1.2　网址的规划

Internet 中的计算机这么多，要怎样辨认这些计算机呢？每台计算机都会设置不同的网址，在 Internet 上就是利用这些网址来辨认计算机，因此规划网址也是架设局域网的一个重要项目。

1. 外部网址

当 ISP（Internet Service Provider）配给几组固定的 IP 地址时，首先要想好如何将这些 IP 地址进行分配。

举例来说，如果申请固定的宽带时 ISP 提供 8 组 IP 地址，并不是将 8 组 IP 地址全部都设置到计算机中，必须先想一想哪些机器必须用到实体 IP 地址，如 ADSL 路由器就需要设置一个 IP 地址，原则上对外开放服务的计算机都需配用外部 IP 地址。

如果计算机要加入已经连接 Internet 的网络，如学校或办公室，必须申请好一组 IP 地址、子网掩码、默认网关和 DNS 地址，然后才能将计算机设置好。

2. 内部网址

相对于外部网址而言，内部网址算是一种虚拟 IP 地址，是一组私人专用的网络地址，仅供局域网内部使用，Windows 系统将 192.168 开头的地址定义为私人专用，凡是网卡公开的计算机，是不会设置成这类地址的。

对于家庭或小型工作室，有两台以上的计算机，而且打算共享 Internet，通过共享调制解调器上网、收发 E-mail 等，必须为每一台计算机设置固定的 IP 地址，至于网关、域名等设置则视具体情况而定。

由于可能只被分配到一组外部 IP 地址，不能在每一台计算机上都设置一样的 IP 地址，这个时候替计算机设置的 IP 地址就是内部私人专用的 IP 地址，有多台计算机时，内部 IP 地址最好按照顺序设置，如第 1 台计算机设置为 192.168.1.1，第 2 台计算机设置为 192.168.1.2，第 3 台计算机设置为 192.168.1.3，依此类推，最多可以设置 254 台计算机。

内外网络若要互连，必须准备一台带宽分享器，这台机器必须同时配备外部和内部网址，详细的应用请参考后续章节。

知识链接 ——DHCP 服务器

局域网中的计算机通常都会被分配到一组固定的网址，用来和网上的计算机相互访问，但是如果有计算机临时加入时，没有 IP 给它用怎么办？别担心，DHCP 服务器可以解决这个问题，如图 3-7 所示。

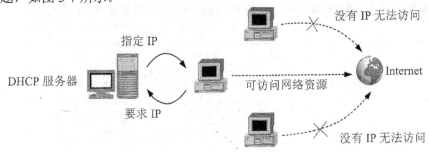

图3-7 临时加入的计算机

动态主机分配协议（Dynamic Host Configuration Protocol，DHCP）设置在服务器计算机上，只要有计算机加入局域网内，DHCP 就会自动分配给这台计算机一个可以使用的临时 IP。

一般家庭大多是使用拨号上网或使用宽带，这些 ISP 提供者大多是利用 DHCP 服务器来完成 IP 的分配，加上 IP 租用的时间有限制，因此每次计算机所分配到的 IP 都会不一样。

3.1.3 需求分析

需求分析的目的是明确要组建什么样的网络。通俗地说，就是建成网络以后，可以让这个网络做什么，网络会是什么样子。为了满足用户当前和将来的业务需求，网络规划人员要对用户的需求进行深入的调查研究。

【例3-1】 某软件公司小型办公网络需求分析。

对于小公司的办公网络，如单层写字楼局域网组网，设计比较简单，但也要注意网络规划的整体分析和细节处理，切不可大意。若考虑不周全，极有可能造成组网的失败。本案例以某软件公司的单层写字楼组网为例，介绍如何进行局域网规划的需求分析。

 基础知识

需求分析包括可行性分析、环境分析、功能和性能要求、成本/效益分析等几个方面。

1. 可行性分析

可行性分析的目标是确定用户的需求，网络规划人员应该与用户（具有决策权的用户）一起探讨。图 3-8 所示为可行性分析需注意的几个方面。

2. 环境分析

环境分析是指网络规划人员应该确定局域网日后的覆盖范围，需要分析的内容如图 3-9 所示。

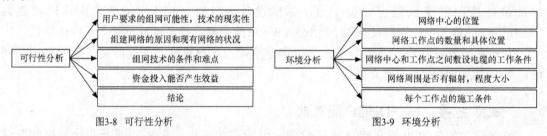

图3-8　可行性分析　　　　　　　　　　　　图3-9　环境分析

3. 功能性能需求分析

该项是了解用户以后利用网络从事什么业务活动以及业务活动的性质，从而得出结论来确定组建具有什么功能的局域网。功能和性能分析的内容如图 3-10 所示。

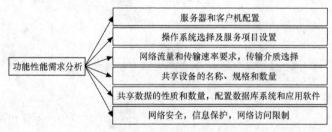

图3-10　功能性能需求分析

4. 成本效益分析

组网之前一定要充分调查网络的效益问题，局域网络的成本效益分析如图 3-11 所示。

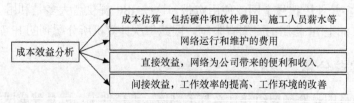

图3-11　功能性能分析

需求分析对项目的成功与否起着重要的作用。因此，工作人员应充分了解如下要点：① 语言描述尽量使用专业术语；② 了解客户业务与目标；③ 编写"需求分析报告"；④ 报告内容通俗易懂，条理清晰；⑤ 签署报告与合作协议。

步骤解析

(1) XX 公司组网可行性分析。

根据贵公司有关领导的介绍，现对贵公司网络组建可行性归纳为如下几点。

① 公司组网的地理区域为单层写字楼，组网具有物理实现性。

② 公司网络组建跨地理范围较小，所用设备较简单，技术难点较少。

③ 公司网络组建后将大大提高公司内部的管理和协调性能，大大提高公司内部的合作和交流，对公司的经济会带来较大效益。

基于以上 3 点分析，对贵公司网络组建完全具有可实现性。

(2) XX 公司企业网应用需求。

根据贵公司对网络性能的需求介绍，现对组网需求做如下几点概括。

① 内部信息发布：公司领导向各部门发布规章制度、规划、计划、通知等公开信息。

② 电子邮件：公司内部的电子邮件的发送与接收。

③ 文件传输：公司内部的文本文件、图形文件、语言文件等的发送与接收。

④ 资源共享：文件共享、数据库共享、打印机共享。

⑤ 外部通信：通过广域网或专线连接，可与国内外的合作伙伴交流信息。

⑥ 接入 Internet：通过 ISP 接入中国互联网络信息中心（CNNIC），对外发布信息。

(3) XX 公司建网计划。

贵公司企业网的最终目标是：建设覆盖整个公司的互连、统一、高效、实用、安全的企业内联网（Intranet）。它分为 5 个阶段完成。

① 公司内部各部门分布实地考察。

② 设计网络布局分布图。

③ 配置硬件设备，进行布线施工。

④ 接入 Internet。

⑤ 安全设置。

(4) 成本效益估算。

① 硬件设备：服务器、客户机、互连设备、传输介质等成本估算参见附表中的组网费用一栏，具体费用按实际市场价格而定。

② 施工人员费用：包括网络设计费用、施工现场人员工作费用等，以合同内容为准。

③ 网络维护和运行：网络维护由我公司长期跟踪服务，也可由贵公司自行处理。运行费用主要体现在接入 Internet 的接入费用。

④ 效益：公司网络组建完成后，对贵公司对外宣传与合作将会有很大的帮助，间接效益则有更大的体现。

附表：（略）

案例小结

需求分析是局域网组网的第一步，一定要对网络组建的可行性，网络组建的技术可实现性有明确的了解，另外也要充分了解建网公司的建网目的，建网目的搞不清，很容易导致网络功能的扭曲，从而导致双方合作的不顺利。

3.1.4　局域网总体规划

对整个网络的轮廓有了大致了解后，规划人员应该从尽量降低成本、尽可能提高资源利用率等因素出发，本着先进性、安全性、可靠性、开放性、可扩充性和最大限度资源共享的原则，进行网络规划。规划的结果要以书面的形式提交用户。

【例3-2】　宾馆局域网网络规划。

小型网络的局域网规划相对比较简单，规划项目随环境不同有相应的变化，但总体思路应基本相同。本案例以某宾馆内部网络互连为例，介绍如何对小型局域网组建进行规划。

 基础知识

1.　场地规划

场地规划的目的是确定设备、网络线路的合适位置。场地规划考虑的因素包括如图3-12 所示的几个方面。

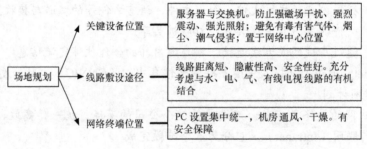

图3-12　场地规划

2.　网络设备规划

网络组建需要的设备和材料很多，品种和规格相对复杂。设计人员应该根据需求分析来确定设备的品种、数量和规格。具体规划项目如图 3-13 所示。

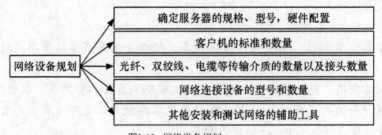

图3-13　网络设备规划

3.　操作系统和应用软件的规划

硬件确定以后，关键是确定软件。网络组建需要考虑的软件是操作系统，网络操作系统可以根据需求进行选择，如图 3-14 所示。

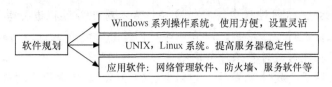

图3-14 软件规划

4. 网络管理的规划

网络组建投入运行以后，需要做大量的管理工作。为了方便用户进行管理，设计人员在规划时应该考虑管理的易操作性、通用性。管理需要考虑的因素如图 3-15 所示。

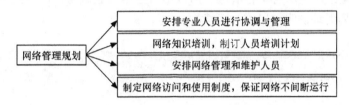

图3-15 网络管理规划

5. 资金规划

如果网络项目是本公司的项目，网络设计人员应该对资金需求进行有效预算，做到资金保障，避免项目流产。资金方面需要规划的费用如图 3-16 所示。

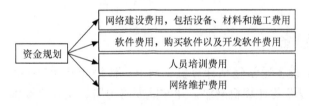

图3-16 资金规划

步骤解析

组网背景：XXX 宾馆为 3 层小型休息娱乐场所，二层、三层为客房，每层约 25 间（套）。一层为会客厅、餐厅和水吧。会客厅为会议、交流专用；餐厅有大包间（一）和小包间（五）两种；水吧为休闲场所，供客人休息和交流之用。

(1) 场地规划。根据组网环境分析，服务器管理间设在二层，单独开辟房间，房门设置防水防火功能，房间内设通风口，内部装修墙壁贴吸音板，并应具有阻燃性。网络端口设置为：一层会客厅设置多种接口，且接口数量要有保证；餐厅不设端口，不走线；水吧墙壁设置端口；二层、三层客房每个房间按床位设置信息插座。

(2) 网络硬件与软件规划。服务器选择专用服务器，初步确定为长城擎天 B9000 刀片式服务器，如图 3-17 所示。传输线缆使用超 5 类非屏蔽双绞线（注意单根线缆长度不能超过 90m），网络连接使用交换机，交换机下层拓扑结构为星型拓扑结构。操作系统采用 Windows Server 2003。

图3-17 长城擎天 B9000

(3) 网络管理与维护。组网过程中，宾馆应安排专人对组网过程进行考察和学习，组网完成后对相关人员进行专业培训，以方便今后网络的维护和运行。网络应 24h 不间断运行，以保证客人能够随时登录外部网络。

(4) 资金规划。组网资金硬件配置约占全部费用的 2/3，其他费用占 1/3。硬件造价费用以市场行情而定，网络设计和施工人员费用由合同商定。

 案例小结

不同的网络规划格式也各有差别，可以不必面面俱到，但最基本的内容一定叙述清楚，因为规划单是给网络所有单位看的，所以语言应尽量通俗易懂，某些专业性比较强的内容可另外设置规划附录说明，以增加可读性。

 ## 3.2 网络设计

网络就是采用一些传输设备连接在一起，在软件控制下，相互进行信息交换的计算机集合。网络设计是在对网络进行规划以后，开始着手网络组建的第 1 步，其成败与否关系到网络的功能和性能。网络设计的主要方面有网络硬件设备配置、网络拓扑结构设计和操作系统选择几个方面。

3.2.1 网络设备

简单的局域网络设备通常包括计算机、网卡、传输介质和交换设备（转发器、集线器和交换机），对于较复杂的计算机网络，通常需要路由器、光纤等设备。表 3-1 所示为选择常用网络设备时应注意的几个方面。

表 3-1   硬件设备一览

硬件设备名称	注 意 事 项
服务器	要求主板尺寸大，具有较多的 PCI 插槽和内存插槽；电源输出功率大，电压稳定，噪声小；主频和内存要符合性能需求
网卡	传输速率适合网络要求，一般为 10/100Mbit/s 自适应网卡；总线类型要符合主板插槽类型；接口类型应与传输介质相对应
集线器	根据网络速度、连接计算机的数量选择产品类型。速率有 10Mbit/s 或 100Mbit/s 或 10/100Mbit/s 自适应集线器；接口有 8 口、16 口或 24 口
交换机	性能优于集线器，但价格稍贵，选择接口时应注意可用接口数为 $N-2$，N 为总接口数
传输介质	根据不同需求选择传输介质，局域网内一般选用 5 类或超 5 类非屏蔽双绞线；主干网络采用光纤

3.2.2 网络拓扑结构

对于简单的网络，通常采用星型拓扑结构，或者总线—星型混合结构。

当计算机数量较多时，可以考虑将网络结构设计成两级：第 1 级交换机（或集线器）连接多个交换机和服务器；第 2 级交换机（或集线器）连接客户机。两级之间可以选择星型拓扑结构或者总线—星型结构。图 3-18 和图 3-19 所示为两种网络拓扑结构。

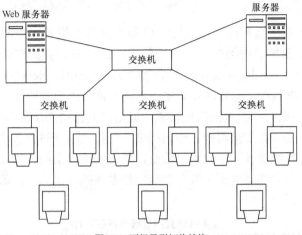

图3-18　两级星型拓扑结构

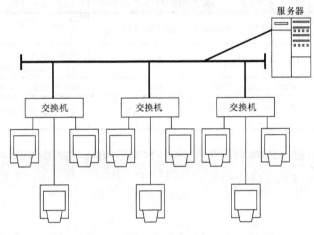

图3-19　总线—星型混合结构

在设计混合拓扑结构时，设计者应该综合考虑各种因素，从实际出发，实现总体结构的合理和实用。网络拓扑结构设计规则如图 3-20 所示。

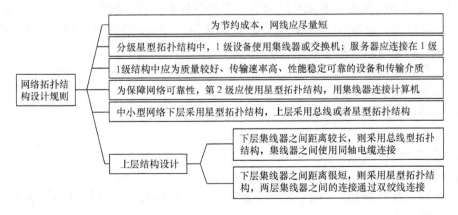

图3-20　网络拓扑结构设计规则

3.2.3 网络操作系统

网络操作系统一般由两部分组成，一部分安装在服务器上，另外一部分安装在客户机上，两者都不能缺少。

在进行网络操作系统选择时，应该在考虑用户管理习惯和用户网络知识水平的基础上进行选择。网络操作系统的种类很多，比较常用的操作系统有微软公司的 Windows NT、Windows 2000 Server、Windows Server 2003 和 Novell 公司的 NetWare 等系列产品。另外，最近流行的 Linux 操作系统在稳定性和效率上也逐渐体现出自身的优势。

虽然 Windows 系列占有很大的市场份额，但是微软公司的所有 Windows 产品都有一个致命的弱点：稳定性差，有安全漏洞。作为网络管理员，应该时刻关注微软公司发布的安全缺陷公告，并及时对系统进行补丁升级；否则，整个网络可能陷入瘫痪。

网络操作系统的客户端要考虑和服务器端操作系统的有机结合，表 3-2 所示为服务器与客户机操作系统对比。

表 3-2 服务器与客户机操作系统对比

性 能 指 标	服 务 器 类	客 户 机 类
软件名称	Windows NT、Windows Server 2003 和 Linux	Windows 95/98、Windows Me，Windows XP
对应安装（1）	Windows NT	Windows NT、Windows 95/98、Windows Me、Windows XP 等
对应安装（2）	Windows Server 2003	Windows 9x、Windows XP 等
系统维护要求	高稳定性、数据处理能力强，实时进行补丁升级	与服务器操作系统对应

3.3 综合布线系统

在信息社会中，一栋现代建筑，除了具有电话、电视、消防、天然气、动力电线和照明电线外，计算机网络线路也是不可缺少的。布线系统的对象是建筑物或楼宇内的传输网络，它包含着建筑物内部和外部线路（网络线路、电话局线路）间的民用电缆及相关的设备连接措施。布线系统是由许多部件组成的，主要有传输介质、线路管理硬件、连接器、插座、插头、适配器、传输电子线路、电气保护设施等，并由这些部件来构造各种子系统。作为布线系统，目前被划分为以下 6 个子系统。

(1) 工作区子系统。

(2) 水平干线子系统。

(3) 管理间子系统。

(4) 垂直干线子系统。

(5) 楼宇（建筑群）子系统。

(6) 设备间子系统。

综合布线系统结构如图 3-21 所示。此外，综合布线与施工过程中要用到许多专用术语，可参看附录 A。

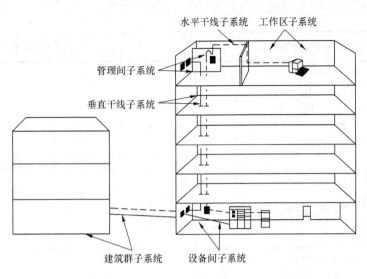

水平干线子系统　工作区子系统

管理间子系统

垂直干线子系统

建筑群子系统　　设备间子系统

图3-21　综合布线系统结构

随着 Internet 和信息高速公路的发展，为适应新的需要，各国的政府机关、大的集团公司也都在针对自己的楼宇特点进行综合布线。建设智能化大厦、智能化小区已成为新世纪的开发热点。理想的布线系统表现为：支持话音应用、数据传输、影像影视，而且最终能支持综合型的应用。由于综合型的语音和数据传输的网络布线系统选用的线材、传输介质是多样的（屏蔽、非屏蔽双绞线、光缆等），一般可根据自己的特点选择布线结构和线材。表 3-3 所示为综合布线各子系统的简介。

表 3-3　　　　　　　　　　　　　综合布线各子系统简介

综合布线各子系统	系 统 简 介
工作区子系统 工作区子系统	工作区子系统：由终端设备和连接到信息插座的网线组成，包括装配软线、适配器和连接所需的扩展软线，并在终端设备和 I/O 之间搭桥
水平干线子系统	水平干线子系统：整个布线系统的一部分，区域为从工作区的信息插座开始到管理间子系统的配线架，结构一般为星型拓扑结构，在一个楼层上，仅与信息插座、管理间连接。在综合布线系统中，水平干线子系统由 4 对 UTP（非屏蔽双绞线）组成
管理间子系统	管理间子系统：由交连、互连、配线架、信息插座架和相关跳线组成。管理点为连接其他子系统提供连接手段。交连和互连允许用户将通信线路定位或重新定位到建筑物的不同部分，以便能更容易地管理通信线路

综合布线各子系统	系 统 简 介
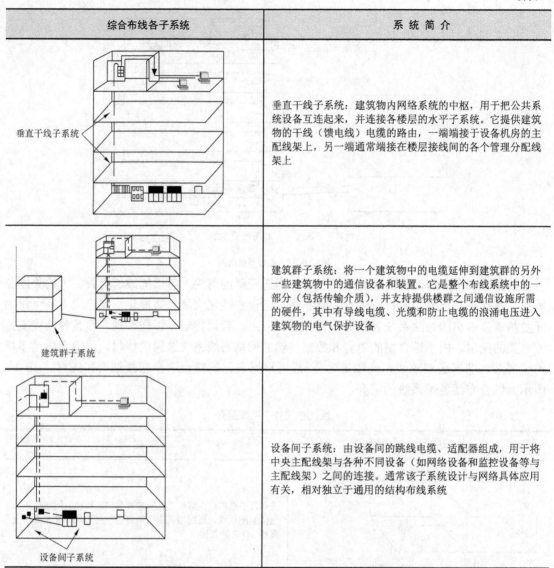 垂直干线子系统	垂直干线子系统：建筑物内网络系统的中枢，用于把公共系统设备互连起来，并连接各楼层的水平子系统。它提供建筑物的干线（馈电线）电缆的路由，一端端接于设备机房的主配线架上，另一端通常端接在楼层接线间的各个管理分配线架上
建筑群子系统	建筑群子系统：将一个建筑物中的电缆延伸到建筑群的另外一些建筑物中的通信设备和装置。它是整个布线系统中的一部分（包括传输介质），并支持提供楼群之间通信设施所需的硬件，其中有导线电缆、光缆和防止电缆的浪涌电压进入建筑物的电气保护设备
设备间子系统	设备间子系统：由设备间的跳线电缆、适配器组成，用于将中央主配线架与各种不同设备（如网络设备和监控设备等与主配线架）之间的连接。通常该系统设计与网络具体应用有关，相对独立于通用的结构布线系统

下面重点讲述布线时经常遇到的水平干线子系统和垂直干线子系统的布线设计情况。

【例3-3】 水平干线子系统设计。

水平布线，是将电缆线从管理间子系统的配线间接到每一楼层的工作区的信息输入/输出（I/O）插座上。设计者要根据建筑物的结构特点，从路由（线）最短、造价最低、施工方便、布线规范等几个方面考虑。

 基础知识

水平干线子系统设计涉及水平子系统的传输介质和部件集成，主要有 6 点：确定线路走向；确定线缆、槽、管的数量和类型；确定电缆的类型和长度；订购电缆和线槽；确定吊杆走线槽需要用多少根吊杆；确定不用吊杆走线槽时需要用多少根托架。

1. 订购电缆

订购电缆时应注意：确定介质布线方法和电缆走向；确认到设备间的接线距离；留有端接容差。确定线路走向一般要由用户、设计人员和施工人员到现场根据建筑物的物理位置和施工难易度来确立。订购量可按如下计算公式计算：

$$订货总量（总长度m）＝所需总长＋所需总长×10\%＋n×6$$

其中，所需总长指 n 条布线电缆所需的理论长度；所需总长×10%为备用部分；$n×6$ 为端接容差。

2. 走线设备

打吊杆走线槽时，一般是间距 1 m 左右一对吊杆。

$$吊杆的总量=水平干线的长度（m）×2（根）$$

使用托架走线槽时，一般是 1m～1.5m 安装一个托架，托架的需求量应根据水平干线的实际长度去计算。

3. 常用线缆

常用的线缆有 4 种：100Ω非屏蔽双绞线（UTP）电缆，100Ω屏蔽双绞线（STP）电缆，50Ω同轴电缆，62.5/125μm 光纤电缆。

 步骤解析

(1) 直接埋管线槽布线。直接埋管布线如图 3-22 所示，它由一系列密封在混凝土里的金属布线管道或金属馈线走线槽组成。根据通信和电源布线的要求、地板厚度和占用的地板空间等条件，采用厚壁镀锌管或薄型电线管等不同线管。

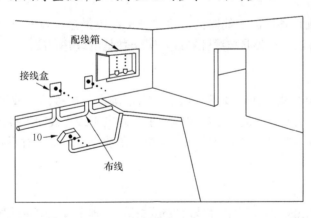

图3-22 直接埋管布线

> **要点提示** 综合布线的水平线缆比较粗，如 5 类 4 对非屏蔽双绞线外径为 5.6mm，截面积为 24.65mm^2，对于目前使用较多的 SC 镀锌钢管及阻燃高强度 PVC 管，建议容量为 70%。

(2) 线槽支管架设布线。线槽悬挂在天花板上方的区域，将电缆引向所要布线的区域。由弱电井出来的缆线先走吊顶内的线槽，到各房间后，经分支线槽从横梁式电缆管道分叉后将电缆穿过一段支管引向墙柱或墙壁，贴墙而下到本层的信息出口（或贴墙而上，在上一层楼板钻一个孔，将电缆引到上一层的信息出口），最后端接在用户的插座上，如图 3-23 所示。

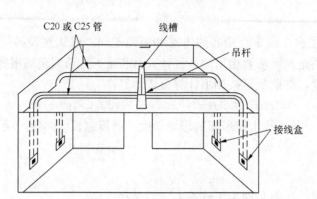

图3-23 线槽支管架设布线

(3) 地面线槽布线。弱电井出来的线走地面线槽到地面出线盒，由分线盒出来的支管到墙上的信息出口，将长方形的线槽打在地面垫层中，每隔 4m～8m 拉一个过线盒或出线盒（在支路上出线盒起分线盒的作用），直到信息出口的出线盒。

线槽规格：70 型外型尺寸为 70mm×25mm，可穿 24 根水平线（3 类、5 类混用）；50 型外形尺寸为 50mm×25mm，可穿插 15 根水平线。

案例小结

当终端设备位于同一楼层时，水平干线子系统将在干线接线间或远程通信（卫星）接线间的交叉连接处连接。在水平干线子系统的设计中，综合布线的设计必须具有全面介质设施方面的知识，能够向用户或用户的决策者提供完善而又经济的设计。

【例3-4】 垂直干线子系统设计。

确定从管理间到设备间的干线路由，应选择干线段最短、最安全和最经济的路由，在大楼内通常有两种方法，一种是电缆孔布线，另一种是电缆井布线。

基础知识

垂直干线子系统布线设计时要考虑以下几点：确定每层楼的干线要求；确定整座楼的干线要求；确定从楼层到设备间的干线电缆路由；确定干线接线间的接合方法；选定干线电缆的长度；确定敷设附加横向电缆时的支撑结构。在敷设电缆时，对不同的介质电缆要区别对待。

1. 光缆

光缆敷设时不应该绞结，在室内布线时要走线槽，在地下管道中穿过时要用 PVC 管，需要拐弯时，其曲率半径不能小于 30cm。走室外时，裸露部分要加铁管保护，铁管要固定牢固，缆线不要拉得太紧或太松，并要有一定的膨胀收缩余量。光缆埋地时，要加铁管保护。

2. 同轴电缆

粗同轴电缆敷设时不应扭曲，布线时必须走线槽，要保持自然平直，拐弯时弯角曲率半径不应小于 30cm；接头安装要牢靠，两端加终接器，其中一端接地。连接的用户间隔必须在 2.5m 以上，室外部分的安装与光缆室外部分安装相同。

细缆弯曲半径不应小于 20cm；细缆上各站点距离不小于 0.5m；一般细缆长度为 183m，粗缆为 500m。

3. 双绞线

双绞线敷设时线要平直，走线槽，不要扭曲，两端点要标号。室外敷设时要加套管，严禁搭接在树干上，也不要拐硬弯。

 步骤解析

(1) 电缆孔布线。在墙边角地板上用打孔机打出直径约 15cm 的过孔。通入管道，通常用直径为 10cm 的钢性金属管。电缆捆在或箍在支撑用的钢绳上，钢绳靠墙上金属条或地板三角架固定住并将其嵌在混凝土地板中（也可以在浇注混凝土地板时嵌入），此时管端一般比地板表面高出 2.5cm～10cm。当配线间上下都对齐时，一般采用电缆孔方法，如图 3-24 所示。

(2) 电缆井布线。先在每层楼板上开出一些方孔，使电缆可以穿过，并从某层楼伸到相邻的上下楼层，如图 3-25 所示。电缆井的大小依所用电缆的数量而定。电缆井的选择性非常灵活，可以让粗细不同的各种电缆以任何组合方式通过。

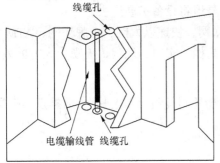

图3-24 电缆孔布线

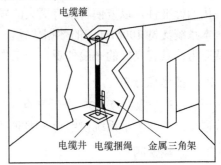

图3-25 电缆井布线

 案例小结

电缆井方法虽然比电缆孔方法灵活，但在原有建筑物中开电缆井安装电缆造价较高，它的另一个缺点是使用的电缆井很难防火。安装过程中应采取措施防止损坏楼板支撑件，以避免楼板的结构完整性受到破坏。

 ## 3.4 综合案例

办公大楼是现在公司最常见也最具应用价值的建筑物之一，大楼内部有良好的通信和网络环境，是进行科研开发和公司事务处理的核心，同时也是对外交流与合作的平台。基于办公大楼的特点，楼宇内部网络设置就显得尤为重要，若网络布线设置不当，会造成办公大楼内部联网的难度增加，运行和维护困难等问题。因此，系统地进行楼宇内部的综合布线就显得尤其重要。下面将应用具体的实例讲述办公大楼内部局域网从需求分析到布线设计的详细内容。

【例3-5】 XX 公司办公大楼局域网组网设计方案。

组网背景：办公大楼高 4 层，计算机中心设在一层机房室，会议室设在一层主厅，电话主机房设在一层，计算机中心和电话主机房分设在会议室两侧，其他各层楼分别为办公室或小型会客厅（分设信息端口若干）。

 制定方案

承蒙贵方给予我们为办公大楼提供综合布线系统设计及服务的机会，我公司甚感荣幸并深表谢意。我方将本着诚挚严谨的敬业精神，依据贵方的需求，凭借我们成熟的技术提供综合布线系统方案，供贵方审阅。

1. 组网目标

本方案符合最新国际标准 ISO/IEC 11801 和 ANSI EIA/TIA 568A 标准，充分保证计算机网络高速、可靠的信息传输要求。除去固定于建筑物内的线缆外，其余所有的接插件都应是模块化的标准件，以方便将来有更大的发展时很容易地将设备扩展进去。

本系统支持 100Mbit/s 的数据传输，可支持以太网、快速以太网、令牌环网、ATM 等网络及应用；具有良好的布线外观，给工作员工一种高档、实用、现代、美观、大方的效果。

2. 信息点分布

一层 28 个数据点，38 个话音点（话音点设计暂不讨论）；二层 14 个数据点；三层 20 个数据点。数据水平系统使用超 5 类非屏蔽双绞线。

3. 方案说明

整个布线系统由工作区子系统、水平干线子系统、管理间子系统、垂直干线子系统和设备间子系统构成。在本方案中充分考虑了布线系统的高度可靠性、高速率传输特性及可扩充性和安全性。各子系统描述如下。

(1) 工作区子系统。

工作区子系统是所有用户实际使用区域，共设数据点 62 个、话音点 38 个。数据点、语音点全部采用超 5 类非屏蔽信息模块，使用 AMP 单口防尘墙上型插座面板。

(2) 水平干线子系统。

水平干线子系统是由建筑物各管理间至各工作区之间的电缆构成。数据、话音传输选用超 5 类非屏蔽 4 对双绞线。各楼层所需水平电缆长度统计如下。

- 每根水平电缆平均长度按 60m 计算。
- 每标准箱为 1 000 英尺（305m）。
- 4 920m÷305m/箱=17 箱，订 17 箱非屏蔽双绞线。

(3) 管理子系统。

管理子系统连接水平电缆和垂直干线，是综合布线系统中关键的一环，常用设备包括快接式配线架、理线架、跳线和必要的网络设备。

4. 管线布设方案

管线布设尽量使用办公楼已有管路，对不满足布线要求的，需重新铺管的部位，尽可能减少对建筑环境的破坏。管线布设方法如下。

(1) 采用垂直金属线槽（200mm×120mm×5mm）做楼层之间的线槽。

(2) 采用水平 PVC 线槽（100mm×50mm×5mm）做单层走道上的水平线槽。

(3) 采用 PVC 线管（30/3 mm）连接主干线槽与信息面板之间。

5. 水平布线方式

水平干线子系统连接配线间和信息出口，水平布线距离应不超过 90m，信息口到终端设备连接线和配线架之间连接线之和不超过 10m。

对于主干线缆和小办公室环境，设计采用走吊顶的轻型槽型电缆桥架的方式：

$$线槽的横截面积=水平线路横截面积×3$$

对于到每个信息点线缆和大开间办公室环境采用地面线槽走线方式：

$$线槽的横截面积=水平线路横截面积×3$$

6. 管理间子系统设计建议

管理间子系统是整个配线系统的中心单元，它的布放、选型及环境条件的考虑是否恰当，都直接影响到将来信息系统的正常运行和使用的灵活性。

每个电源插座的容量不小于 300W，管理子系统（配线室）应尽量靠近弱电竖井旁；而弱电竖井应尽量在大楼的中间，以方便布线并节省投资。

设备室的环境条件如下：

温度保持在 8℃～27℃；湿度保持在 30%～50%；通风良好，室内无尘。

7. 免费培训

免费为客户培训综合布线系统的维护人员，目的是为了使客户在工程完工后，能简单、轻松地对本工程做必要的维护和管理。我方承诺如下。

培训人数 1～2 人，培训内容为：本工程综合布线的结构，所使用的主要器件的功能及用途，综合布线逻辑图介绍，综合布线平面布局图介绍，本布线工程文件档案介绍，布线系统的测试方法介绍。

8. 组网费用

(1) 设备材料费。

根据 2010 年规定的标准价格进行报价（部分价格会随市场行情略有变动），详见综合布线系统工程设备费用清单。

(2) 系统设计费。

按材料费的 5%收取，系统设计包括综合布线逻辑图及设备清单，布线路由图及各工作间信息出口位置图，管理子系统的配线架及竖井桥架安装图，配线架信息插座的对照表等。

(3) 工程施工费.

布线施工费按国家电信部门规定，按材料费的 15%收取，布线施工包括水平区布线，垂直区布线，配线架安装与卡接，信息插座的安装与端接。

9. 网络拓扑设计

网络拓扑采用总线—星型混合结构，垂直干线子系统采用总线型拓扑结构，水平干线子系统采用星型拓扑结构，如图 3-26 所示。

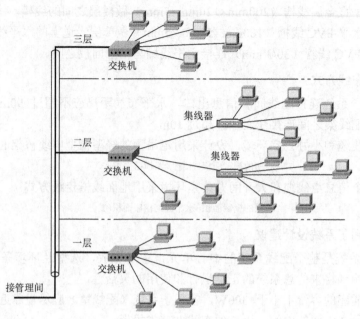

图3-26 办公大楼网络拓扑结构

案例小结

　　对于较大型的局域网组网设计，根据不同的组网背景，网络设计侧重点也不同，本案例为办公大楼组网设计，由于这方面的组网现实性和网络功能都相对普遍，网络设计中侧重点没有放在这方面，而是侧重于综合布线的设计。因此，在实际应用中，希望读者因地制宜，以实际情况而定，做到随机应变。

3.5 实训

　　局域网规划是架构人员向网络用户提交的书面材料，也是组建局域网的依据。综合布线是现在建筑物的常规布线方式，对综合布线的了解是网络布线的基础，也是网络和建筑相结合的特点之一。

3.5.1　校办公楼局域网需求分析

步骤解析

(1) 掌握办公楼组网背景：办公楼的整体布局，各办公室的分布情况。

(2) 组网需求：各办公室网络需求，信息点个数。

(3) 技术可行性：分析技术支持的可行性有多大，组网是否困难。

(4) 网络效益：网络所能满足的功能，给学校带来的利益。

(5) 总结：总结组网后办公室的状况与现状的分析。

3.5.2 教学楼综合布线系统设计

 步骤解析

(1) 背景分析：查看教学楼的层数，每层教室数量，教室内布设信息点（接口）个数。

(2) 垂直布线设计：观察教学楼建筑格局，分析电缆井的位置，讨论布线所用的器材。

(3) 水平布线设计：观察从电缆井到各教室的距离、走线格式，确定使用暗管还是线槽（一般线槽就可以）。

(4) 信息点设计：确定由楼道到教室内的线路分配格局，布线路线，信息点设置位置（墙壁、地面还是讲桌）。

(5) 总结：画出网络拓扑结构，标定出各信息点位置，准备布线。

习题

一、填空题

1. 建筑物综合布线系统的英文简写是_____。

2. 需求分析的目的是_____。

3. 需求分析包括_____、_____、_____和_____。

4. 局域网规划大致可分为_____、_____、_____、_____和_____ 5 个部分。

5. 网络设计的主要方面有_____、_____和_____ 3 个方面。

6. 选择网卡时，网卡接口应与_____相对应。

7. 当前组网中，综合布线系统主要分为_____、_____、_____、_____、_____和_____ 6 个子系统。

8. _____子系统是建筑物内网络系统的中枢。

9. 电缆订货量的计算公式为_____。

10. 局域网布线中常用的线缆有_____、_____、_____和_____。

11. 双绞线敷设时线要平直，走线槽，不要扭曲，两端点要_____。

12. 垂直干线子系统中常用的两种布线方法为_____和_____。

二、选择题

1. 在需求分析中，属于环境因素环节的是（　　　　）。
   A. 组网技术条件和难点　　　　B. 成本估算
   C. 技术的可实现性　　　　　　D. 网络中心位置

2. 在需求分析中，属于功能性能需求分析的是（　　　　）。
   A. 组网原因　　　　　　　　　B. 工作点的施工条件
   C. 直接效益　　　　　　　　　D. 服务器和客户机配置

3. 下列属于网络设备规划的是（　　　　）。
   A. 关键设备位置　　　　　　　B. 服务器规格、型号，硬件配置
   C. 人员培训费　　　　　　　　D. 安排网络管理和维护人员

4. 下列不属于场地规划的是（　　　　）。

  A．应用软件   B．关键设备位置

  C．线路敷设途径   D．网络终端位置

三、简答题

1. 简述配置网络硬件设备时需要注意的几个方面。

2. 设计两级网络拓扑结构，第一级为总线型，第二级为星型。

3. 简要描述服务器和客户机各自应用的网络操作系统。

4. 概述水平干线子系统。

5. 概述垂直干线子系统。

第4章 局域网布线施工与网线制作

局域网布线施工和网线的制作，是局域网组建工作中非常关键的环节。网络布线的测试是保证局域网接通的重要途径。网线的制作是施工人员最基本的技能之一，是任何一个局域网架构工作人员必须掌握的技术。测试工作应该和网络施工同步进行，布线施工结束后还应该进行全面的测试。通过本章的学习，读者应该掌握网络布线与施工的基本方法和过程，网线制作的详细操作步骤等知识。

学习目标

- 熟悉常用工具的使用方法。
- 熟悉新建筑物布线施工的方法。
- 熟悉已有建筑物布线施工的方法。
- 掌握双绞线接头的制作。
- 掌握同轴电缆接头的制作。
- 熟悉光纤接头的制作过程。
- 掌握双绞线的测试方法。

4.1 网络布线的施工

对一个规模较大的建筑物或者通信网络系统进行布线时，单靠网络技术人员的力量是不够的，还需要建筑施工人员参加整个布线系统的工程。

施工人员大多数对网络或者计算机知识知之甚少，常常会把网络的布线与电话线、电线以及其他线的布置混为一谈，因此这些工人在具体布线时，不会考虑网络布线的各种细节，如网线与接口模块之间的连接，网线与水晶头之间的连接，网络中各电缆线的连接等细节，如果这些施工工人不严格保证施工质量，不注重这些细节的处理的话，将会对网络的传输性能造成很大的影响。

网络布线施工是落实布线设计的过程。网络布线施工与电、暖、水、气等管线的施工区别很大，布线施工具有以下特征。

- 所有的电缆从信息口到信息点是一条完整的电缆，中间不能有接头。
- 每条电缆的长度要尽量缩短，以提高信号的质量。
- 某些部位（如集线器）连接电缆的数量较多，要处置得当。
- 还要考虑线路本身的安全和线路中传输信号的安全。

网络布线施工的原则是严格控制每段线路的长度，不能突破线缆的极限长度；注意与供电、供水、供暖、排水的管线分离，以保护网线的安全；敷设的位置要安全、隐蔽、美观，要方便使用和日后的维修。图4-1所示为网络布线施工图。

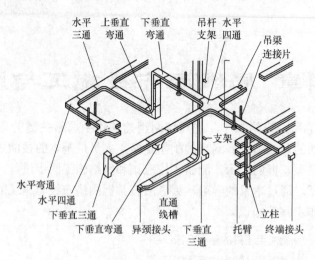

图4-1 网络布线施工图

4.1.1 敷线施工的过程和要求

网络管线通道的敷设安装，为网线的敷设做好了准备。往线管中穿线，在线槽中敷线也要按部就班地进行，符合敷设的要求。敷线原则如图4-2所示。

敷线方式可分为暗管穿线、线槽敷线和地板敷线3种，下面依次介绍各种敷线方式的规则。

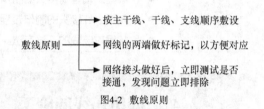

图4-2 敷线原则

1. 暗管穿线

暗管大多敷设在墙体内或地下。管径的粗细、管线转弯的多少、预留暗箱暗盒及暗井的多少都直接影响穿线的质量和速度。暗管敷设完成时，应将每根管子的两端封闭，用以保证管内的清洁，以免掉进管腔的杂物影响穿线的操作。其他应注意的问题如下。

(1) 穿线时应将成束的网线端头对齐捆紧，加上牵引端头，通过牵引线的拉力，将网线穿过暗管。

(2) 牵引线应使用粗细适当的钢索或铁丝。牵引时使用暗管中间的每个暗盒孔、暗井，使人对网线横向施力，逐个通过每个暗盒孔、暗井，到达终端口。

(3) 经过每个暗盒孔、暗井时，要检查牵引端头是否仍旧牢固地抓紧网线的端头，避免在管内脱落。对于单根网线，如果管径较细，距离较长或管子有转弯，也应牵引通过。穿线操作需两人以上协作完成。

对于超过4m的竖直管路，网线穿完后，应在上端口将网线全束捆扎，并牢牢固定，避免网线在管路端口承重，划伤网线外皮。

网线从暗管终点穿出后，要留出300mm的长度，用以连接安装端口面板的施工。

2. 线槽敷线

线槽敷线相对比较简单，只需将分组的网线均匀地摆放在线槽内。但也要注意将先进入支线的网线摆放在靠近出口的一侧。网线敷至支线出口，按事先在网线端头做好的标记送入相应的支线线槽。使用金属线槽进行综合布线时，不同种类的缆线应同槽分格（用金属隔开）布放。金属线槽的接地应符合设计要求，具体要求如下。

(1) 水平敷设的网线，根据线束的大小，每隔 1.5m～3m 应进行捆扎并与墙体固定，以减轻线槽底部的承重。

(2) 垂直敷设的网线，每隔 2m 进行捆扎并与墙体固定，以减轻上部线槽拐角的承重。线槽敷线完成后，不要马上封盖，待测试完成，确认无须返工后再封盖。

(3) 终点出口，网线要留出 300mm 的长度，用以连接安装端口面板施工。

3. 地板敷线

采用活动地板敷设线缆时，活动地板内净高不小于 150mm，活动地板内如果作为通风系统的风道使用时，地板内净高不应小于 300mm。在工作区的客户机位置和线缆敷设方式未定的情况下敷设临时网线，或在工作区采用地毯下布放线缆时，在工作区内应该设置交接箱，每个交接箱的服务面积应控制在 800cm^2 以下。

4.1.2　建筑物网络布线施工

建筑物网络布线主要分两种，一种是新建筑物的网络管线布线，另一种是已有建筑物网络管线布线。

第一种是在建筑物建设过程中就对网络管道进行了设计，一般不需要网络工作人员进行管道的疏通，只要按照规定和标准规则将网线布设到指定的管道中就可以了，但前提是要对整个建筑物的建筑布局有详细了解。后一种布线施工过程理论上要简单一些，但可能会遇到许多建筑凿孔或安装固定设备的问题，因为已有建筑物本身就存在布线设置，所以应遵循以前的布线规则，即便要改变，也不应更改已有网络布设格局。

【例4-1】　新建筑物预留网络管线通道的施工。

对于新建筑物来说，布线施工是与其他施工同时进行的。网络布线的主要内容与综合布线类似，同样有垂直干线布线（电缆井），水平干线布线（线槽、金属管），敷设在墙体内金属管或塑料管布线等。

 基础知识

1. 基础设备

布线施工最常用的就是桥架器和布线管槽，图 4-3 左图所示为下垂直三通桥架器，图 4-3 中图所示为支线转接器，图4-3 右图所示为垂直分线器。

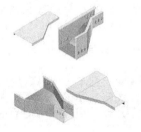

图4-3　布线施工设备

2．电缆井

电缆井是垂直布线子系统的重要布线设施，作为网络垂直干线通道的电缆井，要将位置尽量靠近楼房的中央。预留的电缆井的大小，按标准的算法至少应当为电缆外径之和的 3 倍。此外，还必须保留一定的空间余量，以确保今后在系统扩充时不再需要安装新的管线。

3．暗管

暗管一般指金属管或阻燃硬质 PVC 管，预埋在墙体中间的暗管内径不宜超过 50mm，楼板中的暗管内径为 15mm～25mm。

 步骤解析

(1) 电缆井的施工。电缆井内每层至少要安装一个金属桥架，用于捆扎网线。位于主干线节点的楼层，需在电缆井处设有配线间，配线间的最小安全尺寸是 1.2m×1.5m。门的大小至少为高 2.1m，宽 0.9m，向外开。配线间安装接线架，以保证接线设备的安装。图 4-4 所示为电缆井布线的抛面图。

 向电缆井内敷设线缆时注意不同线缆的敷设规则，一般双绞线走塑料管，光纤走专用金属管道，并且走线时应设置滑轮拐角，以免造成信号传输的失真，由电缆井走下来的线经弯管，水平三通进入暗管。

(2) 暗管的施工。直线布管每隔 30m 应设置暗线箱等装置，以方便穿线安装和日后维护。暗管转弯时，弯曲角度应大于 90°，且每根暗管的转弯角不得多于两个，更不能有 S 弯出现，一般设置方式为滑轮弯转方法，图 4-5 所示为光纤的弯转设置。在弯曲布管时，每隔 15m 处应设置暗线箱等装置。

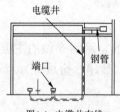

图4-4 电缆井布线

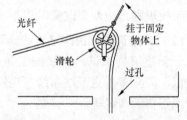

图4-5 光纤弯转方法

此外，还有以下几点需要注意。

- 暗管转弯的曲率半径不小于该管外径的 6 倍，如暗管外径大于 50mm 时，转弯的曲率半径不应小于管外径的 10 倍。
- 暗管的端口应光滑，并加有绝缘套管，管口伸出地面的长度应为 25mm～50mm。干线管路和支线管路的交界处、管线直径改变处应设置暗箱或暗盒。
- 直径 25mm 的预埋管宜穿设两条网络布线电缆。管内穿放多条电缆时，直线管路的管径利用率宜为 50%～60%，弯管路的管径利用率宜为 40%～50%。

 电缆走暗管时应由槽道经管道接口伸出，注意弯管安装要牢固，水平管口要和暗道平行，敷设过程应先设弯管，待线缆穿过后再敷设暗管，如图 4-6 所示。暗管是建筑物内部的水平走线通道，敷设时一定要注意不要破坏周围建筑结构。

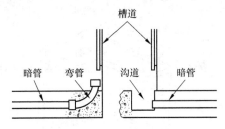

图4-6 暗管穿线

(3) 敷设线槽的施工。安装在管道层或天花板内的线槽，需要金属桥架支撑，水平敷设时桥架的间隔一般为 1.5m～3m，垂直敷设时桥架的间隔宜小于 2m。图 4-7 所示为线槽敷设的水平分线盒布线。

> **要点提示**
>
> 使用金属线槽敷设时，应注意如下几点。
> - 线槽接头处、每间隔 3m 处、离开线槽两端口 0.50m 处、转弯处，需设置支架或吊架。
> - 塑料线槽的固定点间距一般为 1m。
> - 线槽内放置线缆的数量不宜过多。全封闭的线槽截面利用率，宜为 25%～30%；可开启的线槽截面利用率，宜为 60%～80%。

(4) 经过各线槽的电缆，经线管传输到配线箱，由配线箱将电缆接头分割成不同接口方式，如图 4-8 所示。

图4-7 水平分线盒

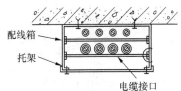

图4-8 墙壁配线箱

案例小结

布线施工时应特别注意周围的设施保护，不要随便破坏建筑物的已有结构，此外对不同的建筑形式，布线也要因地制宜。对光纤等重要传输介质，要严格按照要求进行布设。

【例4-2】 现有建筑物敷设网络管线通道的施工。

现有建筑物的布线施工，要从建筑物的实际情况出发。一般来说，垂直干线的施工可以凿通楼板，安装金属线槽。水平干线则可以使用线槽敷设在管道层、楼道的天花板内或固定在墙体上。支线一般使用塑料线槽固定在墙体上。

基础知识

垂直通道：垂直通道一般设在建筑物角边，并有隔板包起，一般不易见到里面的设置。垂直通道一般包括电缆井、光纤过孔、方口线槽等结构。电缆井用于走用电线路和通信线路；光纤过孔为光纤专用（有些要自己打孔）；方口槽为通信布线通道。

步骤解析

(1) 垂直通道的施工。作为网络垂直干线通道，要尽量靠近楼房的中央。每层的孔位上下垂直对齐，并处于贴墙的位置，如图 4-9 所示。

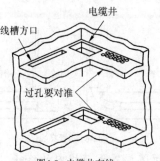

图4-9 电缆井布线

要点提示　通道内安装金属线槽，线槽的截面应大于要通过的电缆外径之和的 20%。此外，还应保留一定的空间余量，以确保今后系统扩充。金属线槽要有膨胀螺栓与墙体固定，每隔 2m 一个固定点。位于主干线节点的楼层，需要有接线架。图 4-10 所示为垂直线缆立柱布线示意图。

(2) 埋设暗管的施工。暗管一般用于建筑物之间的地下埋设，宜采用金属管。管径应是要通过的电缆外径之和的 2~3 倍。直线布管每隔 40m~50m 处应设置暗井，以便于穿线安装的施工和日后的维护。安装线槽是在现有建筑物中布线的主要方法，图 4-11 所示为线槽安装示意图。

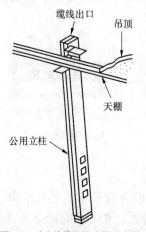

图4-10 垂直线缆立柱布线示意图

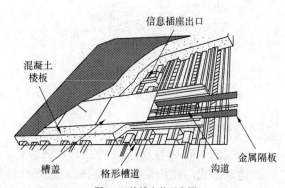

图4-11 线槽安装示意图

要点提示　干线线槽要使用膨胀螺栓与墙体固定，水平敷设时，应尽量靠近建筑物的顶部，最低处也需距地面 2m。线槽与墙体的固定点设置应注意如下几点。
- 间隔一般为 1.5m~3m。垂直敷设时，固定点的间隔宜小于 2m。
- 使用塑料线槽敷设，固定点的间距一般为 1m。线槽宜使用全封闭可开启的线槽。
- 布线时截面利用率也不宜过高，一般应掌握在 60%~80%。为保证网线线缆的转弯半径，在线槽分线或转弯部位，应使用专用的接插辅件。
- 室内支线的线槽可以使用窄塑料槽，用水泥钉与墙体固定。槽内安放 1~2 条网线。机房布线敷设的线槽，在客户机密集的区域，可以使用带栅空的线槽，以便于灵活地从干线中分出连接每台机器的支线。

 案例小结

暗管穿线是目前使用最普遍的水平布线方式之一，布线时一般要对建筑物进行刻凿，此时应根据设备的尺寸适当进行施工，以避免过度破坏建筑。

4.2 网线制作

网线的制作是一大重点，整个过程都要准确到位，排序的错误和压制的不到位都将直接影响网线的使用，出现网络不通或者网速变慢的情况。在制作网线前要首先了解所用工具的使用方法，要制作什么类型的网线等。

4.2.1 网线制作材料与工具

双绞线和同轴电缆是最常使用的网络连接设备。以太网是最常见的一种局域网，它在各企事业单位网络中得到了充分的应用。下面先介绍以太网网线（双绞线和同轴电缆）制作所需的材料及工具。

制作以太网网线的材料和工具包括双绞线、RJ45 接头、剥线钳、双绞线专用压线钳等，双绞线相关知识已经在前面介绍，下面对 RJ45 接头等材料和工具进行介绍。

1. RJ45 接头

RJ45 接头又称为"水晶头"，它的外表晶莹透亮。双绞线的两端必须都安装 RJ45 插头，以便插在网卡、集线器或交换机 RJ45 接口上。水晶头有多种，质量比较好的是 AMP 等名牌。图4-12 中左图所示为单个的水晶头，右图所示为一段做好网线的水晶头。在许多网络故障中有相当一部分是因为水晶头质量不好而造成的。因此，应该重视 RJ45 接头的选择。

图4-12　RJ45 接头

2. 压线钳

在双绞线制作中，最简单的方法只需一把压线钳，如图 4-13 所示。它具有剪线、剥线和压线 3 种用途。

在购买压线钳时一定要注意选对种类，因为网线钳针对不同的线材会有不同的规格，一定要选用双绞线专用的压线钳才可用来制作双绞以太网网线。为了提高剥线效率，也可以选用专用剥线钳，如图 4-14 所示。

图4-13　RJ-45 压线钳

图4-14　常用剥线钳

3. 打线钳

信息插座与模块是嵌套在一起的，埋在墙中的网线通过信息模块与外部网线进行连接，墙内部网线与信息模块的连接则通过把网线的 8 条芯线按规定卡入信息模块的对应线槽中实现。网线的卡入需用一种专用的卡线工具，称为"打线钳"。图 4-15 所示的第 1、2 幅是西蒙公司的两款单线打线钳，第 3 幅是西蒙公司的一款多对打线钳工具。多对打线钳工具通常用于配线架网线芯线的安装。

图4-15 打线钳

4. 打线保护装置

把网线的 4 对芯线卡入到信息模块的过程比较费劲，并且信息模块容易划伤手，于是有公司专门开发了一种打线保护装置，可以起到隔离手掌，保护手的作用。图 4-16 所示为西蒙公司的两款掌上防护装置（注意：上面嵌套的是信息模块，下面部分才是保护装置）。

图4-16 打线保护装置

4.2.2 网络接头的安装

常见的接口有 BNC 接口和 RJ45 接口。接口的选择与网络布线形式有关，在小型共享式局域网中，BNC 接口通过同轴电缆直接与其他计算机和服务器相连。RJ45 接口通过双绞线连接交换机（或集线器），再通过交换机（或集线器）连接其他计算机和服务器。

【例4-3】 双绞线接头制作。

制作双绞线接头是局域网组网最基础、最重要的设置之一。由于目前局域网网络传输大部分都使用双绞线作为传输介质，因此，网络接头制作不好，就不能将终端计算机顺利连到网上，即便主干网络布设再健全也没有太多效果。

 基础知识

1. 以太网中 RJ45 连接器的针脚

在双绞线以太网中，其连接导线只需要两对线：一对线用于发送，另一对线用于接收。但现在的标准是使用 RJ45 连接器。这种连接器有 8 根针脚，一共可连接 4 对线。对于10Base-T 以太网的确只使用两对线。这样在 RJ45 连接器中就空出来 4 根针脚。到 100Base-T4 快速以太网，则要用到 4 对线，即 8 根针脚都要用到。顺便指出，采用 RJ45 插头而不采用电话线的 RJ11 插头也是为了避免将以太网的连接线插头错误地插进电话线的插孔内。另外，RJ11 只有 6 根针脚，而 RJ45 有 8 根针脚。这两种连接器在形状上的区别如图 4-17 所示。

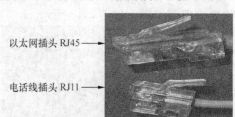

以太网插头 RJ45 ——

电话线插头 RJ11 ——

图4-17 RJ45 和 RJ11 插头

2. RJ45 连接器对 8 根针脚的编号的规定

RJ45 连接器包括一个插头和一个插孔（或插座）。插孔安装在机器或插座上，而插头和连接导线（现在最常用的就是采用 5 类非屏蔽双绞线）相连。EIA/TIA 制定的布线标准规定了 8 根针脚的编号。如果看插孔，使针脚接触点在上方，那么最左边是①，最右边是⑧，如图 4-18 所示。

如果看插头，将视线对着插头的末端，若针脚的接触点在下方，塑料弹片在上，那么最左边是①，最右边是⑧，如图 4-19 所示。

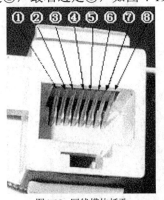

图4-18 网线模块插孔

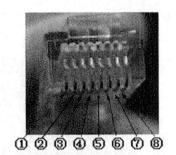

图4-19 电缆井布线

3. 4 引脚接法

在 10/100Mbit/s 以太网中只使用两对导线。也就是说，只使用 4 根针脚。那么应当将导线连接到哪 4 根针脚呢？现在标准规定使用表 4-1 中的 4 根针脚（1、2、3 和 6），1 和 2 用于发送，3 和 6 用于接收。

表 4-1　　　　　　　　　　　　　　　　4 引脚接口性能

分 布 距 离	引 脚 性 能
针脚 1	发送+
针脚 2	发送−
针脚 3	接收+
针脚 4	不使用
针脚 5	不使用
针脚 6	接收−
针脚 7	不使用
针脚 8	不使用

4. 两个标准 EIA568A，EIA568B

EIA/TIA-568 标准规定了两种连接标准（并没有实质上的差别），即 EIA/TIA-568A 和 EIA/TIA-568B。

T568A 标准连线顺序从左到右依次为：1-绿白、2-绿、3-橙白、4-蓝、5-蓝白、6-橙、7-棕白、8-棕。

T568B 标准连线顺序从左到右依次为：1-橙白、2-橙、3-绿白、4-蓝、5-蓝白、6-绿、7-棕白、8-棕。

当然，对于一般的布线系统工程，T568A 标准也同样适用。不管使用哪一种标准，通常情况下，一根 5 类线的两端必须都使用同一种标准。

 要点提示　　线序是不能随意改动的。1 和 2 是一对线，而 3 和 6 又是一对线。若将以上规定的线序弄乱，如将 1 和 3 用做发送线，2 和 4 用做接收线，则连接导线的抗干扰能力就要下降。

🔧 **步骤解析**

(1)　准备好 5 类线、RJ45 插头和一把专用的压线钳，如图 4-20 所示。

双绞线　　　　　水晶头　　　　　　　压线钳

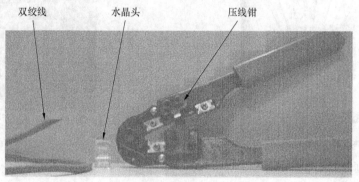

图4-20　压线钳

(2)　用压线钳的剥线刀口将 5 类线的外保护套管划开（小心不要将里面双绞线的绝缘层划破），刀口距 5 类线的端头至少 2cm，如图 4-21 所示。

(3)　将划开的外保护套管剥去（旋转、向外抽），如图 4-22 所示。

剥线刀口

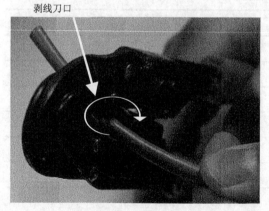

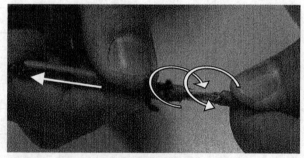

图4-21　掐线　　　　　　　　　　　　　　　　　　　图4-22　剥线

(4)　露出 5 类线电缆中的 4 对双绞线，如图 4-23 所示。

(5)　按照 EIA/TIA-568B 标准和导线颜色将导线按规定的序号排好，如图 4-24 所示。

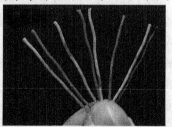

图4-23　线芯　　　　　　　　　　　　　　　　　　　图4-24　拨线

(6) 将 8 根导线平坦整齐地平行排列，导线间不留空隙，如图 4-25 所示。

(7) 将上步操作的双绞线小心插入压线钳刀口中，准备用压线钳的剪线刀口将 8 根导线剪断，如图 4-26 所示。

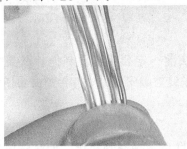
图4-25　排线

图4-26　截线

(8) 剪断电缆线。注意，一定要剪得很整齐，剥开的导线长度不可太短，可以先留长一些，不要剥开导线的绝缘外层，如图 4-27 所示。

(9) 将剪断的电缆线放入 RJ45 插头试试长短（要插到底），电缆线的外保护层最后应能够在 RJ45 插头内的凹陷处被压实，反复进行调整直到插入牢固，如图 4-28 所示。

图4-27　线芯截断图

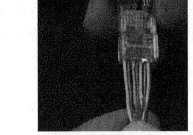
图4-28　装线

(10) 在确认一切都正确后（特别要注意不要将导线的顺序排列反了），将 RJ45 插头放入压线钳的压头槽内，准备最后压实，如图 4-29 所示。

(11) 双手紧握压线钳的手柄，用力压紧，如图 4-30 所示。注意：在这一步骤完成后，插头的 8 个针脚接触点就穿过导线的绝缘外层，分别和 8 根导线紧紧地压接在一起，当听到轻微的"啪"的一声后，说明压接达到要求。

图4-29　卡线（1）

(12) 操作完成，查看压接是否正常，如图 4-31 所示。

图4-30　卡线（2）

图4-31　接好的接头

问题思考　　在第（8）步中并没有把每根芯线上的绝缘外皮剥掉，为什么这样仍然可以连通网络呢？

 案例小结

本案例主要介绍了双绞线接头的制作，制作接头前一定要明确要制作什么类型的网线，另外网线两头的接线方式要相同，尤其要注意的是线对顺序要排好，否则就要损失一个水晶头和一段网线，更麻烦的是需要重新制作。

【例4-4】 信息模块制作。

在企业网络中通常不是直接拿网线的水晶头插到集线器或交换机上，而是先把来自集线器或交换机的网线与信息模块连在一起埋在墙上，所以要明确信息模块的接法。信息模块也是网络终端和外界交互的固定接口，起着关隘的作用。

 基础知识

1. 信息插座

信息插座一般是安装在墙面上的，也有桌面型和地面型的，主要是为了方便工作站的移动，并且保持整个布线的美观，常见的3种信息插座分别如图4-32所示。

2. 网线模块

与信息插座配套的是网线模块，这个模块就是安装在信息插座中的，一般通过卡位来实现固定，通过它把从交换机出来的网线与工作站端的网线（安装了水晶头）相连。图4-33所示是信息模块示意图。

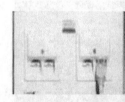

图4-32 常见的3种插座　　　　　　　　　　　　　　　　图4-33 信息模块

图4-34所示为某公司的信息模块条。左边2口和右边3口为相连5类RJ45数据口，用于网络进线和家用计算机的连接。右边3口也可以安排为电话用线，如果电话线用于ISDN或ADSL的计算机上网，则为数据应用；如果单纯作为电话应用，则为语音应用，插头用RJ11水晶头。中间3口相连的是语音块，用于家庭1进2出的电话连接，插头用RJ11水晶头。

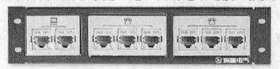

图4-34 信息模块条外观

 步骤解析

(1) 用剥线工具在距离双绞线一端130mm长度左右把双绞线的外包皮剥去，可参看例4-3的第（1）～（4）步。

(2) 将信息模块嵌入在保护装置上，以防止安装时手被划破，如图 4-35 所示。

(3) 将第（1）步中做好的接头各芯线拨开，但不要拆开各芯线线对，只是在卡相应芯线时才拆开。按照信息模块上所指示的芯线颜色线序，两手平拉将芯线拉直，稍稍用力将导线一一置入相应的线槽内，如图 4-36 所示。

图4-35 信息模块保护装置

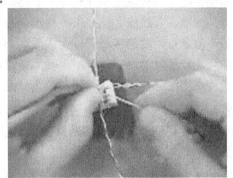
图4-36 分线

(4) 芯线嵌入模块卡槽之后用打线钳把芯线压入线槽中，压入时用力均匀，并确保接触良好，如图 4-37 所示。各芯线压完后用剪刀剪掉模块外多余的线。

要点提示　　通常情况下，信息模块上会同时标记有 TIA 568-A 和 TIA 568-B 两种芯线颜色线序，应当根据布线设计时的规定，与其他连接和设备采用相同的线序。

(5) 将信息模块的塑料防尘片沿缺口穿入双绞线，并固定于信息模块上，如图 4-38 所示，然后再把制作好的信息模块放入信息插座中。

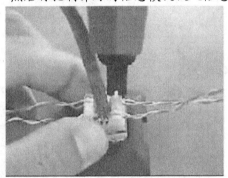
图4-37 卡线

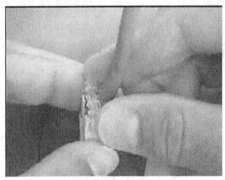
图4-38 安装

案例小结

制作信息模块时首先要注意安全，因为信息模块某些部位比较锋利，没有保护装置时要注意不要受伤，制作前同样要明确线序的排列。

4.3 网线接通测试

传输介质铺设完成和将传输线的终端都安装好接头后，布线工作基本完成。为了保证局域网的接通，还需要对已经布好的网线进行全面的测试。

4.3.1 测试项目和指标

双绞线是局域网中使用最多、对网络接通影响最大的传输介质。双绞线需要测试的内容和指标如下：可以采用 T568A 或 T568B 中的任何一种方法压接线头，但是两端必须采用同样的标准。双绞线必须按正确标准端接于信息模块，不允许有任何形式的错接。从信息口到每个信息点，要能接通信号，线对间不能短路。可靠性要求高、规模较大的局域网，要进行信号衰减程度的测试，可采用基本链路测试。将仪表的始端线接在工作区的信息端口，末端线接在楼层配线架上，被测对象为信息端口到配线架的水平连接。

【例4-5】 双绞线测试仪接通测试。

制作好网线后，可以借助网线测试仪来进行测试。下面介绍如何使用网线测试仪进行网线的性能测试。

 基础知识

1. 双绞线测试仪

图 4-39 所示为双绞线专用测试仪。

2. 双绞线长度技术要求

双绞线接头处未缠绞部分长度不得超过 13mm；基本链路的物理长度不超过 94m（包括测试仪表的测试电缆）；双绞线电缆的物理长度不超过 90m（理论值为 100m）。

图4-39 双绞线专用测试仪

 步骤解析

(1) 把在 RJ45 两端的接口插入测试仪，打开测试仪开关。

(2) 对于 4 芯接法若看到其中一侧按 1，2，3，6 的顺序闪动绿灯，而另外一侧按照 3，6，1，2 的顺序闪动绿灯，以上信息表示网线制作成功，可以进行数据的发送和接收，如图 4-40 所示。

(3) 如果出现红灯或黄灯，说明存在接触不良等现象，此时最好先用压线钳压制两端水晶头一次，再测，如果故障依旧存在，就需要检查芯线的排列顺序是否正确。如果芯线排列顺序错误，则应重新进行制作。

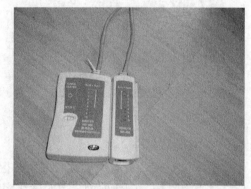

图4-40 测试网线

(4) 线缆为直通线缆，测试仪上的 8 个指示灯应该依次闪烁。线缆为交叉线缆，其中一侧同样是依次闪烁，而另一侧则会按 3，6，1，4，5，2，7，8 这样的顺序闪烁。如果芯线顺序一样，但测试仪仍显示红色灯或黄色灯，则表明其中肯定存在对应芯线接触不良的情况，此时就需要重做水晶头。

案例小结

双绞线测试是网络连接中非常重要的一个方面，每做好一根网线后都要进行测试是否制作成功，通常在发现网络不通时也要首先检测是否是网线出现问题，因此双绞线测试是局域网组网与维护中非常关键的一门技术。

【例4-6】 双绞线简易接通测试。

双绞线简易测试方法可分集线器测试或者电流测试，下面分步骤讲述如何进行。

步骤解析

(1) 集线器连接测试。

① 将制作好的双绞线一端连接到集线器上，另一端连接到计算机网卡上。

② 打开计算机，检查集线器相对应端口的指示灯。

③ 查看指示灯是否亮起，如果端口闪烁亮起，说明网线制作完好；若不亮，说明连接有问题。

(2) 电池测试。

① 准备一块小扩音器（小喇叭或电铃，最好不要用灯泡，因为灯泡电阻太小，避免电流过大损伤网线），两段导线，两根钢针，一节或两节五号电池。

② 将步骤①中的部件串联起来。

③ 分别将两根钢针插到两端水晶头的相对应线芯弹片上（注意一定是两端对应弹片），若小喇叭有嘶嘶声，说明该线芯连接正确，再测下一个，直到测完为止，如图 4-41 所示。

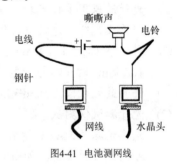
图4-41 电池测网线

(3) 万用表测试。

万用表测试和上面的电池测试原理基本相同，即测试每根线芯是否连接良好。

案例小结

使用电池测试或万用表测试是比较简易的测试方法，另外在测试过程中还可以进一步分析线对的排列顺序是否合理；集线器测试是在网络畅通的情况下进行的，也是比较直观方便的方法。

【例4-7】 光纤接通测试。

光纤一般用于主干线的延长网段，它所处的位置对网络整体的信号传输质量影响很大。对光纤测试的内容和指标如下。

基础知识

1. OTDR 光时域反射器

OTDR 光时域反射器如图 4-42 所示，用于光缆布放前的测试、布放后测试、区间测试，光缆建设维护等，目前使用相对较少，但随着光纤布设的增多，相信对类似设备的使用将日渐普遍。

2. 光功率计

光功率计如图4-43所示，用来测试光的功率，单位为dB（分贝）或mW（毫瓦）。

图4-42 OTDR 光时域反射器

图4-43 光功率计

3. 测试报告

在测试完成后，要编制测试报告。测试报告中需要包括测试的时间、地点、操作人员姓名、使用的标准和测试的结果。测试结果应将所有信息点、线缆叙述清楚。

 步骤解析

(1) 光纤长度设置。

① 光纤若采用多模光纤，建筑群配线架至楼层配线架的光缆长度不应超过 2 000m；若采用单模光纤，建筑群配线架至楼层配线架的光缆长度不应超过3 000m。

② 对于多模光纤，850nm 波长时最大衰减为 3.5dB/km，1 300nm 波长时最大衰减为 1dB/km；对于单模光纤，1 310nm 和 1 550nm 波长时最大衰减为 1dB/km。光纤连接硬件的最大衰减为 0.5dB/km。

(2) 光纤测试仪测试。

先将光源及光功率计用光纤跳线连接，将光功率计调零，再放置于两端测试，即可测试区间损失，如图 4-44 所示。

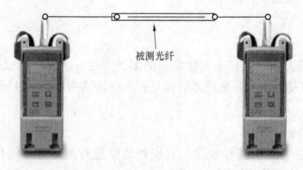

被测光纤

图4-44 光纤测试

 案例小结

光纤测试是相对比较困难的技术，一方面需要特殊的仪器，另一方面需要掌握的计量测试方法和精度要求比较高，一般人不会接触到，但作为网络维护人员，在目前光纤应用日益广泛的情况下，还是很有必要了解相关的知识。

4.3.2　接通网络

接通网络是布线施工完成的标志，也是网络投入使用的准备工作。接通的目的是让局域网中所有的计算机都能正常地登录到网上，并能与已经接通的其他用户进行通信。如果事先进行了充裕的准备工作，网络的接通也就是局域网的开通启用。在接通工作中，会遇到很多问题。某个信息点的不通，甚至某个信息口的不通，有可能是布线的问题，也有可能是连接设备的问题，还有可能是工作区中计算机的问题。要保证整个局域网的顺利接通，需要做好充分的准备工作，循序渐进地按照步骤进行。

在接通网络之前，应该做好以下准备工作。

(1) 网络服务器接入局域网，安装操作系统并完成相应的设置和调试（操作的方法和步骤在后面的章节讲解）。

(2) 设计好所有的用户名，并在服务器的域用户管理器为他们开设账户。

(3) 设计好所有联网计算机的 IP 地址，以备接通每台客户机时使用。

(4) 为所有客户机安装网卡，安装好操作系统。

(5) 在各个配线间将所有的信息口接通，并用双绞线将每台客户机连接到信息点上。

接通工作要按照网络的层次，由上到下逐层实现，以便于发生问题时，能够准确定位故障发生的位置。先在网络服务器所在工作区，连接一台到数台客户机，接通验证网络的枢纽部位能正常联网。在各个配线间，分别连接一台客户机，接通验证信息口能正常联网。在每个信息点，将客户机接通。

将客户机连接到网络上的操作，后续章节要进行详细介绍，这里只简单说明操作的过程和步骤。图 4-45 所示为网络接通测试流程图。

如果出现故障，基本原因可以分为两大部分：网络问题和客户机问题。因此，首先要了解故障发生原因是属于网络还是客户机。确定的方法很多，下面介绍两个简单易行的方法。

一种方法是将一台在其他节点已经接通的客户机移动到测试点，注意将它连接信息点的双绞线一起带过来，连接到刚才未能接通的信息点上。如果能顺利接通，说明网络没有问题；反之就可以基本确认故障发生在网络上。

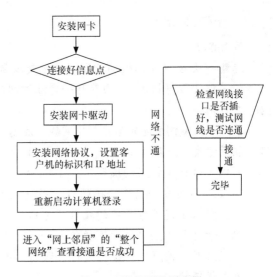

图4-45　网络接通测试流程图

另一种方法是将这台不能接通的客户机移动到已经确认接通的信息点，使用对方的双绞线电缆，进行接通试验。同样如果接不通，是客户机的问题，接通了则是网络的故障。还有就是在客户机开机的状态下查看本信息点网线的另一端，它接在配线间的集线器上，如果对应插口的指示灯亮了，可以判断网络基本上没有问题，反之故障在这段网络上。

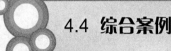

4.4 综合案例

随着生活水平的提高，人们对所居住的环境、信息的获取、娱乐、教育等提出了更高的要求，而近年来"智能小区"的迅速发展和普及，促使了全新概念的"宽带智能家居"的发展。随着需求的提高，住户综合的家庭智能布线管理系统，不仅能满足目前的需要，而且在未来服务升级或引入新服务时也能从容应对。下面以具体的案例说明局域网络布线施工与连接的过程。

【例4-8】 小型办公网络设置。

 基础知识

(1) 组网背景。

办公室（教研室）人员 6 个，原有计算机 2 台，激光打印机 1 台，现另配置 3 台计算机，对外端口 1 个。

(2) 组网需求。

要求建立局域网，可以进行互相访问，将各计算机连到网上，可以同时访问网络。

(3) 终端机网卡配置。

100Mbit/s 网卡。

 步骤解析

(1) 设备配置。

选购一款 8 口 10/100Mbit/s 自适应交换机，5 类网线约 50m，水晶头 20 个，卡线钳一把（最好借用）。购置时一定注意网线和水晶头的质量，千万不可贪图便宜。

(2) 制作网线。

按照上面案例讲述的步骤制作网线，注意网线线对的排列顺序。制作完毕进行测试。

(3) 联网方案一：服务器方式（单 IP）。

① 其中一台计算机装两块网卡。

② 连接。用网线一端连外接端口，另一端连交换机，其他计算机连交换机下端口。注意和交换机上连端口紧挨的端口不可用。

③ 双网卡计算机上安装代理软件，如 WinGate、代理之狐或者遥志代理软件。

④ 代理设置。按照软件说明进行代理的相关设置，其他几台计算机的 Internet Explorer 设置成代理模式。

⑤ 用网线将其他计算机连到交换机上。

⑥ 打开计算机，查看连接是否成功。

(4) 联网方案二：多 IP 方式。

① IP 地址申请。申请 5 个 IP 地址。

② 连接。交换机上端连接对外端口，下端连接 5 台计算机。

③ 分别设置各计算机的 IP 地址。

④ 重启计算机查看连接是否成功。

 案例小结

　　服务器方式是现在 IP 地址紧缺的情况下办公室内经常使用的局域网组网方法，因为它节省资源，又方便灵活，使用非常广泛，后续章节将会继续讲解相关的内容。多 IP 方式虽然设置简单，但由于占用 IP 地址比较多，在一般的办公室网络中比较少见。

　　【例4-9】　智能小区布线施工。

 基础知识

　　(1) 施工背景。

　　单层三房二厅住户小区，要求将各房间网络连接起来，做到信息点适当，具有单线入网所有信息点都能上网的功能。

　　(2) 信息接口设置。

　　客厅信息模块 2 个（双接口），餐厅信息接口 1 个，主卧室信息模块 1 个（4 接口），客房信息模块 1 个（双接口），书房信息接口两个。

 步骤解析

(1) 施工设备配置。
- 家居信息配线箱 TOTO/WNX-02B 2 个。
- 集成信息模块 TOTO/WNX-01 4 个。
- 集线器 TOTO/HUB　10Mbit/s 集线器（8 口）1 个。
- 5 类数据插座 TOTO/CZMK-01（8 芯）1 个。
- 5 类 UTP 电缆 TOTO/5CABLE-02（4 对 8 芯）2 轴。
- 水晶头：AMP　一盒（20）。
- 交换机（8 口）1 个。

> **要点提示**　配置 5 类双绞线和水晶头时一定注意产品的质量，5 类线要进行一些真伪辨别或检测，否则布线后对网络通信会有很大影响。

(2) 布线槽安置。布线采用布线槽方式进行布线，首先安装槽底，使用粘贴或钉固定安置在墙壁上，注意布局的美观性，安装时不要破坏墙面。

(3) 线缆布设。线槽安装好后，将 5 类线穿槽。注意穿槽时使线缆拉紧。

(4) 信息模块安装。按照例 4-3 讲解的步骤进行信息模块安装，注意安装时线对排列要正确，一般安装规则为 EIA 568B 标准，另外注意安全，防止受伤。

(5) 双绞线接头安装。用一个卡线钳按照例 4-2 安装标准双绞线接头，安装时注意线对排列，且不可产生错误。

(6) 测试网线。接头安装好后要进行测试，可用专用测试仪或万用表或者已联网的计算机进行测试。

(7) 用一根网线将集线器连接到信息模块接口，另一根网线连到计算机上，打开计算机进行 IP 设置，查看是否能够上网。

案例小结

对于大型综合布线系统的施工，一般要由很多人合作完成，因此，合作是非常重要的一个方面。而小型布线的施工过程相对比较简单，但是要考虑的方面比较多，希望读者通过本案例能够掌握布线施工的总体思路，领会施工过程的几个主要步骤和注意事项。

4.5 实训

学完本章后，应具有局域网网线布设与连接的基本技能，小型局域网的组网技能等知识。下面提供几个实用题目，供读者课下练习。

4.5.1 宿舍局域网组建

操作要求

- 掌握网线制作方法。
- 理解网线线序排列。
- 网络线路连接方法。
- 掌握小型局域网设置。

步骤解析

(1) 购置网线。自制网线接口（如果实在没有工具，也可在购置网线时由售货员制作，自己仔细观察安装过程）。

(2) 选购集线器。根据宿舍网络性能，选购不同类型的集线器。

(3) 连接。将集线器、计算机和网线连接起来。

(4) 代理设置。按照软件介绍设置代理。

4.5.2 校教学楼网络布线施工考察

操作要求

- 了解综合布线系统概念。
- 了解建筑物内的布线和布局。
- 掌握垂直布线和水平布线的方法。

步骤解析

(1) 观察教学楼整体布线布局。

(2) 寻找垂直干线子系统的电缆井（可能会以暗井形式由隔板挡在里面）。

(3) 查看水平干线子系统的线槽布线。

(4) 观察墙壁上信息模块的结构和连接方式，模块接口和水晶头的区别。

4.5.3 动手制作网线接头

 操作要求

- 掌握网线接头的制作方法。
- 掌握选购双绞线和水晶头的方法。
- 掌握双绞线的交叉接法。

 步骤解析

(1) 选购一段网线和几个水晶头（注意选购时产品质量，网线以 10m 左右为宜，制作完后还可以自己用），借一把卡线钳。

(2) 制作双机直连接头，接法为 1 号线和 3 号线互换，2 号线和 6 号线互换。

(3) 制作完毕后测试是否成功。

习题

一、填空题

1. 网络布线施工是_____的过程。

2. 敷线施工中敷线方式有_____、_____和_____ 3 种。

3. 建筑物网络布线施工主要分为_____和_____两种。

4. 布线施工最常用的基础设备是_____和_____。

5. 布线施工中的暗管通常使用的是_____和_____。

6. 现有建筑物网络布线施工的垂直通道中，电缆井用于_____；光纤过孔为_____；方口槽为_____。

7. 制作以太网网线的材料和工具包括_____、_____、_____、_____等。

8. RJ45 接头又称为_____。

9. 制作信息模块时网线的卡入需用一种专用的卡线工具，称为_____。

10. 细同轴电缆最长传输距离为_____ m；粗同轴电缆为_____ m。

11. 剥线钳在制作细缆时是必备的工具，它的主要功能是_____。

12. 双绞线的线芯总共有_____根，通常只用其中的_____根。

13. 按照 EIA/TIA 制定的布线标准，RJ45 连接器接线的排列顺序为_____（请描述清楚）。

14. RJ45 接头的接线顺序为_____（请描述清楚）。

15. RJ45 接头 4 引脚接法中，针脚_____和针脚_____用于发送数据；针脚_____和针脚_____用于接收数据。

16. EIA/TIA-568 标准规定了两种双绞线连接标准是_____和_____。

17. EIA/TIA-568A 标准连线顺序从左到右依次为_____。

18. EIA/TIA-568B 标准连线顺序从左到右依次为_____。

19. 制作光纤连接器时用到的工具主要有_____。

20. 测试双绞线是否接通通常使用的仪器叫做_____。

21. 4 芯双绞线接法中，测试时若看到其中一端按 1，2，3，6 的顺序闪动绿灯，则另一端先后闪烁的编号为_____。

22. 光纤接通测试中用到的主要仪器是_____和_____。

二、判断题

1. 网络布线施工中，所有的电缆从信息口到信息点是一条完整的电缆，中间不能有接头。　　　　　　　　　　　　　　　　　　　　　　　　　　（　　）

2. 光纤布线时由于不耗电，所以可以任意弯曲。　　　　　　　　　（　　）

3. 管线布线时管线内应尽量多塞入电缆，以充分利用管线内空间。　（　　）

4. 双绞线接线中可以使用 7，8 两根线用做发送。　　　　　　　　（　　）

三、简答题

1. 简述网络布线中敷线施工的敷线原则。

2. 简述现有建筑物敷设网络管线通道的施工过程。

3. 详细描述 RJ45 双绞线接头的制作方法。

4. 简述双绞线的几种测试方法。

第5章 网络操作系统的安装和配置

计算机网络是由硬件和软件构成的系统，是通信和计算机技术相结合的产物。操作系统是网络中最重要的系统软件，因此，如何选择操作系统，关系到网络建成以后其作用的发挥和网络的稳定。网络操作系统种类繁多，各有自己的优点和缺点。作为网络管理员，选择操作系统要考虑系统的价格、软件供应商能否提供及时的技术支持、管理和配置是否灵活等因素。在众多网络操作系统中，微软公司开发的图形用户界面操作系统 Windows Server 2003 具有配置简单、功能强大的优点，是值得选择的操作系统。另外，掌握服务器操作系统的基本设置，也是作为网络管理员必须具备的基本技能。本章将依据现实情况，介绍当前阶段较流行的操作系统的安装和配置。

学习目标

- 了解常用的局域网操作系统。
- 了解 Windows Server 2003 操作系统的安装过程。
- 掌握 Windows Server 2003 操作系统的用户管理。
- 熟悉网络打印机共享设置。
- 熟悉网络存储管理和分配。
- 了解日志文件的功能和使用方法。
- 掌握常用恢复系统的方法。

5.1 认识网络操作系统

网络操作系统（Network Operating System，NOS）是指能使网络上各台计算机能够方便而有效地共享网络资源，并为用户提供所需的各种服务的操作系统软件。

5.1.1 网络操作系统的功能和特点

网络操作系统是网络的心脏和灵魂，通常运行在称为服务器的计算机上，并有联网的计算机用户共享。

1. 网络操作系统的功能

网络操作系统的基本任务是：屏蔽本地资源与网络资源的差异性，为用户提供各种基本网络服务功能，完成网络共享系统资源的管理，并提供网络系统的安全性服务。

网络操作系统除具有单机操作系统的基本功能外，还应该具备网络管理功能，这些功能如表 5-1 所示。

表 5-1 网络操作系统的功能

功能	要点
网络功能	是网络操作系统最基本的功能，用于在网络各计算机之间实现无差错的数据传输
资源管理	对网络中的共享资源（包括软件和硬件）实施有效的管理，协调各用户对共享资源的使用，保证数据的安全性和一致性
网络服务	包括电子邮件服务、文件传输服务、文件存取与管理服务、共享硬盘服务、共享打印服务等
网络管理	其核心是安全管理。一般通过"存取控制"来确保存取数据的安全性，并通过"容错技术"来保证系统故障时数据的安全性
互操作能力	互操作是指在客户机/服务器模式下的 LAN 环境下，连接到服务器上的多种客户机和主机，不仅能与服务器通信，还能以透明的方式访问服务器上的文件系统

2. 网络操作系统的特点

网络操作系统作为网络用户和计算机之间的接口，通常具有复杂性、并行性、高效性、安全性等特点。与单机操作系统相比，网络操作系统还具有表 5-2 所示的特点。

表 5-2 网络操作系统的特点

特点	要点
支持多任务	网络操作系统能够在同一时间内处理多个应用程序，每个应用程序在不同的内存空间中运行
支持大内存	网络操作系统支持较大的物理内存，以便应用程序能更好地运行
支持对称多处理	网络操作系统支持多个 CPU，减少事务处理时间，提升系统性能
支持网络负载平衡	网络操作系统能够与其他计算机构成一个虚拟系统，满足多用户访问时的需要
支持远程管理	网络操作系统能够支持用户通过 Internet 实施远程管理和维护

5.1.2 网络操作系统简介

网络操作系统的基本任务是管理网络中计算机的各种资源，为网络用户提供各种基本的网络服务，作为用户与网络之间的接口。

操作系统是计算机系统中的一个系统软件，它控制和管理计算机软硬件资源，合理地组织计算机工作流程，以便有效地利用这些资源为用户提供一个功能强大、使用方便的工作环境，从而在计算机与其用户之间起到接口的作用。

当前比较流行的几种网络操作系统如图 5-1 所示。下面将一一讲解这几种操作系统的特点和使用现状。

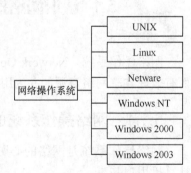

图5-1 操作系统种类

1. UNIX

UNIX 操作系统第 1 版是贝尔实验室 Ken Thompson 所在的技术小组 1969 年开发成功并于 1971 年投入商业使用的，该系统的所有程序都采用 C 语言编写，最初开发 UNIX 操作系统是在 PDP-7 平台上。图 5-2 所示为 UNIX 操作系统当前版本的主要特点、适用情况、优缺点等内容。

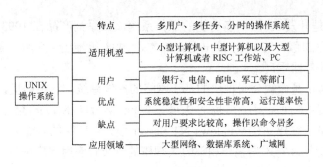

图5-2　UNIX 操作系统概况

2. Linux

Linux 操作系统源自 UNIX。芬兰赫尔辛基大学的研究生 LinusTorvalds 模仿 UNIX 操作系统开发了 Linux。Linux 操作系统由研究人员及工程师不断改进、并反映到原始程序上，以此保持持续发展，包括程序中缺陷的修正、易用性的提高等在内，全球的志愿者都在积极进行 Linux 操作系统的完善和改进，可以说 Linux 操作系统每时每刻都在进步。图 5-3 所示为 Linux 操作系统的相关特征。

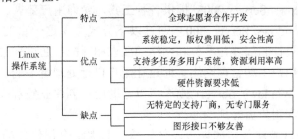

图5-3　Linux 操作系统概况

3. Netware

Novell 局域网使用网络操作系统 Netware，它是基于与其他操作系统（如 DOS 操作系统、OS/2 操作系统）交互工作来设计的，并不是取代了其他操作系统。它控制着网络上文件传输的方式以及文件处理的效率，并且作为整个网络与使用者之间的接口。

Netware 操作系统是比单机操作系统更优秀的一种操作系统，图 5-4 所示为 Netware 操作系统的相关特征。

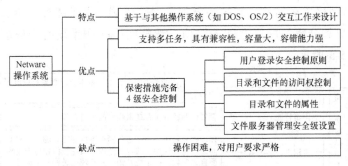

图5-4　Netware 操作系统概况

4. Windows NT

1993 年，微软公司为了占领服务器操作系统市场，成立了 Microsoft Windows NT 产品开发小组，其目标是开发 32 位、多功能的操作系统。该系列产品在 1993 推出第 1 套商用系统 3.1 版，然后是 3.5 版，1997 年推出企业版本，1998 年推出 4.0 版，然后发展到 2000 年的 Windows 2000 服务器系列。

Windows NT 4.0 是微软公司推出的基于网络的操作系统，一经问世，就以其配置方便、安全稳定以及友好的界面赢得了市场的认可。Windows NT Server 企业版是 Windows NT Server 家族的新成员。它建立在 Windows NT Server 强大和广泛的功能之上，并扩展了可伸缩性、易用性和可管理性。它还为编译和部署大规模的分布式应用程序提供了最佳的平台。

5. Windows Server 2003

2003 年，微软公司推出了 Windows Server 2003 操作系统，专门作为网络操作系统或服务器操作系统，高性能、高可靠性和高安全性是其必备要素，尤其是日趋复杂的企业应用和 Internet 应用，对其提出了更高的要求。

Windows Server 2003 的优点可以概括为以下 4 点。

(1) 可靠：Windows Server 2003 是微软公司迄今为止提供的最快、最可靠和最安全的 Windows 服务器操作系统。

(2) 高效：Windows Server 2003 提供各种工具，允许用户部署、管理和使用网络结构以获得最大效率。Windows Server 2003 通过以下方式实现这一目的：提供灵活易用的工具，有助于使用户的设计和部署与单位和网络的要求相匹配；通过加强策略、使任务自动化以及简化升级来帮助用户主动管理网络；通过让用户自行处理更多的任务来降低支持开销。

(3) 联网：连接 Windows Server 2003 可以帮助用户创建业务解决方案结构，以便与雇员、合作伙伴、系统和用户更好地沟通。

(4) 经济：与来自微软公司的许多硬件、软件和渠道合作伙伴的产品及服务相结合，Windows Server 2003 提供了有助于使用户的结构投资获得最大回报的选择。

5.1.3 选择局域网操作系统

网络操作系统能使网络上的个人计算机方便而有效地共享网络资源，为用户提供所需的各种服务。除了具备单机操作系统所需的功能，如内存管理、CPU 管理、输入/输出管理、文件管理等，网络操作系统还应具有下列功能。

- 提供高效可靠的网络通信能力。
- 提供多项网络服务功能，如远程管理、文件传输、电子邮件、远程打印等。

作为网络用户和计算机网络之间的接口，选择网络操作系统时一般要从以下几个方面进行考虑，如图 5-5 所示。

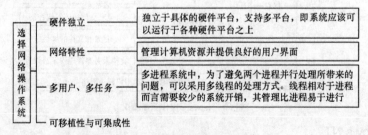

图5-5 如何选择网络操作系统

表 5-3 所示为选择网络操作系统的主要注意事项。

表 5-3 选择网络操作系统的主要注意事项

事项	要点
界面	操作系统的界面应该友好，直观、易操作、交互性强的友好界面能够大幅度提升用户的工作效率
安全性	操作系统能够抵抗病毒已经其他非法入侵行为
可靠性	操作系统能够长时间稳定、正常运行。对于办公网络和其他商务网络，可靠性极为重要，不稳定的系统可能给企业造成巨大的损失
易于维护和管理	操作系统的易于维护和管理是系统安全性和可靠性的保障，否则，当系统出现各种问题时不易及时解决
软硬件兼容性	不同的网络用户拥有不同的软硬件环境，具有良好软硬件兼容性的网络操作系统才能适用于各种不同网络环境，满足不同用户的需求

5.2 安装 Windows Sever 2003

Windows Sever 2003 是在 Windows 2000 Sever 系列基础上开发的，它集成了强大的应用程序环境，能显著提高进程执行的效率。Windows Sever 2003 延续了 Windows XP 的用户界面，易于操作和管理。

5.2.1 Windows Sever 2003 安装环境

任何操作系统都对运行平台有一定要求。硬件包含任何连接到计算机并由计算机的微处理器控制的设备，包括制造和生产时连接到计算机上的设备以及后来添加的外围设备。磁盘驱动器、CD-ROM 驱动器、打印机、网卡、键盘和显示适配卡都是典型的硬件设备。

设备（分为即插即用和非即插即用）能以多种方式连接到计算机上。某些设备，如网卡和声卡，连接到计算机内部的扩展槽中；其他设备，如打印机和扫描仪，连接到计算机外部的端口上。一些称为 PC 卡的设备，只能连接到计算机的 PC 卡插槽中。安装之前需要了解一些情况，可以按照表 5-4 给出的情况进行确定，然后再进行安装。

表 5-4 安装前需要收集的信息

适 配 器	要收集的信息
视频	适配器或芯片集的类型和视频适配器的数量
网络	IRQ、I/O 地址、DMA（如果使用）、连接器型号（如 BNC 或双绞线）和总线类型
SCSI 控制器	适配器型号或芯片集、IRQ 和总线类型
鼠标	鼠标类型和端口（COM1、COM2、总线或 PS/2）或 USB
I/O 端口	IRQ、I/O 地址和每个端口的 DMA（如果使用）
声卡	IRQ、I/O 地址和 DMA
通用串行总线（USB）	连接的设备和集线器
PC 卡	插入什么适配器以及插入哪些插槽

适 配 器	要收集的信息
即插即用	在 BIOS 中是否启用这一功能
BIOS 设置	BIOS 版本号和日期
外置调制解调器	COM 端口连接（COM1，COM2 等）
内置调制解调器	COM 端口连接；对于非标准配置，IRQ 和 I/O 地址
高级配置和电源接口（ACPI）；电源选项	启用或禁用；当前设置
PCI	插入什么 PCI 适配器，插入哪些插槽

5.2.2 安装 Windows Server 2003

Windows Server 2003 家族包括 Standard Edition（标准版）、Enterprise Edition（企业版）、Datacenter Edition（数据中心版）、Web Edition（网络版）4 个版本，每个版本均有 32 位和 64 位两种编码。本小节将以 Windows Server 2003 企业版为例介绍该操作系统的安装过程。

【例5-1】 安装 Windows Server 2003。

 基础知识

NTFS：微软 Windows NT 内核的系列操作系统支持的、一个特别为网络和磁盘配额、文件加密等管理安全特性设计的磁盘格式。它以簇为单位来存储数据文件，但其大小并不依赖于磁盘或分区的大小。NTFS 支持文件加密管理功能，可为用户提供更高层次的安全保证。

步骤解析

(1) 启动计算机时，按下 Delete 键进入 CMOS 设置，把系统启动选项改为光盘启动，如图 5-6 所示。按 F10 键保存配置，退出 CMOS 设置。

(2) 将 Windows Server 2003 系统光盘放入光驱中，重新启动计算机。启动计算机后，系统首先检测硬件以及加载必需的启动文件，如图 5-7 所示。

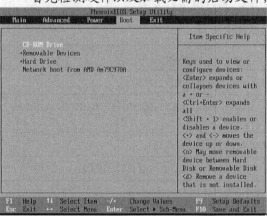

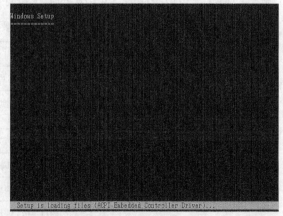

图5-6 在 CMOS 中设置从光盘启动　　　　　　　图5-7 加载必需的启动文件

(3) 系统询问用户是否安装此操作系统，按 Enter 键确定安装；按 R 键进行修复；按 F3 键退出安装，如图 5-8 所示。

(4) 按 Enter 键确认安装，屏幕上出现 Windows 授权协议，选择同意。

(5) 按 F8 键继续安装，安装程序将搜索系统中已安装的操作系统，并询问用户将操作系统安装到系统的哪个分区中，移动光标选定系统将要安装到的分区，如图 5-9 所示。

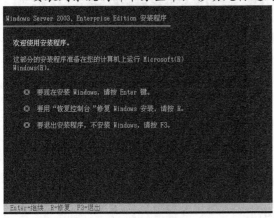

图5-8 确认安装界面　　　　　　　　　　图5-9 选择安装系统的分区

(6) 按 Enter 键确认，系统会询问用户把分区格式化成哪种分区格式，如图 5-10 所示。

 为了获得更好的安全性，建议格式化为 NTFS 格式；对于已经格式化过的磁盘，会询问用户是保持现有的分区还是重新将分区修改为 NTFS 或 FAT 格式的分区，同样建议修改为 NTFS 格式分区。

(7) 选定后按 Enter 键确认，开始对磁盘进行格式化。格式化成功后便会检测硬盘，然后系统将从光盘复制安装文件到硬盘上，如图 5-11 所示。

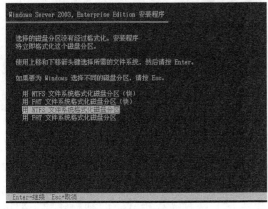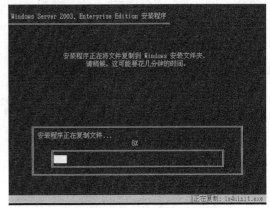

图5-10 格式化系统分区　　　　　　　　图5-11 复制安装文件到硬盘

(8) 复制完安装文件后，第一次重新启动计算机。

 重启时要从硬盘启动，可以将 CMOS 里面设置为硬盘优先启动，也可在出现启动选项后选择【从硬盘启动 (Boot form Hard disk) 】。

(9) Windows Server 2003 的启动过程与 Windows XP 类似。稍后便进入了视窗界面，这时就正式进入了系统的安装过程。首先是安装设备，如图 5-12 所示。

 这期间显示器屏幕会闪动几次，这是正常现象。

(10) 设备安装完成后会进入【区域和语言选项】向导页，如图 5-13 所示。一般来说，这里保持默认设置即可。

图5-12 安装设备

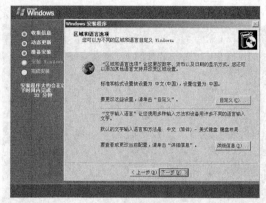

图5-13 【区域和语言选项】向导页

(11) 单击 下一步(N) > 按钮，进入图 5-14 所示界面。

(12) 填好"姓名"与"单位"，单击 下一步(N) > 按钮。这时需要输入产品的序列号，如图 5-15 所示，可以在光盘包装上或者说明书中找到这个序列号。

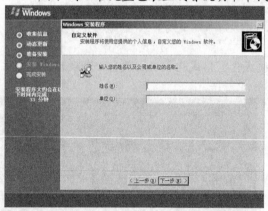

图5-14 输入个人信息

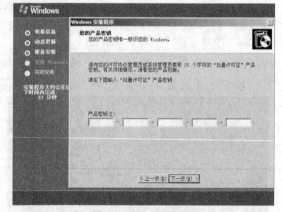

图5-15 输入产品序列号

(13) 正确输入序列号后单击 下一步(N) > 按钮，进入【授权模式】向导页，如图 5-16 所示。

知识链接——两种授权模式

用户可以选择【每服务器】或【每设备或每用户】两种授权模式。两种模式的主要区别如下。

(1) 选择【每设备或每用户】授权模式，则访问服务器的每台设备或用户都需要拥有单独的客户端访问许可证（CAL）使用一个 CAL，特定的设备或用户就可连接到任意多个运行 Windows Server 2003 家族产品的服务器。这种授权模式适合拥有多台运行 Windows Server 2003 家族产品的服务器的公司或组织。

(2) 选择【每服务器】授权模式，则表示服务器的每个并发连接都要拥有单独的 CAL，即该服务器可以在任意时间支持固定数目的连接。使用连接的客户端不需要任何其他许可证。【每服务器】授权模式往往是只有一台服务器的场合的首选。如果不能确定使用哪一种模式，建议选择【每服务器】模式。

(14) 选择好授权模式后，单击 下一步(N) > 按钮，系统要求输入"计算机名称"和"管理员密码"，出于安全方面的考虑，建议在此设置管理员的密码，如图 5-17 所示。

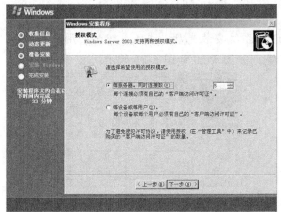

图5-16 【授权模式】向导页

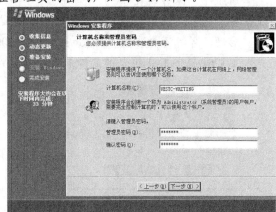

图5-17 【计算机名称与管理员密码】向导页

(15) 安装程序接下来将会安装网络，这个过程中需要用户参与完成，首先需要选择网络设置类型，如图 5-18 所示。

 要点提示 这里一般点选【典型设置】单选钮即可，若有需要，也可以点选【自定义设置】单选钮，然后根据需要手动配置网络组件。

(16) 单击 下一步(N) > 按钮，进入【工作组或计算机域】向导页，如图 5-19 所示。

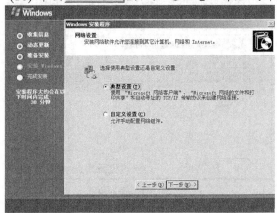

图5-18 【网络设置】向导页

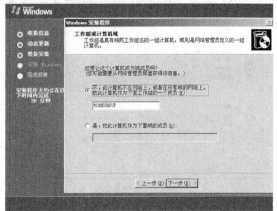

图5-19 【工作组或计算机域】向导页

 知识链接 ——域和工作组

① "域"是一组账户和网络资源，它们共享一个公共目录数据库和一组安全策略，并可能与其他计算机域存在安全关系。"工作组"是较为基本的分组，仅用来帮助用户查找组内的打印机、共享文件夹等对象。

② 在工作组中，用户可能需要记住多个密码，因为每个网络资源都有自己的密码。而在域中，密码和权限比较容易跟踪，因为域将用户账户、权限和其他网络详细信息集中在单一的数据库中。该数据库中的信息将自动在域控制器之间进行复制。用户可以自己决定哪些服务器是域控制器，哪些服务器只是域成员。这些设置既可在安装过程中确定，也可在安装完成后确定。在安装的过程中，建议都选中第一项，待安装结束后再按需求进行具体设置。

(17) 紧接着系统将用 15~30min 的时间自动完成剩余部分的安装，包括安装开始菜单、注册组件、保存设置等。

(18) 安装完毕后系统会第二次重启计算机，这时可以将 CMOS 设置中的启动项设置为硬盘启动，暂时不要取出 Windows Server 2003 的系统安装光盘。进入系统时，用户需要按下 Ctrl+Alt+Del 组合键，输入密码登录系统，如图 5-20 和图 5-21 所示。

图5-20 登录界面 I

图5-21 登录界面 II

(19) 进入系统后会自动弹出【管理您的服务器】窗口，如图 5-22 所示。用户可以根据自己的需要进行详细配置。

(20) 选择【管理您的服务器角色】右侧的【添加或删除角色】选项，首先进行预备步骤，在此要确认安装所有调制解调器和网卡、连接好需要的电缆，如果要让这台服务器连接互联网，要先连接到互联网上，打开所有的外围设备，如打印机、外部的驱动器等，然后单击 下一步(N) > 按钮进行详细配置，如图 5-23 所示。

图5-22 配置服务器

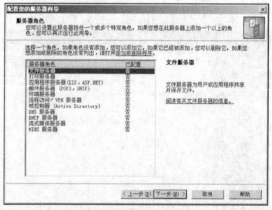

图5-23 配置服务器角色

在【服务器角色】中选定某项，然后单击 下一步(N) > 按钮，即可对其进行配置，可供配置的内容有文件服务器、打印服务器、IIS 服务器、邮件服务器、域控制器、DNS 服务器、DHCP 服务器等。

Windows Server 2003 安装完毕，现在可以取出安装光盘，将其妥善保管起来。

【例5-2】 Windows Server 2003 操作系统安装测试。

安装 Windows Server 2003 操作系统以后，如何判断系统是否安装成功以及是否正常工作呢？可以按照下面的步骤进行。

 基础知识

安装测试：服务器操作系统安装完毕后对系统进行的测试操作，一般通过设置系统内某些功能来判断系统是否正常。

 步骤解析

(1) 启动计算机，出现登录提示时按 Ctrl+Alt+Del 组合键登录，选择登录用户名（一般为
Administrator），然后输入密码。如果正常，将出现 Windows 桌面。

(2) 选择【开始】/【程序】/【管理工具】/【事件查看器】命令检查是否有错误发生，现在
查看系统日志，在右边窗口中如果出现"错误"类型的日志，表明系统运行启动时出
现了错误，双击该错误日志，可以看到引起错误的事件信息。

(3) 如果能够成功登录系统，进入"网上邻居"查看是否可以连接到其他计算机或者工作
站，如果能看到网络中其他用户，表示设置正常；否则需要重新安装或者设置服务器
的某些功能。

案例小结

服务器安装测试是系统安装完毕后首先要进行的一步操作，虽然该操作非常简单，但
作为对系统的测试，仍不可掉以轻心。

5.3 Windows Server 2003 操作系统相关配置

运行 Windows Server 2003 操作系统的计算机一般都连接到局域网。在安装 Windows
Server 2003 操作系统时，操作系统将检测网卡，并创建局域网连接。像所有其他连接类型
一样，它将出现在"网络和拨号连接"文件夹中。默认情况下，局域网连接始终是激活的。

5.3.1 局域网连接设置

局域网连接是唯一自动创建并激活的连接类型。如果断开局域网连接，该连接将不再自动
激活。这是因为系统硬件配置文件会记录此信息，并适应作为移动用户的变化的位置需求。

当计算机有多个网卡时，每个适配器的局域网连接图标都将显示在"网络和拨号连
接"文件夹中。假设对网络进行了更改，可以修改现有局域网连接的设置来反映这些改变。
设置方式如下。

选择【开始】/【设置】/【控制面板】/【网络和拨号连接】命令，打开【网络和拨号连
接】窗口，在"本地连接"图标上单击鼠标右键，在快捷菜单中选择【状态】命令，即可查
看详细的连接信息，如连接持续的时间、速度、传输和接收的数据量，以及特殊连接可用的
所有诊断工具。

在计算机上安装了新的局域网适配器，下一次启动 Windows Server 2003 操作系统时，
新的局域网连接图标将显示在【网络和拨号连接】窗口中。

即插即用功能能够找到网卡，并为其建立局域网连接。通过快捷菜单中的【高级设置】
命令可以配置多个局域网适配器；可以修改连接所使用的适配器的顺序以及与该适配器相关
的客户、服务和协议；还可以修改连接访问网络信息（如网络和打印机）提供商的顺序。

通过【属性】命令，可以配置连接所使用的设备以及所有与连接相关的客户、服务和协
议。其中"客户"定义了该连接对用户网络上的计算机和文件的访问；"服务"提供诸如文件
和打印机共享等功能；"协议"如TCP/IP，定义计算机与其他计算机通信所遵守的规范。

5.3.2　Windows Server 2003 网络设置

服务器的网络功能一般在安装系统时就能自动完成。但是，如果用户在安装的时候选择典型安装或者其他安装方式没有实现网络功能时，或者系统没有相应的网卡驱动程序和协议时，需要对服务器网络功能进行配置。在 Windows Server 2003 操作系统下，所有有关网络的功能操作都是在【控制面板】中的"网络"项目下进行的。下面几个案例将分别介绍如何执行常用的网络设置。

5.3.3　设置 Windows Server 2003 基本网络

在学习了如何安装 Windows Server 2003 以后，下面将介绍如何进行基本的网络设置。包括如何创建 Windows Server 2003 用户、如何设置用户组、DHCP 设置、域名服务以及 Windows Server 2003 本地安全设置。

【例5-3】　Windows Server 2003 网络配置。

 基础知识

　　DHCP（Dynamic Host Configuration Protocol，动态主机配置协议）是 Windows Server 2000 和 Windows Server 2003 系统内置的服务组件之一。DHCP 服务能为网络内的客户端计算机自动分配 TCP/IP 配置信息（如 IP 地址、子网掩码、默认网关和 DNS 服务器地址等），从而帮助网络管理员省去手动配置相关选项的工作。在 Windows Server 2003 系统中默认没有安装 DHCP 服务，因此首先需要安装 DHCP 服务。

　　DNS 是 Internet 上使用的核心名称解析工具，DNS 负责主机名称和 Internet 地址之间的解析。首先应该为 DNS 服务器分配一个静态 IP 地址。DNS 服务器不应该使用动态分配的 IP 地址，因为地址的动态更改会使客户端与 DNS 服务器失去联系。

　　DNS 服务器可以解析两种基本的请求：正向搜索请求和反向搜索请求，正向搜索更普遍一些。正向搜索将主机名称解析为一个带有"A"或主机资源记录的 IP 地址。反向搜索将 IP 地址解析为一个带有 PTR 或指针资源记录的主机名称。如果用户配置了反向 DNS 区域，就可以在创建原始正向记录时自动创建关联的反向记录。有经验的 DNS 管理员可能希望创建反向搜索区域，因此建议他们钻研向导的这个分支。

【例5-4】　创建 Windows Server 2003 用户。

步骤解析

(1) 选择【开始】/【管理工具】/【计算机管理】命令，打开【计算机管理】窗口，如图 5-24 所示。

(2) 在【计算机管理】窗口中，单击左边窗格的【本地用户和组】选项，右边窗格会显示【用户】选项，如图 5-25 所示。

(3) 选择菜单栏中的【操作】/【新用户】命令，在弹出的【新用户】对话框中输入

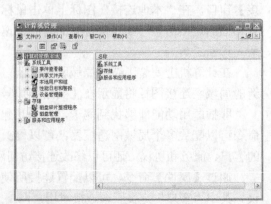

图5-24　【计算机管理】窗口

准备使用的用户名、密码，然后取消勾选【用户下次登录时须更改密码】复选框，如图
5-26 所示。

图5-25 用户管理

图5-26 【新用户】对话框

(4) 单击 创建(E) 按钮，再单击 关闭(O) 按钮关闭该对话框，完成用户的创建。

【例5-5】 安装 DHCP 服务。

 步骤解析

(1) 依次选择【开始】/【控制面板】/【添加或删除程序】/【添加/删除 Windows 组件】命令，弹出【Windows 组件向导】对话框，如图 5-27 所示。

(2) 在【组件】列表框中勾选【网络服务】复选框，然后单击 详细信息(D)... 按钮，弹出【网络服务】对话框，如图 5-28 所示。

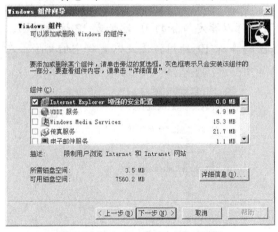

图5-27 【Windows 组件向导】对话框

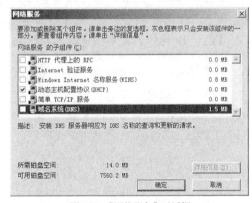

图5-28 【网络服务】对话框

(3) 在【网络服务的子组件】列表框中，勾选【动态主机配置协议(DHCP)】复选框，依次单击 确定 、 下一步(N) > 按钮开始配置和安装 DHCP 服务，最后单击 完成 按钮完成安装。

【例5-6】 创建 IP 作用域。

> 要点提示　　要想为同一子网内的所有客户端计算机自动分配 IP 地址，首先要做的就是创建一个 IP 作用域，这也是事先确定一段 IP 地址作为 IP 作用域的原因。

步骤解析

(1) 依次选择【开始】/【管理工具】/【DHCP】命令，打开【DHCP】窗口。在左窗格中用鼠标右键单击 DHCP 服务器名称，从弹出的菜单中选择【新建作用域】命令，如图 5-29 所示，弹出【新建作用域向导】对话框。

(2) 单击 下一步(N) > 按钮，进入【作用域名】向导页。在【名称】文本框中为该作用域输入一个名称（如 "CCE"）和一段描述性信息，如图 5-30 所示。

图5-29 【DHCP】窗口

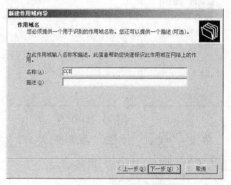

图5-30 【作用域名】向导页

(3) 单击 下一步(N) > 按钮，进入【IP 地址范围】向导页，分别在【起始 IP 地址】和【结束 IP 地址】文本框中输入事先确定的 IP 地址范围（本例为 "10.115.223.2～10.115.223.254"）。接着需要定义子网掩码，以确定 IP 地址中用于 "网络/子网 ID" 的位数。由于本例网络环境为城域网内的一个子网，因此根据实际情况将【长度】微调框的值调整为 "23"，如图 5-31 所示。

(4) 单击 下一步(N) > 按钮，在【添加排除】向导页中可以指定排除的 IP 地址或 IP 地址范围。由于已经使用了几个 IP 地址作为其他服务器的静态 IP 地址，因此需要将它们排除。在【起始 IP 地址】文本框中输入排除的 IP 地址并单击 添加(D) 按钮，如图 5-32 所示。

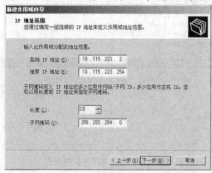

图5-31 【IP 地址范围】向导页

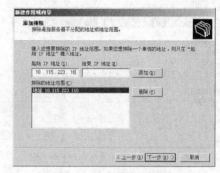

图5-32 【添加排除】向导页

(5) 单击 下一步(N) > 按钮，进入【租约期限】向导页，默认将客户端获取的 IP 地址使用期限限制为 8 天。如果没有特殊要求，保持默认值不变，如图 5-33 所示。

(6) 单击 下一步(N) > 按钮，进入【配置 DHCP 选项】向导页，保持默认设置，点选【是，我想现在配置这些选项】单选钮。单击 下一步(N) > 按钮，进入【路由器（默认网关）】向导页，根据实际情况输入网关地址（本例为 "10.115.223.254"），单击 添加(D) 按钮，如图 5-34 所示。

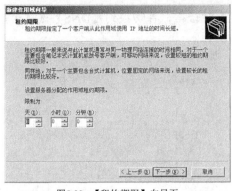
图5-33 【租约期限】向导页

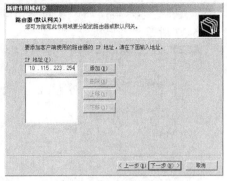
图5-34 【路由器（默认网关）】向导页

(7) 单击 下一步(N) > 按钮，进入【域名称和 DNS 服务器】向导页，不做任何设置，这是因为网络中没有安装 DNS 服务器且尚未升级成域管理模式。依次单击 下一步(N) > 按钮，跳过【WINS 服务器】向导页，进入【激活作用域】向导页。点选【是，我想现在激活此作用域】单选钮，并依次单击 下一步(N) > 按钮和 完成 按钮，结束配置操作。

【例5-7】 设置 DHCP 客户端。

步骤解析

安装 DHCP 服务并创建了 IP 作用域后，要想使用 DHCP 方式为客户端计算机分配 IP 地址，除了网络中有一台 DHCP 服务器外，还要求客户端计算机应该具备自动向 DHCP 服务器获取 IP 地址的能力，这些客户端计算机就被称作 DHCP 客户端。

因此，我们对一台运行 Windows XP 的客户端计算机进行网络设置并配置 IP 地址时，需要选择【自动获得 IP 地址】。默认情况下，计算机使用的都是自动获取 IP 地址的方式，一般无须进行修改，只需检查一下即可。

至此，DHCP 服务器端和客户端已经全部设置完成了。在 DHCP 服务器正常运行的情况下，首次开机的客户端会自动获取一个 IP 地址。

【例5-8】 配置 TCP/IP。

步骤解析

(1) 用鼠标右键单击【网上邻居】图标，从弹出的菜单中选择【属性】命令，在打开的【网络连接】窗口中，用鼠标右键单击【本地连接】图标，从弹出的菜单中选择【属性】命令，弹出【本地连接 属性】对话框，如图 5-35 所示。

(2) 勾选【Internet 协议（TCP/IP）】复选框，然后单击 属性(R) 按钮，弹出【Internet 协议（TCP/IP）属性】对话框，如图 5-36 所示。

(3) 在【Internet 协议（TCP/IP）属性】对话框中，点选【使用下面的 IP 地址】单选钮，然后在相应的文本框中输入 IP 地址、子网掩码和默认网关地址。

图5-35 【本地连接 属性】对话框

(4) 单击 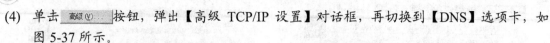 按钮，弹出【高级 TCP/IP 设置】对话框，再切换到【DNS】选项卡，如图 5-37 所示。

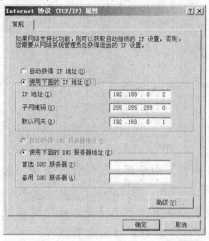

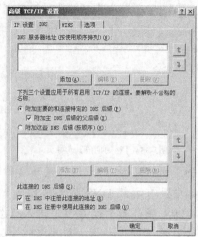

图5-36 【Internet 协议（TCP/IP）属性】对话框　　　　图5-37 【DNS】选项卡

(5) 在【DNS】选项卡中，点选【附加主要的和连接特定的 DNS 后缀】单选钮，并勾选【附加主 DNS 后缀的父后缀】复选框和【在 DNS 中注册此连接的地址】复选框。

 要点提示　　运行 Windows Server 2003 的 DNS 服务器必须将其 DNS 服务器指定为它本身。如果该服务器需要解析来自它的 Internet 服务提供商（ISP）的名称，就必须配置一台转发器。

(6) 最后单击 确定 按钮，完成 TCP/IP 的配置。

【例5-9】 安装 Microsoft DNS 服务器。

步骤解析

(1) 参照安装 DHCP 服务器的步骤，打开【网络服务】对话框，勾选【域名系统（DNS）】复选框，单击 确定 按钮，如图 5-38 所示。

(2) 单击 下一步(N) > 按钮，根据提示将 Windows Server 2003 光盘插入计算机的光驱中。安装完成时，在【完成 Windows 组件】向导页上单击 完成 按钮。

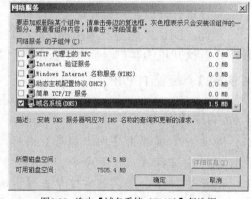

图5-38 选中【域名系统（DNS）】复选框

【例5-10】 配置 DNS 服务器。

步骤解析

(1) 选择【开始】/【控制面板】/【管理工具】/【DNS】命令，打开 DNS 控制台窗口；在左窗格中用鼠标右键单击 DNS 服务器名称，从弹出的菜单中选择【新建区域】命令，如图 5-39 所示。

(2) 当【新建区域向导】启动后,单击 下一步(N) > 按钮,进入【区域类型】向导页,将提示选择区域类型,如图 5-40 所示。

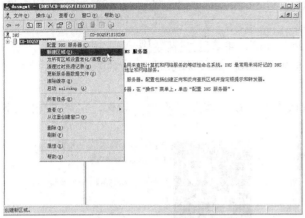

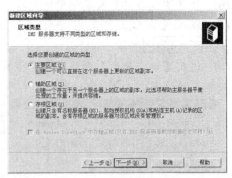

图5-39 DNS 控制台窗口　　　　　　　　　　图5-40 【区域类型】向导页

 知识链接——区域类型

这里的区域类型包括以下几种。

- 主要区域:创建可以直接在此服务器上更新的区域的副本,此区域信息存储在.dns 文本文件中。
- 辅助区域:标准辅助区域从它的主 DNS 服务器复制所有信息,主 DNS 服务器可以是为区域复制而配置的 Active Directory 区域、主要区域或辅助区域。
- 存根区域:存根区域只包含标识该区域的权威 DNS 服务器所需的资源记录,这些资源记录包括名称服务器(NS)、起始授权机构(SOA)和可能的 glue 主机(A)记录。

Active Directory 中还有一个用来存储区域的选项,此选项仅在 DNS 服务器是域控制器时可用。新的区域必须是主要区域或 Active Directory 集成的区域,以便它能够接受动态更新。

(3) 点选【主要区域】单选钮,然后单击 下一步(N) > 按钮。

(4) 进入【正向或反向查找区域】向导页,选择区域查找方向,如图 5-41 所示。

(5) 点选【正向查找区域】单选钮,单击 下一步(N) > 按钮。进入【区域名称】向导页,如图 5-42 所示。

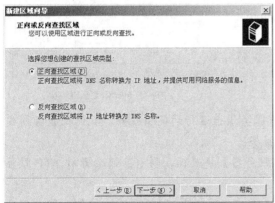

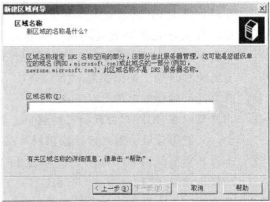

图5-41 选择区域查找方向　　　　　　　　　　图5-42 【区域名称】向导页

要点提示　　新区域包含该基于 Active Directory 的域的定位器记录。区域名称必须与基于 Active Directory 的域名称相同，或者是该名称的逻辑 DNS 容器。例如，如果基于 Active Directory 的域名称为 "support.microsoft.com"，那么有效的区域名称只能是 "support.microsoft.com"。

(6) 在【区域名称】文本框中输入"microsoft.com"，单击 下一步(N) > 按钮。

(7) 进入【区域文件】向导页，如图 5-43 所示。接受新区域文件的默认名称，单击 下一步(N) > 按钮。

(8) 进入【动态更新】向导页中，保持默认设置，最后单击 完成 按钮，完成 DNS 服务器的设置，如图 5-44 所示。

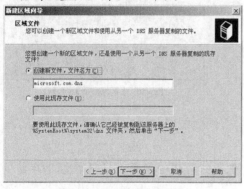

图5-43 【区域文件】向导页

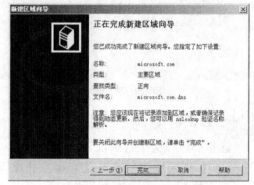

图5-44 完成 DNS 服务器的设置

【例5-11】Windows Server 2003 防火墙设置。

 步骤解析

(1) 在【控制面板】中打开【网络连接】窗口，在【拨号】或【LAN 或高速 Internet】的连接列表下，用鼠标右键单击要保护的连接，选择【属性】命令，弹出【本地连接 属性】对话框，在【高级】选项卡的【Internet 连接防火墙】栏中即可选择开启或禁用 ICF，如图 5-45 所示。

(2) 勾选【通过限制或阻止来自 Internet 的对此计算机的访问来保护我的计算机和网络】复选框即表示打开 ICF，反之则表示禁用。同时，Internet 连接防火墙还提供防火墙策略的自定义功能。单击图 5-45 中的 设置(G) 按钮，即可打开 ICF 的自定义对话框，如图 5-46 所示。

图5-45 Internet 连接防火墙

(3) 在自定义对话框中进行以下操作。

① 用户可以在 ICF 中打开指定的端口，监听服务器上运行的某项服务，既保证服务器安全，又能够让服务器充分地提供网络应用服务。

② 如用户需要提供 FTP 服务，可勾选【FTP 服务器】复选框，则 ICF 将会开放 FTP 服务的默认端口（21）。

③ 用户还可以自定义该服务的服务端口，单击图 5-46 中的 添加(D)... 按钮，即会弹出【服务设置】对话框，如图 5-47 所示。例如，我们可以定义 2121 号端口来完成 FTP 服

务,用户需要在FTP服务器软件中设置为相应的端口号才可以正常的提供网络服务。

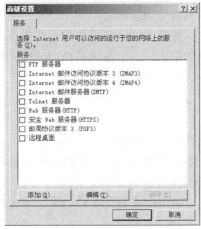

图5-46 ICF自定义对话框

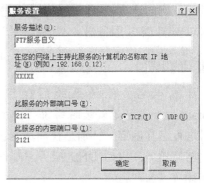

图5-47 【服务设置】对话框

ICF 提供的自定义功能相当有限,常常不能满足用户的特殊需求,这里可以选择使用第三方防火墙来完成这个卫士的角色,诸如诺顿企业版防火墙等可以提供较为完善的过滤策略设置,读者若有需要不妨自行尝试。

【例5-12】目录和文件权限设置。

为了有效控制服务器上用户的权限,同时也为了预防以后可能的入侵和溢出,还必须非常小心地设置目录和文件的访问权限。Windows Server 2003 的访问权限分为:读取、写入、读取及执行、修改、列目录、完全控制。在默认的情况下,大多数的文件夹对所有用户(Everyone 组)是完全敞开的,读者需要根据应用的需要进行权限重设。

设置目录和文件访问权限可以在文件夹或者文件属性对话框中的【安全】选项卡中进行,如图 5-48 所示。

用户可以根据需要对用户组或用户对此文件夹的访问权限进行设置。同样,单个文件的权限设置也是如此。

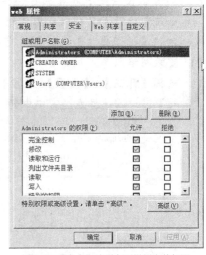

图5-48 【安全】选项卡下设置文件权限

在进行权限控制时,需要把握的重要原则如下。

- 权限具有累计性,即当一个用户同时隶属于多个组时,它就拥有这几个组所允许的所有权限。
- 拒绝的优先级要比允许的优先级高(拒绝策略将会优先执行),即如果一个用户隶属于某一个被拒绝访问某个资源的组,那么不管其他的权限设置给他开放了多少权限,他也一定不能访问这个资源。
- 文件的权限总是高于文件夹的权限。
- 只给用户开放其真正需要的权限,权限的最小化原则是安全的重要保障。
- 利用用户组来进行权限控制是一个成熟的系统管理员必须具有的优良习惯。

【例5-13】 Windows Server 2003 计算机名与网络服务设置。

由于 Windows Server 2003 网络使用域来实现网络的管理，在域中计算机名是比较重要的，同一域中，不能有两台计算机有相同的名称。安装网络服务器操作系统以后，作为域控制器管理局域网的计算机，还提供其他许多功能和用途，我们将这些功能或用途称为服务。例如，可以安装 DNS 服务器、网络监视代理、远程访问服务等。

 基础知识

(1) 计算机名：安装系统后操作系统对该计算机所定义的名字，默认名为 Administrator，一般初始安装时系统会提示自定义计算机名，其主要的功能是计算机对外数据传输时进行名称确定，特别是在局域网内不能有重名出现。

(2) 网络服务：包括 DNS 服务、邮件服务、DHCP 设置等多项功能，可根据具体需要按提示选择。

 步骤解析

(1) 设置计算机名。

① 用鼠标右键单击【我的电脑】图标，在快捷菜单中选择【属性】命令，弹出【系统特性】对话框，切换到【网络标识】选项卡。

② 如果已经确定了计算机名称和所属的域或者工作组，在该对话框中将显示具体内容。如果需要改变名称以及工作组，可以在此窗口中单击 属性(R) 按钮，弹出如图 5-49 所示的【标识更改】对话框，重新设置参数即可。

(2) 安装网络服务。

① 选择【开始】/【设置】/【控制面板】/【网络和拨号连接】命令，打开【网络和拨号连接】窗口，选择左边窗口中的"添加网络组件"链接，将出现如图 5-50 所示安装向导。

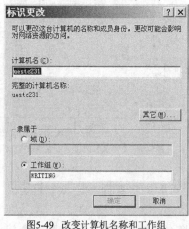

图5-49 改变计算机名称和工作组

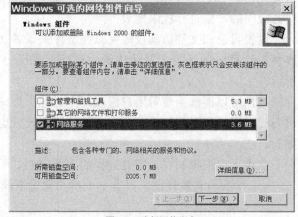

图5-50 选择网络服务

② 选择需要安装的网络服务后，单击 下一步(N) > 按钮，根据系统提示安装这些服务即可。

 **案例小结**

设置计算机名是局域网组建的重要环节，如果计算机名称设置不好就不能顺利被客户端访问，也就不能顺利进行网络互连。网络服务是服务器功能的设置，可根据需要设置相关的服务内容。

【例5-14】设置 Windows Server 2003 网络协议 TCP/IP。

网络协议在网络通信中非常重要，Windows 2003 操作系统包含了许多常用的网络协议，如 TCP/IP、DNS、DHCP、APPLETALK、IPX/SPX 等，这些协议能够为各种不同类型的局域网提供通信。TCP/IP 是常用的 Internet 协议，下面讲述如何安装 TCP/IP。

 基础知识

TCP/IP：是一组包括 TCP、IP、UDP（User Datagram Protocol）、ICMP（Internet Control Message Protocol）和其他一些协议的协议组，主要功能是为网络互连和数据通信提供统一的规定。

 步骤解析

(1) 选择【开始】/【设置】/【控制面板】/【网络和拨号连接】命令，打开【网络和拨号连接】窗口。

(2) 用鼠标右键单击【要安装和启用 TCP/IP 的网络连接】选项，然后在快捷菜单中选择【属性】命令，弹出属性对话框。

(3) 在属性对话框的【常规】选项卡（用于本地连接）或【网络】选项卡（所有其他连接）的组件列表中，双击 "Internet 协议（TCP/IP）" 设置相应的协议参数。
如果 "Internet 协议（TCP/IP）" 选项不在已安装组件的列表中，执行以下操作。

(4) 在属性对话框中单击 安装(I)... 按钮。

(5) 在弹出的【选择网络组件类型】窗口中选择【协议】选项，然后单击 添加(A)... 按钮。

(6) 在弹出的【选择网络协议】对话框中，单击 "Internet 协议（TCP/IP）"，然后单击 确定 按钮，完成协议的添加。

 案例小结

上述安装步骤必须以管理员或管理组成员的身份登录才能完成，一般 TCP/IP 的安装只需要按照提示进行就可以了。此外，当计算机最初装好系统发现联网失败时，应最先考虑是否安装了 TCP/IP，如果未安装，需按上述操作步骤进行。

【例5-15】用户创建设置——添加新用户和权限设置。

Windows Server 2003 服务器除了在安装时自动创建内置用户账户（管理员账户和来宾账户）外，还可以包含新创建的任何用户账户。

 基础知识

(1) 管理员账户：第 1 次安装工作站或成员服务器时使用的账户。创建账户时，必须使用管理员账户，它是工作站或成员服务器中管理员组的成员，它永远不能被删除、禁用或从本地组中删除。

(2) 来宾账户：供在这台计算机上没有实际账户的人使用，登录时通常不需要密码。但是来宾账户的权限在一定程度上被计算机管理员账户所限制，如不能安装程序和硬件、不能访问私人文件等。

步骤解析

(1) 添加新用户。

① 选择【开始】/【设置】/【控制面板】/【用户和密码】命令，弹出【用户和密码】对话框，如图 5-51 所示。确认在【用户】选项卡中勾选【要使用本机，用户必须输入用户名和密码】复选框，否则将无法使用 添加(D)... 按钮。

② 然后单击 添加(D)... 按钮，弹出【添加新用户】对话框，在【用户名】文本框中输入新建用户的名称。在输入用户名之后，可以在【全名】和【说明】文本框中加入关于此用户的详细说明，以便今后的管理和区分。

(2) 权限设置。

① 所有内容都填写完毕之后，单击 下一步(N) > 按钮进入密码输入窗口，在这里需要两次输入同样的密码，如果输入的密码不匹配，会出现要求重新输入的消息框。密码输入准确之后单击 下一步(N) > 按钮，进入权限配置对话框，如图 5-52 所示。

图5-51 添加新用户

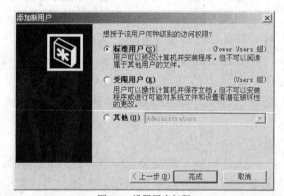

图5-52 设置用户权限

② 在权限配置对话框中，Windows Server 2003 操作系统为系统管理员提供了 3 个权限设置选项，管理员既可以将新建的用户设为"标准用户"，也可以将其设为"受限用户"，还可以选择"其他"，然后利用权限下拉列表为新建的用户分配一种权限。在分配权限之前，管理员可以利用窗口上简短的文字说明对当前的权限范围做一个简单的了解。由于权限的分配会直接影响到系统的安全性，因此在做出选择前必须仔细考虑。

③ 权限设置之后单击 完成 按钮，完成新用户的添加。这时，返回到【用户和密码】对话框，在【本机用户】列表框中就可以看到刚才添加的用户了。

(3) 用户权限修改。

添加用户之后，如果要对用户的权限做进一步修改和定制，可以执行下述操作步骤。

① 在图 5-51 所示的【用户和密码】对话框中切换到【高级】选项卡，然后单击【高级用户管理】分组框中的 高级(V)... 按钮，弹出【本地用户和组】对话框。

② 在窗口左侧的目录树中选择【用户】选项，然后在右侧的用户目录中双击要修改的用户名，弹出属性设置对话框，如图 5-53 所示。在【常规】选项卡中列出了多个关于密码设置的选项，可以允许用户对密码的使用做进一步设置。

③ 由于管理员为新建用户分配的密码通常比较简单，不一定能够符合用户的使用习惯，因此通常勾选【用户下次登录时须更改密码】复选框，使用户可以设置自己容易记忆的密码。而从安全性考虑，通常不建议勾选【密码永不过期】复选框。

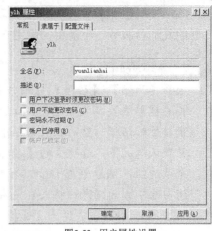

图5-53 用户属性设置

④ 如果希望某个用户同时属于不同组，可以在属性设置对话框中切换到【隶属于】选项卡，然后单击 添加(D)... 按钮，打开【选择组】窗口，在窗口的用户组列表中选中待分配的组，然后单击 添加(A)... 按钮就可以为用户赋予相应的组了。

案例小结

添加新用户是对终端机的确认，如果没有得到确认，客户机是不能进行网络连接的，权限设置是对客户端的网络访问权限进行设置，某些应用中需要对终端进行限制，可在相关的操作中配置相关功能。

【例5-16】用户组设置。

在建立了本机用户并确定了基本权限之后，并不意味着用户管理的完成，只有将用户管理进一步延伸到目录和应用程序的范围才真正体现系统安全性的好坏。

基础知识

"组"显示所有的内置组和所创建的组，安装 Windows Server 2003 操作系统时系统将自动创建内置组。某个用户组将赋予用户在计算机上执行各种任务的权利和能力。系统管理员组的成员具有对计算机的完全控制权限。只有内置组才被自动授予该系统中的每个内置权利和能力。系统包含以下内置组。

(1) 备份操作员组：组的成员可以备份和还原计算机上的文件，而不管保护这些文件的权限如何。他们也可以登录计算机和关闭计算机，但不能更改安全设置。

(2) 超级用户组：组的成员可以创建用户账户，但只能修改和删除他们所创建的账户；可以创建本地组并从创建的本地组中删除用户，也可以从超级用户、用户和来宾组中删除用户；不能修改管理员或备份操作员组，也不拥有文件的所有权、备份或还原目录，加载或卸载设备驱动程序或管理安全日志和审核日志。

(3) 普通用户组：组的成员可以执行大部分普通任务，如运行应用程序、使用本地和网络打印机以及关闭和锁定工作站。用户可以创建本地组，但只能修改自己创建的本地组。普通用户不能共享目录或创建本地打印机。

(4) 来宾组：允许临时用户登录工作站的内置来宾账户，并授予有限的能力，其成员也可以关闭系统。

(5) 复制器组：支持目录复制功能，组的唯一成员应该是域用户账户，用于登录域控制器的复制器服务。不能将实际用户账户添加到该组中。

步骤解析

(1) 选择【开始】/【程序】/【附件】/【Windows 资源管理器】命令，在资源管理器中用鼠标右键单击要指定使用限制的文件夹，并在弹出的快捷菜单中选择【属性】命令，弹出属性对话框，然后在对话框中切换到【安全】选项卡。

(2) 在默认情况下，选项卡的【名称】列表下只有一个名为 "Everyone" 的系统组，选中这个系统组，然后单击 删除(R) 按钮将其从【名称】列表中删除。在删除前，首先需要取消勾选下方的【允许将来自父系的可继承属性权限传递给该对象】复选框。

(3) 单击 添加(D)... 按钮，弹出【选择用户、计算机或组】对话框，在对话框的列表中列出了可以分配的用户和组，利用这个列表可以增加使用该目录的用户或组。

(4) 在将用户和组添加到目录使用列表之后，单击 确定 按钮，关闭窗口返回到【安全】选项卡。在【安全】选项卡的【名称】列表中选中其中的一个用户，然后在下方的权限列表中利用列出的操作类型为该用户分配具体的操作权限。

(5) 重复执行上述操作直到为【名称】列表中的每一个用户都分配了权限。

不同的是，如果选择了用户，那么下面的设置将只对这个用户有效。如果选择了组，那么只要是属于这个组的用户，都可以享受相同的权利。也就是说，如果某个用户隶属于多个组，而其中一个组具有使用该目录的权限，那么这个用户就可以使用这个目录。这一点在选择时需要仔细考虑。

要点提示	指定用户执行的程序：
	由于 Windows Server 2003 操作系统为软件安装者和使用者分配了不同的权限，因此在使用过程中可能发生当前登录用户无法使用某个应用程序的情况。为此，Windows Server 2003 操作系统专门提供了一种特殊方式允许当前用户暂时通过管理员或其他有运行权限的用户运行该程序。
	在资源管理器中选择某个可执行程序，然后在按下 Shift 键的同时，单击鼠标右键，在快捷菜单中选择【运行方式】命令，弹出【运行身份】对话框，点选【下列用户】单选钮，并在其下的项目内输入用户名和密码，单击 确定 按钮，下次该用户就可以运行该程序了，如图 5-54 所示。
	此外，还需要注意的是，有些程序在经过这样的设置之后会要求重新输入安装的序列号。这时，一般可由管理员填写相应的信息。

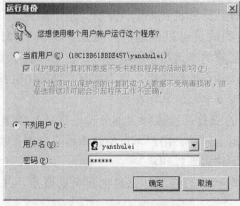

图5-54 选择用户运行程序

 案例小结

每个用户账号都包含许多信息，这些信息都存放在一个文件中的，这个文件位于主域控制器系统目录"system32\config"中。

5.3.4 Windows Server 2003 资源共享与计算机管理设置

资源共享是将本地系统资源（文件夹、打印机和扫描仪）提供给其他网络用户使用。局域网中其他用户能够访问的本地资源都是已经设置为共享的资源，而没有设置为共享的资源是不能直接访问的。

共享资源包括硬件资源和软件资源，硬件主要是指打印机、扫描仪等物理设备，而软件包括文件、文件夹等数据。需要注意的是，虽然硬盘、软盘、光盘等都是硬件设备，但是，Windows 2003 操作系统把这些设备看成文件夹进行管理和使用。因此，这些设备通常可以看成是逻辑的文件夹，可以按照文件夹进行操作。

权限设置关系到网络的安全，通常有两种常用的权限：用户权力和共享权限。用户权力是指用户或者组登录系统的权力，对于单独的服务器，用户权力相对较少使用，在多服务器系统中，一般采用给不同的用户或者组设置不同的权力来限制访问资源的权利。共享权限和网络资源的关系十分紧密，规定用户对共享资源的存取级别。对于单服务器的权限，主要是共享权限。

【例5-17】打印机共享设置。

要将一台普通打印机设置为网络打印机，关键是进行共享设置。

 基础知识

(1) 网络打印机：通过将本地打印机设置为共享设备，网络中的其他用户可以访问这台打印机，这台打印机就叫做网络打印机。

(2) 打印设备和打印机：网络打印的两个概念。打印设备是物理上的打印机，而打印机则是一个逻辑的概念，包含程序和打印设备之间的软件接口。通常，将连接到打印设备上的计算机叫做打印服务器，在网络中，任何一台计算机都可以充当打印服务器。

(3) 使用网络打印机要注意如下几方面。

- 打印服务器必须登录到网络的域中。
- 打印机必须处于共享状态。
- 网络用户需要指定网络打印机的名称。

(4) 实现打印共享的两种方案：第一，使用普通打印机连接到计算机，实现打印共享；第二，自身携带网络接口的打印机，不需要计算机就直接连接到网络上。通常使用的打印机都是普通打印机。

步骤解析

(1) 选择【开始】/【设置】/【打印机】命令，弹出【打印机】对话框，用鼠标右键单击要共享的打印机，在弹出的快捷菜单中选择【共享】命令。

(2) 在弹出的属性对话框的【共享】选项卡上点选【共享为】单选钮，然后输入共享打印机的名称。

(3) 如果与不同硬件或操作系统的用户共享打印机，需要单击 其他驱动程序(D)... 按钮，弹出【其他驱动程序】对话框。

(4) 在列表框中选中该计算机的使用环境和操作系统，然后单击 确定 按钮安装其他驱动程序。

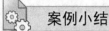 **案例小结**

共享打印机是小型局域网最常用的共享硬件设备，一般打印机设置分硬件配置、驱动程序安装和共享设置。共享打印设置是在打印机连接良好、驱动安装完成的情况下进行的。

【例5-18】 局域网内计算机管理。

计算机管理包括添加和删除计算机、域控制器的升级和降级、共享目录的管理等内容。初始操作为：选择【开始】/【程序】/【管理工具】/【服务器管理器】命令，打开【服务器管理器】窗口，如果是第一次启动，只显示登录的域，在标题栏显示登录域的名称，并在窗口内显示该域中包含的计算机。

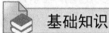 **基础知识**

(1) 域：指服务器控制网络上的计算机能否加入的计算机组合，"域"模式下，至少有一台服务器负责每一台连入网络的计算机和用户的验证工作，相当于一个单位的门卫一样，称为"域控制器（Domain Controller，DC）"。

(2) 域控制器：包含了由这个域的账户、密码、属于这个域的计算机等信息构成的数据库。当计算机联网时，域控制器首先要鉴别这台计算机是否是属于这个域的，用户使用的登录账号是否存在、密码是否正确。如果以上信息有一样不正确，那么域控制器就会拒绝这个用户从这台计算机登录。

 步骤解析

(1) 添加和删除计算机。

① 要添加计算机到域中，可以选择【服务器管理器】/【计算机】/【添加到域】命令，然后在【添加计算机到域】对话框中选择服务器或者备份域控制器。这样就可以将计算机添加到域中。

② 要将计算机从域中删除，可以在【服务器管理器】窗口中选择需要删除的计算机，然后选择【计算机】/【从域中删除】命令，在弹出的对话框中确认操作后，选择的计算机将在域中消失。

 要点提示
执行上述操作需要操作者属于 Administrators（系统管理员）组、Account Operators（账户操作员）组或者具有 Add Workstation to Domain（添加计算机到域）的权力。

(2) 域控制器的升级和降级。

在许多情况下，需要对域控制器进行升级和降级。例如，假设在主域控制器失效的情况下，就需要将一个备份域控制器进行升级，而域的功能则保持不变。如果需要进行升级，也就是将 BDC 提升为 PDC，或者对主域控制器进行降级，需要执行如下步骤。

① 可以在【服务器管理器】窗口中，选择【计算机】/【升级到主域控制器】命令，以前的主域控制器自动就降级为备份域控制器，而当前域控制器则升级为 PDC。

② 可以在【服务器管理器】窗口的计算机列表中选择主域控制器，然后选择【计算机】/【降级为备份域控制器】命令。如果以前的 PDC 不能工作，则不能执行降级操作，用户可以选择继续等待或者放弃。将服务器提升为主域控制器以后，系统会自动将原来的主域控制器降级为 BDC；但是，如果原来的主域控制器不能使用，将服务器提升为 PDC 后，先前的主域控制器将来重新工作，则必须将刚才升级的主域控制器降级为 BDC。

(3) 共享目录的管理。

前面已经对本地目录共享进行了讲述，如果需要管理本地共享目录，可以在资源管理器中选择该文件夹，然后通过修改文件夹的属性进行管理。而远程计算机上共享目录的管理，必须使用服务器管理器，具体步骤如下。

① 选择【计算机】/【共享目录】命令，在【共享目录】对话框中列出了所有共享目录以及共享目录的路径，对这些目录可以进行相关的设置操作。

② 修改属性：在共享目录列表中选择一个共享目录，然后单击 属性 按钮，在弹出的【共享属性】对话框中可以修改用户权限、连接用户数目以及目录路径。

③ 停止共享：在共享目录列表中选择一个共享目录，单击 停止共享 按钮，就取消了该目录的共享。

④ 新建共享：单击 新共享 按钮，在【新建共享】对话框中输入共享名称、目录路径等信息，完成新共享的建立。

(4) 管理服务器属性。

服务器属性包括用户、使用的资源、共享情况等信息，通过服务器管理器可以对域中每一台计算机的属性进行查看。

① 在【服务器管理器】窗口中选择要查看的计算机，选择【计算机】/【属性】命令。

② 在属性对话框中包括许多属性按钮，如用户、共享、使用中、复制、警报等按钮，如果单击某个按钮，就会出现相应信息的对话框，在其中可以了解相应信息。

案例小结

Windows Server 2003 系列沿用了 Windows 2000 Server 的先进技术并且使之更易于部署、管理和使用。其高效结构有助于使使用者的网络成为单位的战略性资产。客户需要的所有对业务至关重要的功能，Windows Server 2003 中全部包括，如安全性、可靠性、可用性、可伸缩性等。

5.4 实训

学完本章后，应该熟练掌握操作系统的安装、磁盘管理、文件夹的共享设置等知识。下面根据本章所讲的内容，提供几个实训题目，以供读者练习。

5.4.1 设置共享文件

设置自己的计算机中的某个文件夹为共享，并设置不同的操作方式，验证设置正确与否。

 操作要求

掌握如何在局域网内实现不同计算机上的文件或文件夹的共享。

 步骤解析

(1) 选择要共享的文件或文件夹，用鼠标右键单击该文件或文件夹，从快捷菜单中选择【共享】或【属性】命令进行共享设置。

(2) 选择共享模式为"只读"，用另一台计算机查找到本机（方法为选择【网上邻居】/【查看工作组计算机】命令，找到本机名，双击进入），查看显示的文件或文件夹的内容。

(3) 选择共享模式为"读写"，访问方法同（2），在另一台计算机上打开该文件或文件夹，对其内容做简要更改（注意：更改后一定要再改回来，建议不要进行删除操作）。在本机上查看是否更改成功。

5.4.2 设置 Windows Server 2003 用户组

Windows Server 2003 具有强大的用户和组管理功能，在创建了用户以后，需要将用户加入到合适的组中。本实训介绍如何将用户添加到 Remote Desktop Users 组。

 操作步骤

(1) 选择【开始】/【管理工具】/【计算机管理】命令，打开【计算机管理】窗口，如图 5-55 所示。

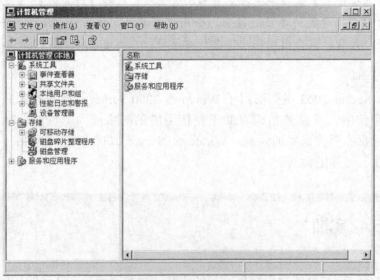

图5-55 【计算机管理】窗口

(2) 在左侧窗格中，单击【本地用户和组】节点，双击展开的【组】文件夹，在右侧窗格中可以看到计算机中已经存在的组，如 Backup Operators/Power Users 等，如图 5-56 所示。

(3) 双击其中的【Remote Desktop Users】选项，然后在弹出的【Remote Desktop Users 属性】对话框中单击 添加(D)... 按钮，如图 5-57 所示。

图5-56　【组】选项　　　　　　　　图5-57　【Remote Desktop Users 属性】对话框

(4) 弹出【选择用户】对话框，如图 5-58 所示。

 其中，单击 位置(L)... 按钮以指定搜索位置；单击 对象类型(O)... 按钮以指定要搜索的对象类型；在【输入对象名称来选择（示例）】文本框中输入要添加的名称。单击 检查名称(C) 按钮，开始检查。

(5) 找到名称后，单击 确定 按钮，如图 5-59 所示。

图5-58　【选择用户】对话框　　　　　　　　图5-59　成功找到用户

 习题

一、填空题

1. 网络操作系统通常具有_____、_____、_____、_____等特点。

2. 常用的网络操作系统主要有_____、_____、_____、_____等。

3. 在 Windows 服务器平台中，最常用的网络操作系统是_____。

4. _____服务能为网络内的客户端计算机自动分配 TCP/IP 配置信息。

5. _____是 Internet 上使用的核心名称解析工具。

6. 网络服务包括_____、_____、_____设置等多项功能。

7. TCP/IP 是一组包括_____协议、_____协议、_____协议、_____协议

和其他一些协议的协议组。

8．第一次安装工作站或成员服务器时使用的账户是_____账户。

9．磁盘格式化又称"_____"，它是一个将信息写入驱动器，在未经格式化的驱动器内的空白空间中建立秩序的过程。

二、选择题

1．下列不属于 UNIX 操作系统相关特性的是（　　　　　）。

A．多用户　　　　　　　　　　B．多任务

C．全球志愿者合作开发　　　　D．分时

2．下列属于 Linux 操作系统相关特性的是（　　　　　）。

A．系统不稳定　　　　　　　　B．无特定的支持厂商、无专门服务

C．硬件资源要求高　　　　　　D．安全性低

3．将系统盘格式化后重新安装操作系统，属于系统安装的是（　　　　　）。

A．全新安装　　　　　　　　　B．升级安装

C．DOS 系统安装　　　　　　　D．以上都不对

4．下列说法正确的是（　　　　　）。

A．普通计算机只能安装 Windows 系列操作系统

B．任何的 Windows 版本操作系统都比 UNIX 操作系统好

C．Windows Server 2003 操作系统比以前的版本都优越

D．UNIX 操作系统多应用于对稳定性要求较高的部门

5．当某文件进行共享后，访问者肯定可以进行的操作是（　　　　　）。

A．删除该文件　　　　　　　　B．修改该文件的内容

C．阅读该文件　　　　　　　　D．将文件重新设为不共享

三、简答题

1．简述 UNIX，Linux，Windows 操作系统各自的特点和应用领域。

2．如何设置 TCP/IP？

3．什么是网络操作系统？举例说明其主要功能。

4．如何创建 Windows Server 2003 用户？与其他操作系统创建用户有何不同？

5．什么是 DHCP？如何设置？

6．域名服务有何作用？如何设置？

7．简要说明增强 Windows Server 2003 安全性的基本措施。

第6章 架设局域网服务器

本章介绍 Windows Server 2003 操作系统各种服务器的安装和管理，包括 IIS 信息服务设置，Web 服务器和 FTP 服务器的安装和配置，DHCP 和 DNS 设置，电子邮件工具 Outlook Express 的使用方法等，这些配置是局域网非常常见而又实用的网络配置，读者应该熟练掌握其相关操作和注意事项。

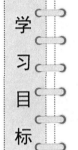

- 理解 IIS 的安装和配置。
- 掌握 Web 站点的配置和发布。
- 掌握 FTP 站点的配置方法。
- 掌握用 Server-U 软件设置 FTP 站点。
- 理解 DHCP 和 DNS 域名服务器的设置方法。
- 了解 Exchange Server 2003 的配置过程。
- 掌握使用 Outlook Express 发送和接收电子邮件。

6.1 安装 IIS

IIS（Internet Information Serve）是 Windows 操作系统提供的一种信息服务，可以提供网络用户访问网络服务器的功能，用户可以通过访问 Web 服务器来访问指定的网页，在 Windows Sever 2003、Windows XP 等操作系统中都提供了免费的 IIS 服务。

【例6-1】 IIS 安装与基本设置。

在建立局域网服务器之前，首先应安装 IIS 信息服务。

 基础知识

（1）协议支持：IIS 支持很多协议，如超文本传输协议（Hypertext Transfer Protocol，HTTP），文件传输协议（File Transfer Protocol，FTP）以及 SMTP，此外，IIS 也支持 Web 站点的创建、配置和管理。

（2）支持与语言无关的脚本编写和组件：通过 IIS，开发人员可以开发新一代动态的、富有魅力的 Web 站点，它完全支持 VBScript、JavaScript 开发软件以及 Java 语言，它也支持 CGI、WinCGI 以及 ISAPI 扩展和过滤器，不需要开发人员学习新的脚本语言或者编译应用程序。

（3）设计目的：IIS 的设计目的是建立一套集成的服务器服务，用以支持 HTTP、FTP 和 SMTP，它能够提供快速、集成现有产品，可扩展的 Internet 服务器。因为 IIS 与 Windows Server 2003 操作系统紧密地集成在一起，所以其对系统资源的消耗非常少，安装、管理和配置都相当简单。另外，IIS 还使用与 Windows Server 2003 操作系统相同的安全性账号管理器（Security Accounts Manager，SAM）。

 步骤解析

(1) 打开【控制面板】窗口，双击【添加或删除程序】图标，打开【添加或删除程序】窗口，如图 6-1 所示。

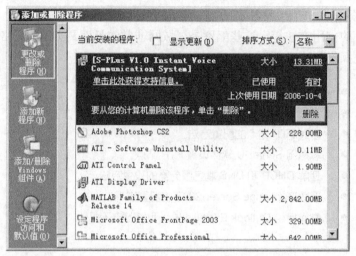

图6-1 【添加或删除程序】窗口

(2) 单击【添加/删除 Windows 组件】图标，弹出【Windows 组件向导】对话框，在对话框的【组件】列表框中勾选【Internet 信息服务（IIS）】复选框，单击 详细信息(D)... 按钮，如图 6-2 所示。

(3) 在弹出的【Internet 信息服务（IIS）】对话框中依次勾选【Internet 信息服务管理单元】、【公用文件】、【万维网服务】等复选框，选择完毕后单击 确定 按钮。

(4) 打开【控制面板】窗口，双击【管理工具】图标，打开【管理工具】窗口，如图 6-3 所示。在【管理工具】中双击【Internet 信息服务】图标，打开【Internet 信息服务】对话框就可以对 IIS 相关配置进行详细设置。

图6-2 选择 IIS

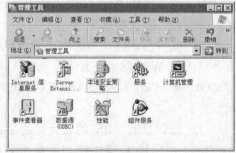

图6-3 【管理工具】窗口

 案例小结

IIS 是 Windows 操作系统专门提供用来设置服务器信息发布的工具，另外使用 Dream weaver 实现各种表单处理、注册页面动态功能的时候就必须使用 IIS 功能来调试，因此，合理配置和使用 IIS 对局域网资源共享有非常重要的作用。后续课程将对 IIS 的站点发布设置做详细介绍。

6.2 配置 Web 站点

安装 IIS 以后，就可以对默认的 FTP 以及 Web 站点进行管理和配置。打开 IIS 管理器，选择【开始】/【管理工具】/【Internet 信息服务】或直接选择【开始】/【运行】命令，打开【运行】对话框，在对话框中输入命令 "%SystemRoot%\System32\Inetsrv\iis.msc" 后按 Enter 键（此处 "%SystemRoot%" 指系统的根目录，一般为磁盘的盘符，如 C：等，后续章节出现类似描述意义相同），打开【Internet 信息服务】窗口，如图 6-4 所示。

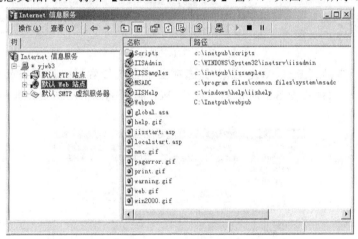

图6-4 【Internet 信息服务】窗口

【例6-2】 默认 Web 站点设置。

安装后的 IIS 已经自动建立了管理和默认两个站点，其中管理 Web 站点用于站点远程管理，可以暂时停止运行，但最好不要删除，否则重建时会很麻烦。本案例将详细介绍默认 Web 站点的设置步骤。

 基础知识

(1) 每个 Web 站点都具有唯一的、由 3 个部分组成的标识用来接收和响应请求，分别是端口号、IP 地址和主机名。

(2) 浏览器访问 IIS 时的执行顺序是 IP 地址/端口/主机名/该站点主目录/该站点的默认首页文档。所以 IIS 的整个配置流程应该按照访问顺序进行设置，如图 6-5 所示。

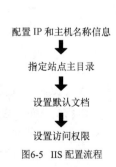

配置 IP 和主机名称信息

↓

指定站点主目录

↓

设置默认文档

↓

设置访问权限

图6-5 IIS 配置流程

第 6 章 架设局域网服务器

步骤解析

(1) 在【Web 站点】选项卡中进行以下操作。

① 在浏览器中输入地址 "http://localhost/iishelp/iis/misc/default.asp"，如图 6-6 所示，微软
公司已经预先把详尽的帮助资料放到 IIS 里面了。

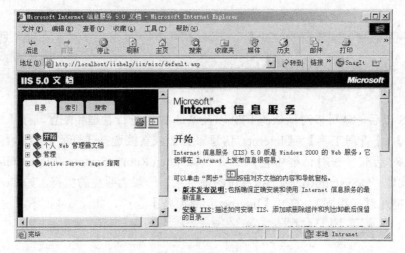

图6-6 默认的地址

② 在图 6-4 所示的【默认 Web 站点】选项上单击鼠标右键，在弹出的快捷菜单中选择
【属性】命令，弹出图 6-7 所示的【默认 Web 站点属性】对话框，开始配置 IIS 的默认
站点。

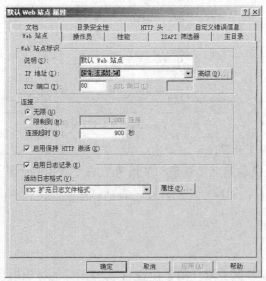

图6-7 【默认 Web 站点属性】对话框

③ 在【Web 站点标识】选项区中，可以填写站点的名称。在【IP 地址】下拉列表中，可
以指定 Web 站点的 IP 地址，如果没有特别需要，则选择【全部未分配】。在【TCP 端
口】文本框中，可以设置站点的端口，默认为 "80"，如果修改了站点端口，访问者需
要按 "http://访问计算机的 IP：端口" 样式输入才能够进行正常访问。

④ 在【连接】选项区中，可以设置连接个数和超时时间，如果点选【无限】单选钮，站点将不受连接的限制，如果需要指定连接个数或者连接超时时间，可以点选【限制到】单选钮，然后指定连接次数。需要注意的是，如果没有特别说明，一般只对 IP 地址和端口进行设置，其他选项建议采用默认设置。

(2) 在【主目录】选项卡中进行以下操作。

① 首先，和上述步骤相同，打开【默认 Web 站点属性】对话框，然后切换到【主目录】选项卡，弹出图6-8所示的对话框。在这里可以设置站点文件目录信息。

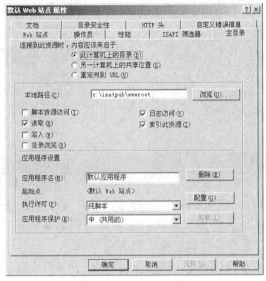

图6-8 【主目录】选项卡

② 在【连接到此资源时，内容应该来自于】下有 3 个选项：如果点选【此计算机上的目录】单选钮，表示站点文件是本地计算机的文件，因此，需要指定本地路径，在本地路径后面指定主目录，也可以单击 浏览(O)... 按钮指定用来存放站点文件的位置，默认是 "%systemRoot%\inetpub\wwwroot"，例如这里的 "c:\inetpub\wwwroot"。如果点选【另一计算机上的共享位置】单选钮，需要指定网络目录，也可以单击 连接为(O)... 按钮选择网络目录。如果站点是某个 URL 地址，可以点选【重定向到 URL】单选钮，然后【在重定向到】后面的文本框中输入 URL 地址。

③ 还可以对主目录的权限进行设置，例如是否允许脚本资源访问，能否在主目录中写入等。建议采用默认设置。

(3) 在【文档】选项卡中进行以下操作。

每个网站都会有默认文档，默认文档就是访问者访问站点时首先要访问的那个文件，例如 "index.htm"，"index.asp"，"default.asp" 等。这里需要指定默认的文档名称和顺序。系统访问顺序是按照从上到下进行访问的。【文档】选项卡可以对文档进行设置和管理，添加、删除文件或更改访问顺序，如图6-9所示。

(4) 在【目录安全性】选项卡中进行以下操作。

① 选择【目录安全性】选项卡，可以对当前站点的安全性进行设置，如图 6-10 所示。可以选择各种安全选项进行设置，身份验证包括 "匿名访问" 允许任意用户进行访问，不询问用户名和密码。

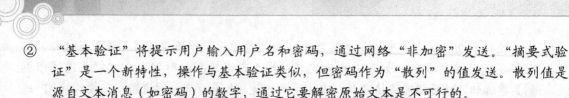

② "基本验证"将提示用户输入用户名和密码,通过网络"非加密"发送。"摘要式验证"是一个新特性,操作与基本验证类似,但密码作为"散列"的值发送。散列值是源自文本消息(如密码)的数字,通过它要解密原始文本是不可行的。

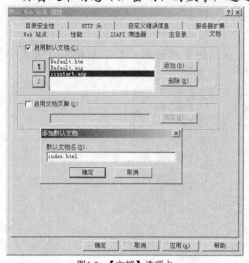

图6-9 【文档】选项卡

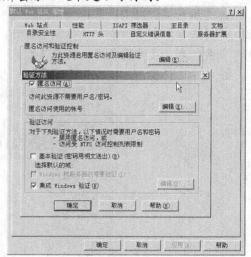

图6-10 【目录安全性】选项卡

③ "摘要式验证"仅用于 Windows 域控制器的域。通过单击 编辑(E)... 按钮选择验证方法。一般可以设置是否允许匿名访问。匿名访问不需要和用户进行交互,允许任何人匿名访问站点资源,是身份验证中安全级别最低的。

④ 在配置 Web 服务器安全之前,首先确定保护 Web 和 FTP 站点所需的安全级别。例如,需要创建一个允许特定用户访问个人信息(如财务和健康记录)的 Web 站点,那么就需要一个坚固的安全配置。此配置应该能可靠地验证指定的用户并仅限于这些用户进行访问。大多数的 Web 服务器安全依赖于 Windows 安全配置。如果没有正确地配置 Windows 安全功能,就不可能保护 Web 服务器。

案例小结

Web 站点的设置内容较多,不可能全部介绍,本案例主要介绍常用的和比较重要的设置,其他设置方法可参阅有关设置站点的书籍。

【例6-3】 新建 Web 站点与 Web 站点发布。

Windows Server 2003 服务器支持多个站点在一台服务器上进行安装和删除。默认站点进行设置以后,可以进行发布。如果想建立新的站点,可以按照 IIS 向导进行配置。

基础知识

(1) 端口号:应用程序进行对外通信或者是计算机上需要主持一项服务,就必须先要建立一个从本机到网络的通道,这个通道即称为端口。每个站点都是使用"端口号"、"协议地址"和"主机头名称"3 部分进行信息的接收和响应。

(2) TCP 端口:默认端口是"80",如修改了端口,则需要用"http://ip:"端口的格式进行浏览。例如,主站点是"http://202.115.11.1",默认的端口号是"80",可以打开另外端口重新开设站点,例如 81 端口,访问时需要在地址后面添加端口号,如"http://202.115.11.1:81"。站点主机头为该站点指定一个域名,如"http://abc.vicp.net"。可以在一个相同的 IP 下指定多个主机头，默认为"无"。

 步骤解析

(1) 新建 Web 站点。

① 利用向导进行站点的建立。在默认站点上单击鼠标右键，在快捷菜单中选择【新建】/【Web 站点】命令，出现新的站点向导，根据提示输入站点的名称，单击 下一步(N) > 按钮对站点的 IP 地址和端口进行设置。

② 在【IP 地址】下拉菜单中可以选择 Web 服务器 IP 地址，默认情况下应该选择【全部未分配】。

③ 选择【Web 站点】主目录，该目录用于存放主页文件。选择【允许匿名访问此站点】则任何人都可以通过网络访问 Web 站点。

④ Web 站点的访问权限：可以设定成允许或禁止读取、运行脚本等。一般对网络用户应该选择【只读】权限，从而防止用户随意修改网页文件。最后按照提示完成站点的建立。

这时，在 IIS 管理器中，可以看到刚才已经建立的站点。在工具栏中单击 启动 按钮，将新的站点启动。如果使用浏览器进行访问，则在地址栏输入 IP 地址和端口，测试创建的站点结果。

(2) 虚拟目录设置。

设置虚拟目录的目的是为了安全性的提高。如果 Web 站点包含的文件位于其他主目录的驱动器上，或在其他计算机上，就必须创建虚拟目录将这些文件包含到 Web 站点中。要使用其他计算机上的目录，必须指定该目录的通用命名约定（UNC）名称并提供用户名和密码用做访问权限认证。

① 在"Internet 信息服务"管理单元中，选择要添加目录的 Web 站点或 FTP 站点，选择【操作】/【新建】/【虚拟目录】命令。使用【新建虚拟目录】向导完成此任务。

② 在"Internet 信息服务"管理单元中选择要删除的虚拟目录，选择【操作】/【删除】命令，弹出一个删除确认对话框，单击 是(Y) 按钮将删除选择的虚拟目录。删除虚拟目录并不删除相应的物理目录或文件。

 要点提示 如果使用 NTFS，还可以通过在 Windows 资源管理器中用鼠标右键单击某个目录创建虚拟目录，在弹出的快捷菜单中选择【共享】命令，然后在弹出对话框的【Web 共享】选项卡中进行设置。

(3) Web 站点发布。

在完成网络的 Web 站点建立以后，可以将建立的 Web 主页发布到站点中，从而使别人能够访问站点信息。

① 将新建的主页文件复制到指定的目录中，然后在站点的属性中进行设置，设置的内容主要是将【文档】窗口中的主文档设置成当前主页。其他设置完成以后，就能够建立一个新的站点。

② 设置站点时，IIS 默认的 Web 站点根目录是在"inetpub\wwwroot"下，可以在这个目录下创建不同的目录，然后将各自的主页放在不同的目录下。

③ 若不将"inetpub"目录作为根目录，可以创建一个目录作为网页的主目录，应该在当前主页目录下面创建不同的子目录，也就是在公共目录下面创建不同的目录来存放不同的网页，浏览器将当前目录作为 Web 根目录。

案例小结

Web 站点发布后要进行实时的维护和更新，另外要注意防止外界的侵害，特别对于一些恶意攻击，在发布 Web 站点后更要提高警惕。

6.3 FTP 服务器配置

Web 服务器能够提供信息以便于网络用户访问和浏览。但是，用户如果有其他的需求，例如，希望从某台计算机上得到文件或者将自己计算机的文件放到某台计算机中，Web 服务器就无能为力了，而 FTP 服务器则能够满足这样的需求。

文件传输协议（File Transfer Protocol，FTP）是网络计算机之间用来进行文件传输的协议，FTP 特别适合传送较大的文件。网络用户经常需要对文件进行上传和下载，对于这样的需求，不能再采用 HTTP 进行通信。因为 HTTP 是为了方便数据的浏览而制定的，不适合文件的传送，而 FTP 针对文件传输的特点进行优化，因此，特别适合文件的传输。

【例6-4】 FTP 服务器设置。

FTP 服务器的设置和 Web 站点设置有些类似，都是在 IIS 管理器中进行设置，设置完成后，就可以将服务器发布到网上去，供用户下载和上传文件之用，本案例将详细讲述 FTP 设置的各个细节内容。

 基础知识

（1）FTP 与 TCP/IP：FTP 是 TCP/IP 的一种具体应用，它工作在 OSI 参考模型的第 7 层，TCP 参考模型的第 4 层，即应用层，使用 TCP 传输。

（2）FTP 端口：FTP 并不像 HTTP 那样，只需要一个端口作为连接（HTTP 的默认端口是 80，FTP 的默认端口是 21），FTP 需要两个端口，一个端口是作为控制连接端口，也就是 21 这个端口，用于发送指令给服务器以及等待服务器响应。另一个端口是数据传输端口，端口号为"20"（仅 PORT 模式），用来建立数据传输通道，它主要有 3 个作用：从客户向服务器发送一个文件；从服务器向客户发送一个文件；从服务器向客户发送文件或目录列表。

（3）FTP 的连接模式：FTP 连接模式有 PORT 和 PASV 两种。PORT 模式是主动模式，PASV 是被动模式，这里主动、被动都是相对于服务器而言。关于两种模式的具体区别，有兴趣的读者以后可以仔细了解。

 步骤解析

（1）打开图 6-4 所示的窗口，在【Internet 信息服务（IIS）】选项里面包含 IIS 服务需要的所有文件，也包含构建 FTP 服务器需要的 FTP 软件。

（2）在【默认 FTP 站点】图标上面单击鼠标右键，在弹出的快捷菜单中选择【属性】命令，打开相应的对话框，如图 6-11 所示，在这里可以对 FTP 站点进行设置，包括【FTP 站点】、【安全账号】、【消息】、【主目录】和【目录安全性】等选项卡。

(3) 【FTP 站点】选项卡设置：主要用来设置 FTP 服务器的标识说明，连接和是否选择日志记录功能等。其中在【说明】文本框中可根据自己的需要设置网络名称；在【IP 地址】下拉列表中填写主机的 IP 地址；在【TCP 端口】文本框中填写 "21"。

(4) 【安全账号】选项卡设置：主要用于设置用户的账号信息。勾选【允许 IIS 控制密码】复选框，如图 6-12 所示，其他选项根据需要设置即可。

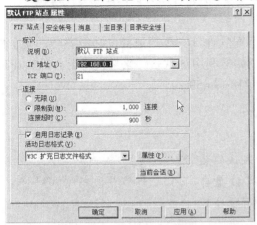

图6-11 【FTP 站点】选项卡

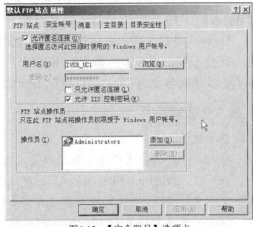

图6-12 【安全账号】选项卡

(5) 【消息】选项卡设置：用于设置用户登录本服务器时显示的信息。【欢迎】列表框内输入 FTP 连接成功后欲显示的内容；【退出】文本框内输入 FTP 断开时欲显示的内容；【最大连接数】文本框中为允许同时访问的客户端数，根据主机性能设定即可，如图 6-13 所示。

(6) 【主目录】选项卡设置：用于设置访问本 FTP 服务器时，所访问的主目录路径。【本地路径】文本框中填写 "C:\Inetpub\ftproot"；或通过单击 浏览 按钮完成目录的选择，如图 6-14 所示。

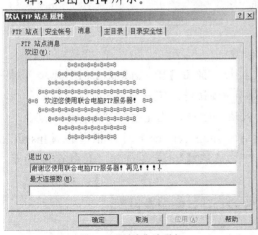

图6-13 【消息】选项卡

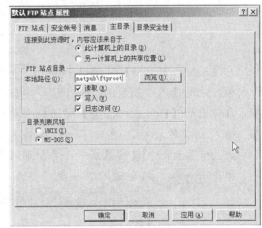

图6-14 【主目录】选项卡

要点提示　　【读取】复选框必须勾选，否则他人无法浏览；【写入】、【日志访问】等选项，为了网站安全起见，如果不是特殊需要，建议不要勾选。

(7) 【目录安全性】选项卡设置：可以设置访问本服务器的用户 IP 的访问限制的权限列表，可根据需要进行相关设置。

案例小结

FTP 服务器设置完成以后，就可以登录访问 FTP 服务器，进行文件上传和下载。在当前的许多局域网内，由于 Web 站点不支持批量文件的信息传输，因此 FTP 站点得到了很大的应用，大家应该熟练掌握该服务器的相关配置，为今后参与这方面的工作打下基础。

【例6-5】 FTP 软件 Serv-U 安装与设置。

Serv-U 是目前应用非常广泛的 FTP 服务器端软件，它小巧灵活，功能齐全，安全性高，因此受到很多玩家的喜爱，本案例详细介绍如何利用这款软件来架设属于自己的 FTP 站点。其中域名设为 "ftp.ysl.com"；IP 地址为 "218.194.59.205"。

步骤解析

(1) 基本设置。

① 将 Serv-U 的安装文件安装到指定文件夹（默认安装在 "C:\Program Files/Serv-U"，建议安装到 D 盘自定义文件夹），安装完成后在【开始】/【所有程序】菜单中可看到图 6-15 所示的软件列表。

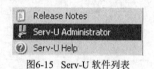

图6-15 Serv-U 软件列表

② 选择图 6-15 中的【Serv-U Administrator】命令，打开 Serv-U 管理器，即弹出图 6-16 所示的【Setup Wizard】安装向导对话框。

图6-16 安装向导

③ 在【Setup Wizard】对话框中单击 [→Next] 按钮，弹出【IP Address】（IP 地址）对话框，此处输入 "218.194.59.205"，单击 [→Next] 按钮进入下一步。

④ 在弹出的【Domain Name】对话框中要求输入域名地址，此处输入 "ftp.ysl.com"。

⑤ 输入域名地址后，进入下一步操作，弹出【System service】对话框，在【Install as system service?】（安装成一个系统服务器）下，点选【Yes】单选钮，如图 6-17 所示，单击 [→Next] 按钮进入下一步。

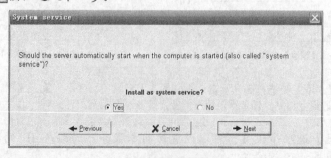

图6-17 选择安装系统服务器

⑥ 在弹出对话框中的【Allow anonymous access】（接受匿名登录）选项中可根据自己的需要选择，点选【Yes】单选钮则允许匿名用户登录站点，点选【No】单选钮则需要验证方可访问。

⑦ 登录方式选择结束后，下一步为设置【Anonymous home directory】（匿名主目录）选项，如图 6-18 所示，此处选择 "F:\"。

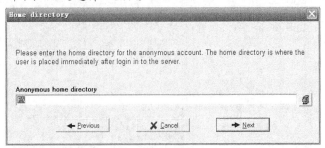

图6-18　匿名主目录选择

⑧ 后面各项设置如下描述。

- 【Lock anonymous users in to their home directory】（将用户锁定在刚才选定的主目录中吗）：即是否将上步的主目录设为用户的根目录，一般选 "Yes"。
- 【Create named account】（建立其他账号吗）：此处询问是否建立普通登录用户账号，一般选 "Yes"。
- 【Account login name】（用户登录名）：普通用户账号名，如输入 "nanshan"。
- 【Password】（密码）：设定用户密码。由于此处是用明文（而不是 ＊）显示所输入的密码，因此只输一次。
- 【Home directory】（主目录）：输入（或选择）此用户的主目录。
- 【Lock anonymous users in to their home directory】（将用户锁定在主目录中吗）：一般选 "Yes"。
- 【Account admin privilege】（账号管理特权）：一般使用它的默认值 "No privilege"（普通账号）。

⑨ 各项设置完成后，即完成 FTP 站点基本设置，如图 6-19 所示。由图可见，现在已经建好了一个 FTP 站点，且正在运行，其中服务器名为 "ftp.ysl.com"。用户有两个，一个为 "Anonymous"，可以提供匿名登录，且不需要登录密码；另一个为 "yanshulei"，需要登录验证。

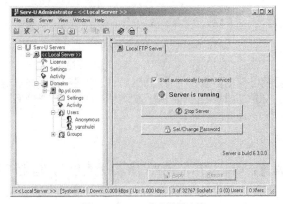

图6-19　Serv-U 基本设置完毕

⑩ 测试。使用另一台计算机在浏览器中输入：ftp://218.194.59.205（或者ftp://ftp.ysl.com）查看是否能够登录成功，同时在 Serv-U 软件中单击"Local Server"列表中的"Activity"选项，查看用户活动日志，如图 6-20 所示，有一个活动用户。

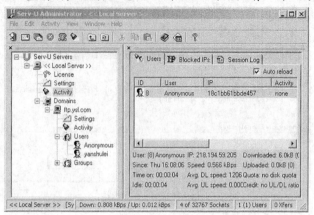

图6-20 站点测试

(2) 基本权限设置。

① 选中某个用户，此处选择用户"yanshulei"，选择【Dir Access】选项卡。

② 设置此用户在它的"Path"（主目录）是否对文件拥有"Read"（只读）、"Write"（写）、"Append"（写和添加）、"Delete"（删除）、"Execute"（执行）、"List"（显示文件和目录的列表）、"Create"（建立新目录）、"Remove"（修改目录，包括删除、移动、更名）、"Inherit"等权限，如图 6-21 所示。

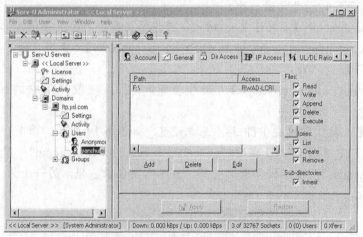

图6-21 基本权限设置

要点提示　对于匿名用户的登录，为保证站点的安全性，建议大家将访问路径设置为"只读（read）"，以免主机资源因访问用户使用不当而造成丢失或破坏。

案例小结

Serv-U 是一款非常流行而又实用的 FTP 站点设置工具，但由于它是英文软件，且现在汉化版并不是很理想，因此设置起来可能会有些困难，希望大家在实际设置时一定要仔细。

6.4 DHCP 服务器的安装和配置

动态主机配置协议（DHCP）是一种简化主机 IP 配置管理的 TCP/IP 标准。DHCP 标准为 DHCP 服务器的使用提供了一种有效的方法，即管理 IP 地址的动态分配以及网络上启用 DHCP 客户机的其他相关配置信息。

TCP/IP 网络上的每台计算机都必须有唯一的计算机名称和 IP 地址。IP 地址（以及与之相关的子网掩码）标识主机及其连接的子网。将计算机移动到不同的子网时，必须更改其 IP 地址。DHCP 允许从本地网络上的 DHCP 服务器 IP 地址数据库中为客户机动态指派 IP 地址，对基于 TCP/IP 的网络，DHCP 减少了重新配置计算机所涉及的管理员的工作量和复杂性。

表 6-1 所示为 Windows Server 2003 DHCP 常用的术语表，理解这些术语对正确配置 DHCP 服务器非常关键。

表 6-1   DHCP 常用术语

术　语	说　　明
作用域	用于网络的可能 IP 地址的完整连续范围。作用域通常定义提供 DHCP 服务的网络上的单独物理子网。作用域还为服务器提供管理 IP 地址的分配和指派，以及与网上客户相关的任何配置参数的主要方法
超级作用域	用于支持相同物理子网上多个逻辑 IP 子网的作用域的管理性分组。超级作用域仅包含可一起激活的成员作用域或子作用域。超级作用域不用于配置有关作用域使用的其他详细信息。如果想配置超级作用域内使用的多数属性，需要单独配置成员作用域
排除范围	作用域内从 DHCP 服务中排除的有限 IP 地址序列。排除范围确保在这些范围中的任何地址都不是由网络上的服务器提供给 DHCP 客户机的
地址池	在定义 DHCP 作用域并应用排除范围之后，剩余的地址在作用域内形成可用地址池。分池中的地址适合于由服务器到用户网络上 DHCP 客户机的动态指派
租约	租约是客户机可使用 DHCP 服务器指定的 IP 地址时间长度。租用给客户时，租约是活动的。在租约过期之前，客户机一般需要通过服务器更新其地址租约指派。当租约期满或在服务器上删除时，租约是非活动的。租约期限决定租约何时期满以及客户需要用服务器更新它的次数
保留	使用保留创建 DHCP 服务器的永久地址租约指派。保留确保了子网上指定的硬件设备始终可使用相同的 IP 地址
选项类型	选项类型是 DHCP 服务器在向 DHCP 客户机提供租约服务时指派的其他客户机配置参数。例如，某些公用选项包含用于默认网关（路由器）、WINS 服务器和 DNS 服务器的 IP 地址。通常，为每个作用域启用并配置这些选项类型。DHCP 控制台还允许用户配置由服务器上添加和配置的所有作用域使用的默认选项类型。虽然大多数选项都是在 RFC 2132 中预定义的，但若需要的话，可使用 DHCP 控制台定义并添加自定义选项类型
选项类别	选项类别是一种可供服务器进一步管理提供给客户的选项类型的方式。当选项类别添加到服务器时，可为该类别的客户机提供用于其配置的类别特定选项类型。对于 Windows XP 操作系统，客户机也可指定与服务器通信时的类别 ID。对于不支持类别 ID 过程的早期 DHCP 客户机，服务器可配置成默认类别以便在将客户机归类时使用。选项类别有两种类型：供应商类别和用户类别

【例6-6】 DHCP 安装过程。

Windows Server 2003 操作系统提供了 DHCP 服务，允许服务器在网络上配置启用 DHCP 的客户机。本案例以 Windows Server 2003 操作系统为背景，讲述 DHCP 的安装过程。

基础知识

DHCP 的用途如下。

(1) 配置安全：DHCP 避免了由于需要手动在每个计算机上输入值而引起的配置错误。

(2) 防止地址冲突：有助于防止由于在网络上配置新的计算机时重用以前指派的 IP 地址而引起的地址冲突。

(3) 减少配置管理：使用 DHCP 服务器可以大大降低用于配置和重新配置网上计算机的时间。

 步骤解析

(1) 选择【开始】/【设置】/【控制面板】命令，在打开的【控制面板】窗口中双击【添加或删除程序】图标，打开【添加或删除程序】窗口。

(2) 在【添加或删除程序】窗口中单击【添加/删除 Windows 组件】图标，弹出【Windows 组件向导】对话框，在【组件】列表框中勾选【网络服务】复选框，如图 6-22 所示。

(3) 单击 详细信息(D)... 按钮，弹出图 6-23 所示对话框。

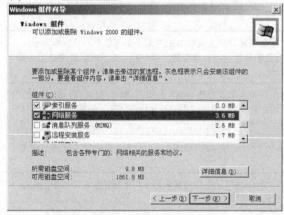

图6-22 添加 DHCP 服务

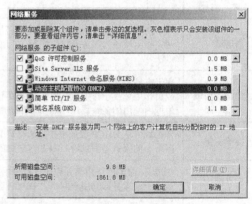

图6-23 DHCP 服务

(4) 在【网络服务的子组件】列表框中，勾选【动态主机配置协议（DHCP）】复选框，然后单击 确定 按钮。系统会查找 Windows 文件夹位置，在指定路径以后，将自动完成 DHCP 服务的安装。

(5) 重新启动计算机，就可以使用 DHCP 服务器软件了。

 **案例小结**

安装 DHCP 服务以后，在配置服务器窗口中可以查看，如果正确安装，窗口会提示已经安装。然后可以对 DHCP 进行配置和管理，如图 6-24 所示。

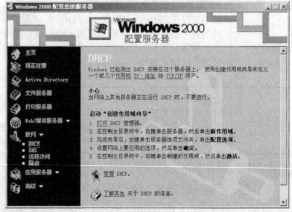

图6-24 管理 DHCP 服务器

【例6-7】 创建 DHCP 新作用域。

DHCP 的功能就是通过设置其作用域来实现的，在进行域创建之前首先要申请一批 IP 地址，当计算机比较多的时候，对计算机一一设置 IP 地址非常麻烦，此时，有效创建 DHCP 新作用域就显得尤为重要了。

 基础知识

DHCP 作用域：由一系列 IP 地址组成，DHCP 服务器能将其分配或租借给 DHCP 客户。例如，xxx.107.3.51～xxx.107.3.200，这里的 xxx 是 IP 地址的前 8 位字节的任何有效数字。

 步骤解析

(1) 选择【开始】/【程序】/【管理工具】/【DHCP】命令，打开 DHCP 管理控制台窗口。

(2) 在 DHCP 管理控制台窗口中，用鼠标右键单击 DHCP 服务器，在快捷菜单中选择【新建作用域】命令，如图 6-25 所示。

(3) 在弹出的【新建作用域向导】对话框中，单击 下一步> 按钮，出现一个要求输入创建的作用域的名称和描述窗口，填写相关内容后，单击 下一步> 按钮，进入

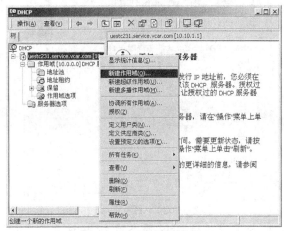

图6-25 DHCP 管理控制台窗口

【IP 地址范围】向导页，要求填写 IP 地址范围，在这里可以输入起始 IP 地址和结束 IP 地址，还可以指定子网掩码的长度，向导默认的长度是 8，应该根据具体网络范围确定长度，这里选择 24 位，如图 6-26 所示。

(4) 单击 下一步> 按钮，进入【添加排除】向导页，如图 6-27 所示。

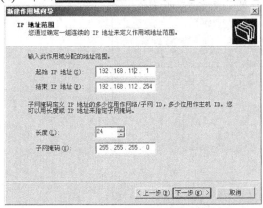

图6-26 确定地址范围和子网掩码

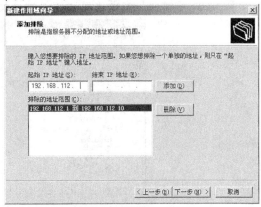

图6-27 添加排除 IP 地址

(5) 可以填写起始 IP 地址和结束 IP 地址，然后单击 添加① 按钮，将填写的 IP 地址添加到【排除的地址范围】列表框。如果还需要添加其他范围的保留地址，可以再次执行同样的操作。填写完毕，单击 下一步> 按钮，向导将要求指定租约期限，租约期限指定了客户端使用 IP 地址的时间期限，默认是 8 天，可以自己根据实际情况进行设置。设置

租约期限以后，单击 下一步＞ 按钮，弹出【配置 DHCP 选项】对话框，这里可以选择 DHCP 的配置选项。然后单击 下一步＞ 按钮，进入【路由器（默认网关）】向导页，要求指定路由器 IP 地址，如图 6-28 所示。在【IP 地址】文本框输入 IP 地址，然后单击 添加(D) 按钮，将默认网关的 IP 地址添加进去。

(6) 指定默认网关的 IP 地址以后，单击 下一步＞ 按钮，进入【域名称和 DNS 服务器】向导页，如图 6-29 所示。在这里需要指定父域的名称。例如，"VCAR.COM"。另外，还需要指定域名服务器的名称和 IP 地址。如果需要测试服务器是否正确，可以单击 解析(E) 按钮；如果需要增加 DNS 服务器，可以单击 添加(D) 按钮，将所有 DNS 服务器的 IP 地址加入到列表框。

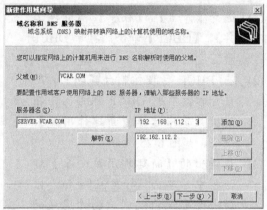

图6-28 指定默认网关 IP 地址　　　　图6-29 指定父域名称和 DNS 服务器

(7) 指定域名和 DNS 服务器 IP 地址后，单击 下一步＞ 按钮，向导将要求指定 WINS 服务器名称和 IP 地址，设置和上一步设置 DNS 服务器类似。

(8) 设置 WINS 服务器名称和 IP 地址后，单击 下一步＞ 按钮，向导将提示是否现在激活作用域，如果需要现在激活，可以点选【是，我想现在激活此作用域】单选钮；否则点选【否，我将稍后激活此作用域】单选钮。单击 下一步＞ 按钮弹出完成对话框，单击 完成 按钮，完成作用域的创建。最后结果如图 6-30 所示。

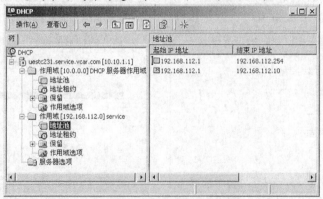

图6-30 新创建的作用域

案例小结

　　DHCP 的设置一般都要设置新作用域时才能用到，设置完成后可以通过运行服务器来验证，这种方法在网吧的管理中经常用到。

6.5 DNS 配置

不管是在局域网还是互联网上，人们都面临一个同样的问题：计算机在网络上通信时只能识别如"192.168.112.1"之类的 IP 地址，为什么在浏览器的地址栏中输入如"www.uestc.edu.cn"的域名后，就能看到所需要的页面呢？

大多数人都不愿记忆枯燥的数字，而希望记忆对方服务器的名称（域名）。因此，网络协议设计者需要设计一个"翻译"系统来解决 IP 地址和域名之间的转换工作。DNS 即域名服务器就能把域名转换成计算机能够理解的 IP 地址。例如，如果想访问中央电视台的网站(www.cctv.com)，DNS 就将网址"www.cctv.com"转换成 IP 地址"210.77.132.1"，这样用户就可以找到存放中央电视台网站内容的网络服务器了。

【例6-8】 DNS 配置方法。

假设本机拥有一个"192.168.23.51"的 IP 地址，现在想要让它与"test.com.cn"，"www.test.com.cn"和"ftp.test.com.cn"3 个域名对应起来。

假设本机还拥有如"192.168.23.110"和"192.168.23.111"的 IP 地址，也想要让它们分别和"www.lan.com"及"lan.test.net"两个域名对应起来。

 基础知识

DNS 服务器：用于 TCP/IP 网络（如一般的局域网或互联网等）中，它用相对友好的名称（如"www.sohu.com"）代替难记的 IP 地址（如"21.85.251.1"）以定位计算机和服务。例如，只要是用到如"www.sohu.com"之类域名的地方，都要确保已为此名字在 DNS 服务器中做好了与相应 IP 地址的映射工作。

 步骤解析

(1) 添加 DNS 服务。

① 打开【控制面板】窗口，双击【添加或删除程序】图标，在弹出的【添加或删除程序】窗口中单击【添加/删除 Windows 组件】图标，弹出【Windows 组件向导】对话框。

② 在对话框的【组件】列表框中双击【网络服务】选项，在弹出对话框中勾选【DNS 服务器】复选框，最后单击 确定 按钮即可。

(2) 设置步骤。

① 选择【开始】/【程序】/【管理工具】/【DNS】命令，打开 DNS 控制台管理器（以下简称 DNS 管理器）。

② 建立"test.com.cn"区域。在 DNS 管理器的"UESTC231"（笔者使用的服务器名称）选项上单击鼠标右键，从快捷菜单中选择【新建区域】命令，弹出【新建区域向导】对话框。当向导提示选择【区域类型】时，应点选【标准主要区域】单选钮，如图 6-31 所示。

③ 在【正向或反向搜索区域】向导页中点选【正向搜索区域】单选钮，各步选择之后都是单击 下一步(N) > 按钮继续。随后在【名称】文本框中输入"test.com.cn"。接着进入【区域文件】向导页，默认情况下系统会自动选中【创建新文件，文件名为】选项，

并在其后所示的文本框中自动填入 "test.com.cn.dns"（"test.com.cn" 部分即为上步所输入的 "区域名"）。

④ 再根据系统提示确认各项之后即可完成此区域的建立。此时在 DNS 管理器左边的窗格中选择【UESTC231】/【正向搜索区域】选项即可以看到 "test.com.cn" 区域。

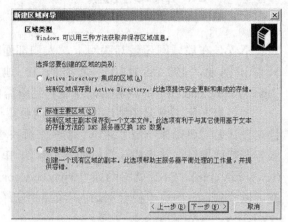

图6-31 新创建的作用域

⑤ 接着在 "test.com.cn" 区域上单击鼠标右键，在快捷菜单中选择【新建主机】命令，在弹出对话框中的【名称】文本框中输入主机名 "www"。在【IP 地址】文本框中输入 IP 地址 "192.168.23.51"。再单击 添加主机 按钮，即成功地创建了主机地址记录 "www.test.com.cn"。在【新建主机】窗口单击 完成 按钮即可回到 DNS 管理器中。

⑥ 再在 "test.com.cn" 区域中单击鼠标右键，在快捷菜单中选择【新建别名】命令，在弹出对话框中的【别名】文本框中输入 "ftp"，在【目标主机的完全合格的名称】文本框中输入 "www.test.com.cn"，确认后即可为 "www.test.com.cn" 建立一个名为 "ftp.test.com.cn" 的别名记录。

⑦ 再用和上步类似的方法来为 "www.test.com.cn" 建立一个名为 "test.com.cn" 的别名记录，唯一不同的是，它建立时【名称】文本框不用填，保持为空即可。

⑧ 当以上全部记录建立好之后，就可以在 DNS 管理器中看到相关的 DNS 映射记录表。如果在【查看】菜单中选择【高级】命令，则表中【类型】选项就会由中文名（例如 "服务器"）显示为其英文名称（例如 "SERVER"）。

⑨ 要实现目标 2，可以依据前面讲述的内容把 "lan.com" 作为区域并按前文所述方法建立好之后，再在其下建立名为 "www" 的主机，将其 IP 地址对应到 "192.168.23.110" 即可。

⑩ 把 "test.net" 作为区域建立好之后，再在其下建立名为 "lan" 的主机，将其 IP 地址对应到 "192.168.23.111"。

案例小结

　　DNS 域名服务器是服务器站点发布到网络上的重要管理工具，如果 DNS 设置不当，就会对访问服务器的用户造成很大的不便，从而造成资源共享和交流的困难。

6.6 电子邮件服务器配置

　　电子邮件可以在支持特定协议的各个邮件服务器之间进行转发。电子邮件服务器通常采用邮局协议（Post Office Protocol，POP3）接收电子邮件，而发送邮件一般使用 SMTP。因此，我们对邮件服务器进行配置，一般就是针对发送和接收服务器进行设置。运行 SMTP 的服务器是邮件发送服务器，因此指定发送服务器通常就是指定 SMTP 服务器。而接收邮件时，采用 POP3 服务器，就像邮政局一样，POP3 服务器可以将电子邮件存储在该服务器。

目前，能够用来构建邮件服务器的软件很多，而且许多软件是免费使用的。本节将以 Microsoft Exchange Server 2003 企业版为例，介绍其在 Windows Server 2003 下安装和设置的全过程。

对于客户端的电子邮件发送与接收，既可以选择使用 WWW 服务器以网页浏览的方式，也可以使用 Windows 操作系统绑定的 Outlook Express 工具，对前一种方法相信大家已经很熟悉了，在此不再多讲，本节将讲述如何使用 Outlook Express 进行电子邮件的发送和接收。

【例6-9】 Exchange Server 2003 邮件服务器配置。

通常的邮件服务器是 Exchange Server 和 IMail Server。这两个软件功能都十分强大，前者一般适合在企业内部网中使用，而后者具有英文 Web 界面、不支持新邮件账户申请、Web 方式对中文的兼容性较差等缺点，因此更适合做互联网上的邮件服务器。

📚 基础知识

(1) 软件安装系统支持：确保系统已经升级成了域控制器，安装了 Active Directory（活动目录）。假设本服务器的计算机名为"uestc440"，域名为"mail"，上级域名为"vcar.com"，则本机的 Active Directory 域名为"mail.vcar.com"（它同时也将是邮件服务器名），而完整的计算机名则为"uestc440.mail.vcar.com"。

(2) NNTP 与 SMTP 要求：确保网络新闻传输协议（Network News Transfer Protocol，NNTP）和简单邮件传输协议（Simple Mail Transfer Protocol，SMTP）两种服务已经安装在计算机服务器上。如果还没有安装，可以打开【Intenret 信息服务（IIS）】对话框，勾选其中所有选项进行安装，如图 6-32 所示。

(3) 配置权限：登录账户必须拥有修改根域的配置容器的权限，并且它必须是以下 3 个 小 组 中 的 一 员 " Enterprise Admins "，

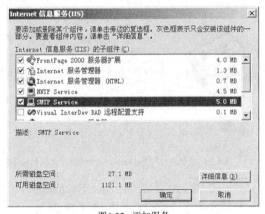

图6-32 添加服务

"Domain Admins"和"Schema Admins"。即它必须至少属于其中的某一个小组。目录"MDBData"必须为空。它所在的默认路径为"C:\EXCHSRVR\MDBDATA"，其中 C 盘为 Windows 系统文件所在的分区。

(4) DNS 与 DHCP 服务要求：系统需要 DNS 和 DHCP 两种服务。添加方法可参看上述案例。

🔧 步骤解析

和其他 Widows 软件相同，Exchange Server 2003 的安装也相对比较容易。下面逐步介绍其安装和配置过程。

(1) Exchange Server 2003 的安装。

① 进入安装光盘的 "setup\i386" 目录，运行其中的 "Setup.exe" 文件即可开始安装。如果本机安装了终端服务，则需要在【控制面板】窗口中双击【添加或删除程序】图标，在弹出的【添加或删除程序】窗口中单击 （添加新程序）按钮，再单击 光盘或软盘(F) 按钮，然后选择安装程序位置后单击 下一步(N)> 按钮即可。

② 此 时 弹 出 【 Microsoft Exchange Server 2003】对话框，选择【部署】选项栏中的【Exchange 部署工具】选项，如图 6-33 所示。

③ 弹出【Exchange Server 部署工具】对话框，首先进入【欢迎使用 Exchange Server 部署工具】向导页，选择【部署第一台 Exchange 2003 服务器】选项，如图 6-34 所示，随之进入【部署第一台 Exchange 2003 服务器】向导页，选择【安装全新的 Exchange 2003】选项，如图 6-35 所示。

图6-33 【Microsoft Exchange Server 2003】对话框

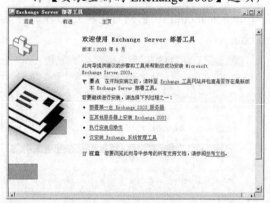

图6-34 【欢迎使用 Exchange Server 部署工具】向导页

图6-35 【部署第一台 Exchange 2003 服务器】向导页

④ 在 【 安 装 全 新 的 Exchange 2003】向导页中选择【立即运行安装程序】选项，开始安装程序，如图 6-36 所示。

⑤ 弹出【Microsoft Exchange 安装向导】对话框，在【欢迎使用 Microsoft Exchange 安装向导】向导页中单击 下一步(N)> 按钮，如图 6-37 所示，随之进入【许可协议】向导页，选中【我同意】单选按钮，如图 6-38 所示。

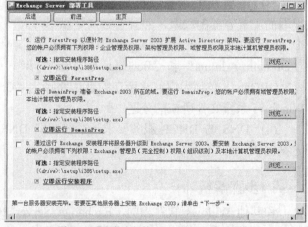

图6-36 【安装全新的 Exchange 2003】向导页

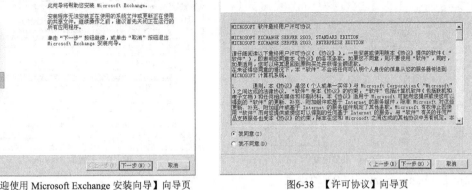

图6-37 【欢迎使用 Microsoft Exchange 安装向导】向导页　　　图6-38 【许可协议】向导页

⑥ 直接单击 下一步(N) > 按钮继续安装。随之出现【组件选择】向导页，此时可以有选择性地安装需要的内容。默认情况下，安装之后的文件会保存在"C:\Exchsrvr"目录中，通常使用推荐的"Typical"（典型）方式来进行安装即可，如图 6-39 所示。

⑦ 在如图 6-40 所示的【组织名】向导页中创建一个组织名称，然后单击 下一步(N) > 按钮。

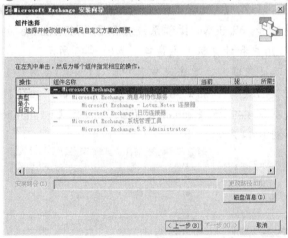

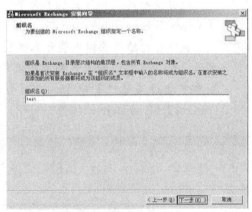

图6-39 【组件选择】向导页　　　　　　　　图6-40 【组织名】向导页

⑧ 当系统询问关于协议许可方面的问题时，勾选【我同意】复选框以继续安装工作。在弹出的【安装摘要】向导页中，显示的是刚才已选择好的安装组件，确认无误后单击 下一步(N) > 按钮。

⑨ 在进度对话框中显示的是正在进行安装的组件及其安装进度，如图 6-41 所示，这个过程不需要做其他任何选择或输入。整个过程大约 2 个小时的时间。

⑩ 当等待几个小时以后，安装向导对话框将提示安装完成。

● 选择【开始】/【程序】命令，将会发现其中新增了【Microsoft Exchange】命令。为了以后操作方便，应将常用的【Active Directory Users and Computers】（活动目录的用户和计算机）和【System Manager】（系统管理器）分别在桌面上创建快捷方式。

⑫ 选择【开始】/【程序】/【管理工具】/【服务】命令后将会打开【服务】窗口，在这里可以看到相关服务选项，包括在安装 Exchange Server 2003 前所装上的 Windows 操作系统自带的【Simple Mail Transport Protocol（SMTP）】服务，均处于"已启动"状态，如图 6-42 所示。

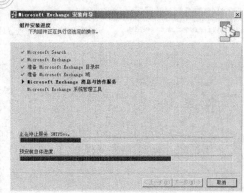

图6-41 安装进度

图6-42 安装的 Exchange 服务

(2) Exchange Server 2003 的设置。

设置 Exchange Server 2003 主要包括以下步骤。

① 系统原有用户电子邮件账户的建立。Exchange 将使用 Windows 操作系统的用户库作为自己的用户库，不过并非所有用户都自动拥有相应的电子信箱，还需要为所需的用户建立一个信箱才行（仅限于原已建立好的用户）。

② 选择【开始】/【程序】/【Microsoft Exchange】/【Active Directory Users and Computers】（活动目录的用户和计算机）命令，进入和 Windows 操作系统整合了的 Exchange 的【Active Directory Users and Computers】（用户和计算机）主窗口，如图 6-43 所示。

③ 在主窗口左边的目录树中展开本机的活动目录域名，单击选中其中的【Users】（用户）选项。然后在右边的用户列表中选中要建立电子信箱的用户，单击鼠标右键，在快捷菜单中选择【属性】命令。此时可以看到其中与 Exchange 有关的只有【Exchange Features】（Exchange 的特性）一项，如图 6-44 所示。

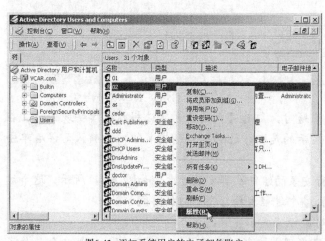

图6-43 添加系统用户的电子邮件账户

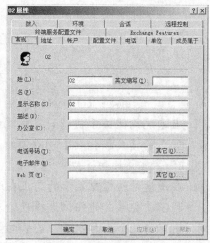

图6-44 系统用户账户信息

④ 对图 6-44 所示账户信息观察以后，可以了解一些用户的信息。如果没有必要，可以关闭此用户的属性对话框，再在用户名称上单击鼠标右键，在快捷菜单中选择【Exchange Tasks】（Exchange 任务）命令以开始邮件的建立工作。

⑤ 接着出现的是【Welcome to the Exchange Task Wizard】（欢迎来到 Exchange 任务向导）对话框，建议勾选【Do not show this Welcome page again】（不再显示此欢迎屏幕）复选框，然后再单击 下一步(N) 按钮继续。

⑥ 在【Available Tasks】（可供选择的任务）界面中单击选中【Create Mailbox】（建立邮箱）选项，单击 下一步(N)> 按钮，如图 6-45 所示。

⑦ 然后是具体的 "Create Mailbox"（建立邮箱）过程。在【Alias】（别名）文本框输入邮箱的别名，此名可以和用户名保持一致（默认），也可以另外选择，只要不是中文字符的名字均可。然后在【Server】（服务器）下拉列表中系统会自动填上服务器的名字，而【Mailbox Store】（邮箱存储）下拉列表也不用做任何改动，具体如图 6-46 所示。

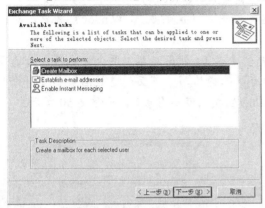
图6-45 创建邮件账户

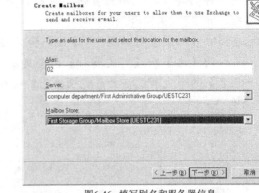
图6-46 填写别名和服务器信息

⑧ 当邮箱最终建立成功之后将进入【Completing the Exchange Task Wizard】（结束 Exchange 任务向导）窗口，并在 "Task summary"（任务摘要）下有邮箱的相关信息。最后单击 "完成" 按钮即可完成此次的邮箱建立操作。

⑨ 这时再在此用户名上单击鼠标右键，在快捷菜单中选择【属性】命令，会看到选项卡与原来的相比，又多出了【Exchange General】（Exchange 常规）和【E-mail Addresses】（E-mail 地址）两项，如图 6-47 所示。

> 要点提示　这里假设用户名为 "yanshulei"，而活动目录域名为 "vcar.com"，则此用户信箱建立好之后，它便拥有了一个名为 "yanshulei@vcar.com" 的 E-mail 地址。而它的 SMTP 服务器和 POP 服务器地址均为 "vcar.com"，它们在升级到域后便已自动在 DNS 服务器中建立好了，可以直接使用，不再需要去建立 DNS 映射记录，如图 6-48 所示。

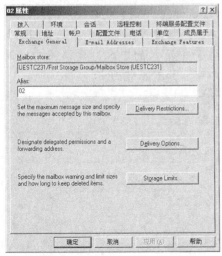
图6-47 创建邮件账户以后的信息

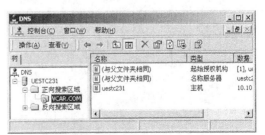
图6-48 创建邮件账户的信息

(3) 创建新邮件账户。

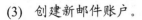

第 6 章　架设局域网服务器

143

由于 Exchange 安装之后就已经与 Windows 操作系统整合了，因此在系统中已建立好的或是新建的用户，都可以成为 Exchange 中的账号。

① 欲新建一个邮件用户，只需选择【开始】/【程序】/【Microsoft Exchange】/【Active Directory Users and Computers】（活动目录的用户和计算机）命令，然后在"目录树"中的【Users】选项上单击鼠标右键，在快捷菜单中选择【新建】/【用户】命令。也可通过选择【开始】/【程序】/【管理工具】/【Active Directory 用户和计算机】命令实现同样的操作，这两种方法均可打开新建邮件用户（同时也是 Windows 用户）对话框，如图 6-49 所示。

② 在用户资料配置对话框中，【姓】和【用户登录名】（即用户名）两个文本框是必填项目，而【名】和【英文缩写】两个文本框可以选择填写，下面的【姓名】和【用户登录名】两个文本框将由系统根据已填项目自动生成，可不用修改，如图 6-50 所示。

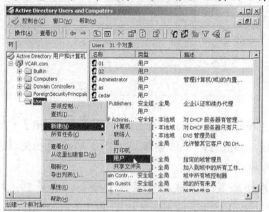

图6-49 添加新的账户

图6-50 创建用户信息

③ 接下来需按要求填写【密码】和【确认密码】两个文本框，并确保已勾选【密码永不过期】复选框，其他项目均建议不要选择，特别是【账户已停用】复选框，如果选中该项，此用户就被禁止生效了，如图 6-51 所示。

④ 在后面的提示中，如果需要此 Windows 用户账号同时为 Exchange 账号，则必须确保已勾选【Create an Exchange mailbox】（建立一个 Exchange 邮箱）复选框；反之，如果只想它是普通的 Windows 用户，不兼作邮件用户名，则该选项不能选中。在【Alias】（别名）文本框中将自动被填上前面【用户登录名】中填入的内容，建议不要做改动。【Server】（服务器名）等项目也取其默认选项即可，如图 6-52 所示。

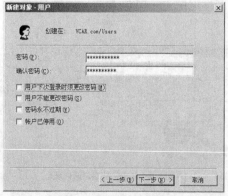

图6-51 选择用户登录信息

图6-52 填写服务器信息

⑤ 最后根据提示，单击 完成 按钮即可完成此邮件用户的建立。

案例小结

由于 Exchange Server 2003 的安装过程很长（往往需要 2～3 个小时左右），为了防止安装过程中因意外事故（例如停电）的发生而造成前功尽弃，应事先做好相关防范工作。

【例6-10】 Windows Outlook Express 的使用和设置。

要收发 Internet 电子邮件，可以采用 WWW 和邮件客户端软件两种方式。如果邮件服务器没有提供 WWW 浏览方式，那么，必须对邮件客户端软件进行设置。在 Windows 操作系统上，比较著名的邮件客户端软件有 Outlook Express，Netscape 和 Foxmail 等。

基础知识

(1) Windows Outlook Express：Windows 操作系统绑定的客户端电子邮件系统软件，用于设置进行邮件发送和接收。

(2) SMTP 和 POP3：SMTP 用于提交和传送电子邮件，通常用于把电子邮件从客户机传输到服务器以及从某一服务器传输到另一个服务器；POP3 提供信息存储功能，负责为用户保存收到的电子邮件，并且从邮件服务器上下载取回这些邮件。

(3) 服务器域名地址：一般发送邮件服务器以 SMTP 开头，接收邮件服务器以 POP3 开头。但是也有例外，例如，某些公司的发送和接收邮件服务器域都相同。本案例中接收邮件服务器地址为 "pop3.163.com"，发送邮件服务器地址为 "SMTP.163.com"。

步骤解析

案例背景：假设作者已经在网易公司的免费邮件系统中申请了电子邮件账户 "xiongying123@163.com"。现在需要使用 Outlook Express 进行邮件的接收和发送（当然，网易公司可以提供 WWW 浏览方式进行邮件阅读）。Windows Outlook Express 的使用和设置步骤如下。

(1) 初始化设置。

① 选择【开始】/【程序】/【Outlook Express】命令，将出现【Outlook Express】窗口，如图 6-53 所示。

图6-53 Outlook Express 主界面

② 在图 6-53 所示窗口中选择【工具】/【账户】命令，将弹出图 6-54 所示的【Internet 账户】对话框，单击 添加(A) ▶按钮后选择【邮件】命令，将弹出图 6-55 所示的【Internet 连接向导】对话框。

图6-54 添加邮件账户

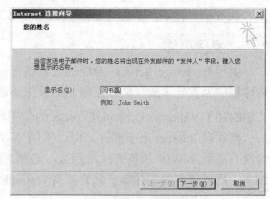

图6-55 邮件账户设置向导

③ 在【显示名】文本框中输入外发邮件时要显示的名称，单击 下一步(N) 按钮，在电子邮件账户中填写需要接收邮件的电子邮件账户，例如，这里填写 "xiongying123@163.com"，然后单击 下一步(N) 按钮，弹出图 6-56 所示的界面，在这里需要填写接收邮件服务器和发送邮件服务器的域名。单击 下一步(N) 按钮后将弹出图 6-57 所示的界面，这里需要填写账户和密码，如果想以后不填写密码，可以勾选【记住密码】复选框。填写账户和密码以后，单击 下一步(N) 按钮将提示已经完成向导的设置工作，单击 完成 按钮完成设置工作。

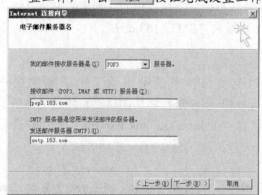

图6-56 设置接收和发送邮件服务器域名

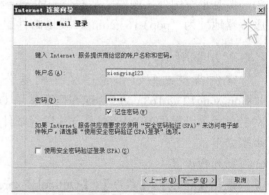

图6-57 填写账户信息和密码

(2) 安全认证。

第一步操作完成后，应该可以正常接收邮件，不过发送邮件有可能会出现问题。在其他设置都正常的情况下，此错误提示应该是"由于服务器拒绝接受发件人的电子邮件地址，这封邮件无法发送"等，如图 6-58 所示。

上述不能正常发送电子邮件的原因是，大多数邮件服务器都要求进行安全认证，因此，需要重新对发送邮件服务器进行设置。具体方法如下。

图6-58 发送邮件服务器设置不正确

① 在【Intrenet 账户】对话框中双击需要进行设置的账户，弹出【pop3.163.com 属性】对话框，切换到【服务器】选项卡，如图 6-59 所示框。

② 勾选【我的服务器要求身份验证】复选框进行发送邮件服务器设置工作。如果对发送邮件服务器感兴趣，可以单击 设置(E)... 按钮，弹出如图 6-60 所示界面。一般而言，发送邮件和接收邮件服务器的账号信息是相同的，因此直接点选【使用与接收邮件服务器相同的设置】单选钮即可。如果的确需要重新输入账号和密码，也可以直接输入其他信息。

 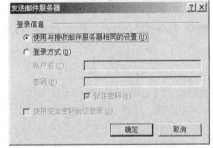

图6-59 设置发送邮件服务器　　　　　　　　图6-60 发送邮件服务器设置

(3) 邮件服务器设置。

① 选择【开始】/【程序】/【Microsoft Exchange】/【System Manager】（系统管理器）命令，打开 Exchange 的系统管理器。然后在左边的目录树中选择【Servers】/【SERVER】/【SMTP】（其中 SERVER 为服务器名）选项，再在右边的栏目列表中选中【Default SMTP Virtual Server】（默认的 SMTP 虚拟服务器）选项，并在其上单击鼠标右键，在快捷菜单中选择【属性】命令。

② 在 SMTP 虚拟服务器的属性窗口中选择【Access】（存取）项，然后单击【Access Control】（存取控制）中的 Authentication （认证）按钮来进行存取属性设置。最后在【Authentication】对话框中勾选【Anonymous access】（匿名存取）复选框以设置成使用 SMTP 服务器时不需要输入用户名和密码来进行验证。

 案例小结

Outlook Express 的设置必须要仔细，每一步都有比较重要的作用，一旦设置不当，就会造成邮件发送和接收的失败，因此，在实际操作中，一定按照上述步骤顺次设置，以免造成失误。

6.7 综合案例

【例6-11】 配置服务器基本功能。

服务器配置是局域网组网初始必须做的工作，特别是在网吧或企业内部，组建局域网的一项重要内容就是要使服务器提供应有的功能，本案例将介绍对于一台刚安装好系统的服务器，应增加哪些基本配置。

 步骤解析

(1) 安装 IIS。依次选择【控制面板】/【添加或删除程序】/【添加/删除 Windows 组件】/【Windows 组件向导】命令。在【Windows 组件向导】对话框的【组件】列表框中选择【Internet 信息服务（IIS）】选项，然后单击 详细信息(D)... 按钮，选中【Internet 信息服务管理单元】、【公用文件】和【万维网服务】3 个选项，选择完毕后单击 确定 按钮，如图 6-61 所示。

(2) 配置 Web 站点。选择【开始】/【管理工具】/【Internet 信息服务】命令，在【Internet 信息服务】对话框左侧栏中的【默认 Web 站点】选项上单击鼠标右键，从快捷菜单中选择【属性】命令，开始配置 IIS 的默认站点，如图 6-62 所示。

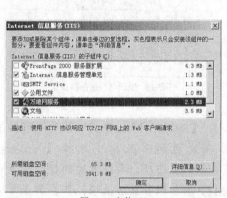

图6-61 安装 IIS

图6-62 配置 Web 站点属性

(3) 在【默认 Web 站点属性】对话框中分别设置各选项卡的内容，具体可参考相关案例描述。

(4) Web 站点发布。在默认站点上单击鼠标右键，在快捷菜单中选择【新建】/【Web 站点】命令，出现新的站点向导，根据提示对站点的 IP 地址和端口进行设置。将新建的主页文件复制到指定的目录中，在站点的属性中将【文档】窗口中的主文档设置成当前主页。

(5) 配置 FTP 站点。在【Internet 信息服务（IIS）】选项里选择【默认 FTP 站点】，单击鼠标右键，从快捷菜单中选择【属性】命令，打开相应的对话框，对 FTP 站点进行设置。设置选项包括【FTP 站点】、【安全账号】、【消息】、【主目录】、【目录安全性】等选项卡，具体设置参看例 6-4。也可以使用 FTP 软件进行设置，具体设置方式参看例 6-5。

(6) 配置邮件服务器。进入安装光盘的 "setup\i386" 目录，运行其中的 "Setup.exe" 文件进行安装。根据 Exchange Server 2003 安装向导（Install Wizard）顺序安装。安装完毕后出现【Components Selection】（组件选择）的界面，选择默认安装，安装之后的文件会保存在 "C:\Exchsrvr" 目录中。选择【开始】/【程序】/【Microsoft Exchange】/【Active Directory Users and Computers】（活动目录的用户和计算机）命令，对邮件服务器进行详细设置，具体方法可参看例 6-9。

(7) DNS 设置。打开【控制面板】窗口，选择【添加或删除程序】/【添加/删除 Windows 组件】/【Windows 组件向导】/【网络服务】/【DNS 服务器】添加 DNS 服务。选择【开始】/【程序】/【管理工具】/【DNS】命令，打开 DNS 控制台管理器对 DNS 服务器进行设置。

案例小结

　　服务器配置还有很多，最基本的就是 IIS，FTP，DNS，DHCP 等的设置，服务器配置随不同应用而有差别，当确定不使用某项功能时，应及时清理服务器系统，删除某些不适用的配置，使服务器性能始终保持在最优的状态。

6.8　实训

　　服务器的配置主要包括 IIS 设置、Web 站点配置、FTP 站点配置、电子邮件服务器配置，DNS 域名服务器配置等，本节针对在个人计算机可实现的操作，为读者提供几个能够完成的实训练习，目的是要读者掌握配置各种应用服务器组件的一般流程和主要方法。

6.8.1　安装 IIS

操作要求

- 掌握查找 IIS 的方法。
- 掌握安装 IIS 的方法。
- IIS 内所包含的信息选项。

步骤解析

(1) 打开【控制面板】窗口，双击【添加和删除程序】图标，在【添加和删除程序】对话框左侧选择 Windows 组件，找到【Internet 信息服务（IIS）】选项。

(2) 选中【Internet 信息服务（IIS）】选项，单击 详细信息 (D)... 按钮，查看弹出对话框中所列的选项。

(3) 选择要安装的组件后，单击 下一步 (N) > 进行安装操作。

6.8.2　配置 FTP 站点

操作要求

- 理解 FTP 站点的含义。
- 熟悉如何设置 FTP 站点。

步骤解析

(1) 下载 FTP 站点服务器端软件 Serv-U（也可以到网上搜索其他服务器端软件）。

(2) 安装 Serv-U，注意选择合适的安装路径，建议安装在 D 盘自己新建的文件夹中。

(3) 按照设置向导进行主目录站点设置。

(4) 配置管理信息，包括流量控制、用户访问权限等。

(5) 运行，使用另一台计算机测试站点设置是否成功。

6.8.3 使用 Outlook Express 工具发送电子邮件

 操作要求

- 熟悉 Windows 操作系统自带电子邮件工具 Outlook Express 的使用。

 步骤解析

(1) 选择【开始】/【所有程序】/【Outlook Express】命令，打开【Outlook Erpress】窗口。

(2) 选择【工具】/【账户】命令进行新建账户设置。

(3) 设置自己的邮箱账号，按照提示操作步骤设置（注意一定要搞清楚接收邮件和发送邮件服务器的名称，一般接收为 POP3，发送为 SMTP）。

(4) 编辑一封邮件，向自己的邮箱里发送，并检查发送是否成功。

习题

一、填空题

1. _____是 Internet Information Server 的缩写，它是微软公司主推的信息服务器。

2. IIS 的设计目的是_____。

3. 每个 Web 站点都具有唯一的、由 3 个部分组成的标识用来接收和响应请求，分别是_____、_____和_____。

4. TCP 端口的默认端口是_____。

5. FTP（File Transfer Protocol）是_____的简称，是网络计算机之间用来进行文件传输的协议，FTP 特别适合传送较大的文件。

6. HTTP 的默认端口是 80，FTP 的默认端口是_____，FTP 需要两个端口，一个端口是作为控制连接端口，也就是 21 这个端口，用于_____；另一个端口是_____端口，端口号为"20"（仅 PORT 模式），用来建立数据传输通道。

7. FTP 连接模式有_____和_____两种。_____模式是主动模式，_____是被动模式。

8. 动态主机配置协议_____是一种简化主机 IP 配置管理的 TCP/IP 标准。

9. DHCP 的用途主要有_____、_____和_____。

10. DNS 服务器的主要功能是_____。

11. 电子邮件服务器通常采用_____协议接收电子邮件，而发送邮件一般使用_____协议。

12. Exchange Server 2003 邮件服务器配置必须安装 NNTP 和_____服务。

13. Windows 操作系统绑定的客户端电子邮件系统软件是_____。

二、简答题

1. 上机练习如何安装 IIS。

2. 简述 IIS 的配置流程。

3. 分析 FTP 站点相对于 Web 站点的优点。

4. 列举 DHCP 常用术语。

5. 举例说明 DNS 服务器的主要功能。

6. 简述 Windows Outlook Express 的设置过程。

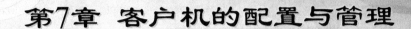

第7章 客户机的配置与管理

局域网是由服务器和许多客户机组成的系统。客户机就是网络用户使用的计算机，用户通过使用客户机来共享网络资源。完成服务器的安装和配置以后，还应该对客户机进行软件和硬件的安装和配置。本章主要介绍网络中客户机的配置方法，这也是读者应该掌握的基本内容。

学习目标

- 掌握客户机的基本概念。
- 掌握客户机硬件系统配置。
- 掌握客户机的系统备份与还原。
- 掌握客户机共享资源设置。
- 了解 DNS 和 WINS 设置。
- 掌握如何利用代理软件设置代理服务器。

7.1 客户机概述

通常所说的客户机就是指我们经常使用的 PC，对客户机配置主要有两个方面，即硬件和软件。硬件就是组成计算机的各种配件，软件指操作系统及各种应用软件。

个人计算机基本的分类有两种，一种是品牌机，另一种是组装机。品牌机质量和售后服务相对好些，但价格也要高得多；组装机价格比较便宜，也比较方便维护，对于一般用户，建议购买组装机。客户机和服务器硬件结构大同小异，也是由 CPU、主板、内存、显卡、网卡、硬盘、电源、机箱、光驱（软驱）、显示器、音箱等构成，表 7-1 所示为当前市场上的组装机硬件配置情况（数据来自中关村在线网站）。

表 7-1 客户机配置

名称	市 场 产 品	性能	价格（元）
CPU	Intel 和 AMD	随型号不同而各有差异，主要分单核、双核两种	300～2 500
主板	华硕、磐正、顶星、昂达、微星、七彩虹等	芯片组：ATI，Intel，nFore4 系列。CPU 插槽：AMD，Intel。超线程：支持、不支持。内存插槽：是否双通道、支持类型 DDR 或 DDRII；是否集成显卡。接口：AGP，PCI	350～15 000
内存条	金士顿、威刚、胜创、三星、宇瞻、金邦等	传输类型：DDR，SDRAM，DDRII。容量：32MB～2GB	100～1 500
显卡	七彩虹、双敏、微星等	接口类型：AGP，PCI，PCI-E。显卡芯片：ATI，GeForce，Quadro 等。容量：32MB～640MB。显卡散热：散热片、风扇	150～10 000

名称	市场产品	性能	价格（人民币）
硬盘	希捷、西部数据、迈拓、日立、三星	容量：10GB～400GB 以上。转数：7200～10 000	200～1 500
显示器	三星、飞利浦、美格、明基等	分类：液晶、台式	600～4 000 以上
光驱	三星、飞利浦、技嘉、NEC、台电等	光驱性能：刻录、非刻录	150～500 以上

网络中客户机的操作系统各有差别。例如，有的计算机安装了 DOS 操作系统，有的计算机是 Linux 操作系统或者是 Windows 操作系统。

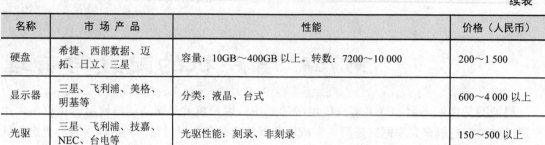

7.2 客户机硬件组装与系统维护

作为网络管理员，除了具备网络方面的技能外，还应了解计算机硬件和系统维护的相关知识，当然，在目前的客户机硬件配置过程中并不需要用户自己动手去安装配件，而只要把需要的配置告诉计算机售货员就可以了。对于操作系统和应用软件的安装，则需要管理员有相当熟练的技能；否则，在网络维护过程中出现计算机中毒等问题需要重装系统就非常困难了。

【例7-1】 客户机硬件系统组装。

计算机硬件系统组装主要是硬件的选配与装配，如果是单机配置，建议在计算机市场直接由售货商来装配；如果是批量配置，可以自己购买配件进行配置。本案例主要介绍如何选配一台计算机。

 基础知识

(1) 主频：即 CPU 内部核心工作的时钟频率，单位一般是兆赫兹（MHz）。

(2) 外频和倍频数：外频即 CPU 的外部时钟频率。CPU 的主频与外频的关系是：CPU 主频=外频×倍频数。

(3) 双核处理器：指在一个处理器上集成两个运算核心，从而提高计算能力。

 步骤解析

1. 选择 CPU

目前市场上只有两种 CPU 芯片，即 AMD 和 Intel，如果需要处理大量数据或进行批量运算，可以考虑双核 CPU，主频选择一般和产品推出时间成正比，由于目前两个厂家在技术上都不断进步，因此选择哪种品牌已无很大差别，但后者在价格上要明显高些。图 7-1 所示为 CPU 在主板上的插座实物图。

2. 选择主板

主板选择主要考虑是否需要集成显卡，集成显卡是否要预留 AGP 槽以便日后升级，内存槽和 PCI 槽数量。图 7-2 所示为主板上的内存插槽实物图。

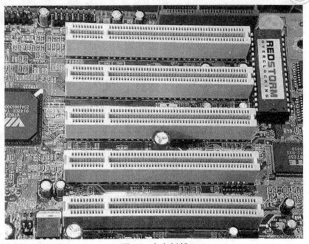

图7-1 CPU 芯片插座　　　　　　　　　　图7-2 内存插槽

3. 选择显卡

选择显卡主要就是考虑芯片厂商、容量和散热方式 3 个方面，芯片厂商主要有 ATI，Geforce。这两款芯片都是目前一线的产品，并且价格也非常合理；容量可根据自己需要确定，对于做图像处理或者玩 3D 游戏的用户，可以选择 128MB 或 256MB 的显存，价格在 400 元～600 元；散热方式主要有两种，一种是散热片方式，另一种是风扇式。风扇式容易损坏，建议选择散热片式，但由于目前市场上散热片式较少，对选择上可能会带来些困难。

4. 选择内存

选择内存条一般要看内存接口方式和容量两个方面，目前较流行的内存条是 DDR2 或 DDR3，但选购时要注意一定要和主板接口统一；另外就是内存容量的选择，目前内存大小主要有 1GB、2GB 等，可以根据需要选择。

> **要点提示**　购买时一定注意购买主流品牌（如金士顿、三星、宇瞻等）的新产品，查验时注意不要被欺骗购买到旧翻新的产品，此外内存条都具有"防呆"（防止安装时安装错误）凹槽，可以方便地安装。

5. 选择硬盘

硬盘选择主要是容量的选择，由于目前硬盘容量大幅提高，加之价格相差不大，建议选择容量大些为宜，现在市面上主要的硬盘容量为 250GB、320GB、500GB 甚至 1TB 以上，可以根据需要选择。

6. 选择电源

电源要选择品牌厂家产品，如长城、世纪之星、航嘉等，电源质量不好会产生很大噪声，也会对系统产生影响，因此一定要注意。

 案例小结

配置一台计算机要注意市场行情，随着技术的不断提高，产品性能换代很快，因此实际购置时要根据市场状况来配置，以使所选配置达到物有所值。表 7-2 所示为当前市场一般配置的一套方案，可用于普通办公环境。

表 7-2   普通办公用机配置方案

配件类别	产品名称	主要参数	目前参考报价
CPU	Intel Celeron 双核 E3200（散）	双核心，45nm 制程，主频 2 400MHz，总线频率 800MHz，二级缓存 1MB，插槽类型 LGA 775	260 元
主板	映泰 G31-M7 TE	集成显卡/声卡/网卡，LGA 775 插槽，总线频率 1600MHz，支持 DDR2 800 内存（VGA 接口），采用 Intel G31+ICH7 芯片组	379 元
内存	金士顿 1GB DDR2 800	类型 DDR2，容量 1GB，工作频率 800MHz	150 元
硬盘	WD 320GB 7200 转 16MB（串口/YS）	硬盘容量 320GB，接口类型 SATA，缓存 16MB，转速 7200 转/分，接口速率 Serial ATA 300	275 元
显卡	主板集成	无	0 元
显示器	美格 GMC1960	显示屏尺寸 19 英寸，最佳分辨率 1 440 像素×900 像素，接口类型 D-Sub，亮度 250 cd/m2，对比度 10000:1，黑白响应时间 5ms	699 元
光驱	华硕 DVD-E818A3	DVD-ROM，缓存容量 198 KB	115 元
机箱和电源	大水牛 A0707（带电源）	机箱结构 ATX/MicroATX，电源功率 240W	190 元
鼠标和键盘	LG 黑珍珠防水套装	有线光电，PS/2 接口	60 元

价格总计：2 133 元

备注：此价格来源于"中关村在线"2011 年 1 月报价

【例7-2】 使用 Ghost 进行磁盘备份和恢复。

重装系统是一件非常烦琐的事情，很多情况下只是被迫重装，并且在系统盘 C 盘内有许多并不想删除或更改的文件，在这种情况下，有没有更方便快捷的方法来避免重装系统所带来的时间和精力上的浪费呢？答案是肯定的，本案例将讲述如何使用 Ghost 软件进行系统的备份和还原。

 基础知识

（1）Ghost：Ghost 软件是赛门铁克公司（Symantec）的一个拳头软件，Ghost（General Hardware Oriented Software Transfer，面向通用型硬件传送软件）又名"克隆"软件，主要用于将磁盘内的文件进行备份，在当前的计算机维护中应用广泛。

（2）系统备份：使用 Ghost 进行系统备份，有整个硬盘（Disk）和分区硬盘（Partition）两种方式。在菜单中选择"Local"（本地）项，在右面弹出的菜单中有 3 个子项，其中"Disk"表示备份整个硬盘（即克隆），"Partition"表示备份硬盘的单个分区，"Check"表示检查硬盘或备份的文件，查看是否可能因分区、硬盘被破坏等造成备份或还原失败。分区备份作为个人用户来保存系统数据，特别是在恢复和复制系统分区时具有实用价值。

（3）备份恢复：如果硬盘中备份的分区数据受到损坏，用一般数据修复的方法不能修复，以及系统被破坏后不能启动，都可以用备份的数据进行完全的复原而无须重新安装程序或系统。当然，也可以将备份还原到另一个硬盘上。

步骤解析

操作系统和必要的应用软件安装完毕后，就可以对系统盘或整个硬盘进行备份操作，在系统数据受到损坏而无法正常修复时，可以用备份的数据进行恢复。操作步骤如下。

(1) 准备阶段。

① 安装 Ghost 软件，到网上下载或者从其他计算机复制一个软件，并记住该软件所放置的路径（一般放在 D 盘或 E 盘根目录下，注意千万不能放在 C 盘，因为要备份系统盘），本案例放在 E 盘根目录下。软件图标如图 7-3 所示。

② 重新启动计算机，进入 DOS 系统，在 DOS 系统中启动软件 Ghost，如图 7-4 所示。

图7-3 Ghost 软件图标

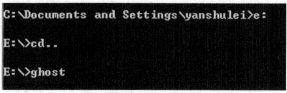

图7-4 在 DOS 系统中启动 Ghost

③ 打开图 7-5 所示的 Ghost 界面，在界面中有【Local】,【Peer to peer】,【GhostCast】等可选命令。

(2) 分区备份。

① 在 Ghost 界面中选择【Local】/【Partition】/【To Image】命令，按 Enter 键进入下一步操作。

 要点提示

若没有鼠标，或者鼠标操作无效，可用键盘进行操作：按 Tab 键进行切换（白色代表移动切换中选中），按 Enter 键进行确认，按方向键进行选择。

② 在弹出的窗口中标识着要备份的分区，"1" 代表系统盘 C 盘；"2" 代表分区盘 D 盘，如图 7-6 所示。

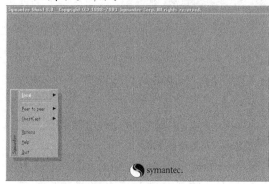

图7-5 Ghost 界面

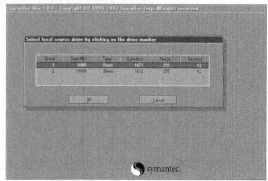

图7-6 选择要备份的分区

③ 选择系统盘 C 盘做备份（即选择 "1"），单击 [OK] 按钮，按 Enter 键进入备份文件存储格式选择界面，如图 7-7 所示，一般情况下按照默认选择 Fat32 格式，单击 [OK] 按钮，按 Enter 键进入备份文件存储路径选择界面，如图 7-8 所示。

④ 在弹出的窗口中选择备份储存的目录路径，本例选择 E 盘根目录，备份文件名称为 "yanshulei.gho"，注意备份文件的名称带有 .gho 的后缀名。单击 [Save] 按钮进入下一步。

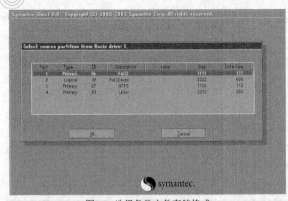

图7-7　选择备份文件存储格式

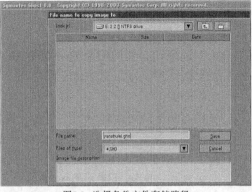

图7-8　选择备份文件存储路径

⑤ 在弹出的对话框中会询问备份文件是否压缩，并给出 3 个选择：No 表示不压缩，Fast 表示压缩比例小而执行备份速度较快，High 表示压缩比例高但执行备份速度相当慢，如图 7-9 所示。此处单击 Fast 按钮进行压缩安装，在弹出的对话框中单击 Yes 按钮即开始进行分区硬盘的备份。Ghost 备份的速度相当快，备份的文件以.gho 为后缀名储存在设定的目录中。

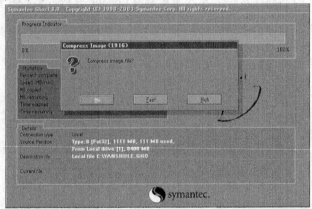

图7-9　选择是否压缩备份文件

(3) 硬盘克隆与备份。

硬盘的克隆就是对整个硬盘的备份和还原。

① 在图 7-5 所示界面中选择【Local】/【Disk】/【To Disk】命令，在弹出的窗口中选择源硬盘（第 1 个硬盘），然后选择要复制到的目标硬盘（第 2 个硬盘）。注意：可以设置目标硬盘各个分区的大小，如图 7-10 所示。此外，Ghost 还可以自动对目标硬盘按设定的分区数值进行分区和格式化。单击 Yes 按钮开始执行。

② Ghost 能将目标硬盘复制成与源硬盘几乎完全一样，并实现分区、格式化、复制系统和文件一步完成，只是要注意目标硬盘不能太小，必须能将源硬盘的数据内容装下。Ghost 还提供了一项硬盘备份功能，就是将整个硬盘的数据备份成一个文件保存在硬盘上，选择【Local】/【Disk】/【To Image】命令，就可以随时还原到其他硬盘或源硬盘上，这对安装多个系统很方便，使用方法与分区备份相似。

(4) 备份还原。

① 要恢复备份的分区，在初始界面中选择【Local】/【Partition】/【From Image】命令，弹出图 7-11 所示的对话框，选择还原的备份文件。

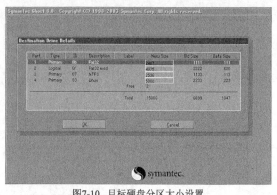

图7-10 目标硬盘分区大小设置　　　　　　　　　　　图7-11 系统备份还原

② 本例选择 E 盘的"yanshulei.gho"文件，再选择还原的硬盘和分区，单击 ＿Yes＿ 按钮
等待备份结束即可。

案例小结

　　备份文件主要是对系统盘的操作系统源程序和注册表中的文件进行备份，因此当安装了应用程序之后，只要是安装需要写入注册表信息的应用程序都可以安全恢复。备份文件的恢复也只是恢复备份之前的系统盘所有文件，如果是备份文件后再安装某些应用程序，则不能安全恢复，必须在备份恢复之后重新安装。此外，系统备份也可以使用某些软件进行，如现在较流行的系统备份还原软件"一键 Ghost 还原精灵"等。

7.3 客户机网络设置

　　客户机在连接网络以后，需要对网络资源进行访问。例如，需要访问打印服务器的打印机或者需要提供共享设置。另外，对于使用域服务器的网络，还需要理解 DNS 服务器和 WINS 服务器的设置。本节将详细介绍这些内容。

【例7-3】　设置共享资源。

　　如果希望其他网络用户能够访问本地计算机的资源，还需要添加文件和打印机共享。

步骤解析

(1) 共享向导设置。

① 选择【开始】/【设置】/【控制面板】/【网络安装向导】命令，弹出图 7-12 所示的【网络安装向导】对话框。单击 下一步(N) > 按钮进入下一步操作。

② 经过默认操作之后，进入【选择连接方法】向导页，如果是宽带连网，选择第 1 项；如果是通过局域网连接，则选择第 2 项。本例选择第 2 项，单击 下一步(N) > 按钮。

③ 在【给这台计算机提供描述和名称】向导页中分别设置【计算机描述】、【计算机名】和【工作组名】，可以根据自己的喜好设置不同的名称。各步操作结束后，进入【文件和打印机共享】向导页，如图 7-13 所示。点选【启用文件和打印机共享】单选钮，单击 下一步(N) > 按钮。

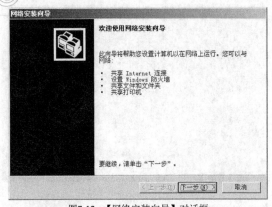

图7-12 【网络安装向导】对话框

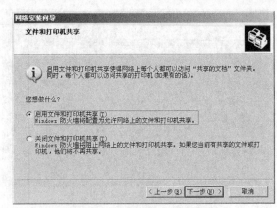

图7-13 选择文件和打印机共享

④ 在随后的操作中点选【完成该向导，我不需要在其他计算机上运行该向导】单选钮。单击 下一步(N) > 按钮进入确认对话框，单击 完成 按钮完成安装，确认后重新启动计算机即可进行共享资源设置。

(2) 访问共享打印机设置。

① 打开网上邻居，查看工作组计算机，即可看到局域网内共享的资源，如图 7-14 所示。

② 单击左侧列表中的【打印机和传真】选项，打开【打印机和传真】窗口，单击 添加打印机 按钮，弹出【添加打印机向导】对话框，进行共享打印机选择，此处点选【网络打印机或连接到其他计算机的打印机】单选钮，单击 下一步(N) > 按钮，如图 7-15 所示。

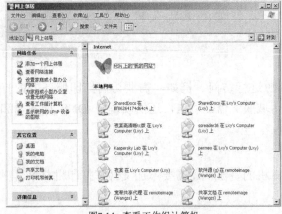

图7-14 查看工作组计算机

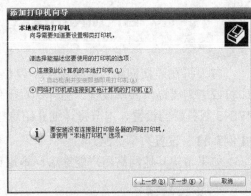

图7-15 选择要查找的网络打印机位置

③ 在【指定打印机】向导页中点选【浏览打印机】单选钮，如图 7-16 所示，单击 下一步(N) > 按钮。

④ 在【浏览打印机】向导页中选择自己需要的打印机（也可在上一步操作中点选【连接到这台打印机】单选钮，输入打印机名称搜索需要的打印机），如图 7-17 所示，就可以使用所选的打印机进行打印操作了。另外，还可以选择是否将该打印机设置为默认打印机，如果设置成默认打印机，即使客户机本地具有打印机，在打印时，使用的打印机仍然是服务器上的打印机。使用网络打印机和本地打印机没有任何区别，都是针对打印机名称进行使用。

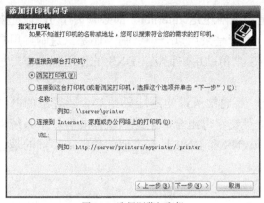

图7-16 选择浏览打印机　　　　　　　　　　图7-17 选择要查找的打印机

(3) 共享文件设置。

① 找到需要共享的文件或文件夹，单击鼠标右键，在弹出的快捷菜单中选择【共享和安全】命令（也可以选择【属性】命令），如图 7-18 所示。本案例选择 F 盘，进入下一步。

② 在弹出的图 7-19 所示的【娱乐盘（F：）属性】对话框中，点选【共享此文件夹】单选钮，单击 权限 按钮，可以对共享文件夹的共享模式进行设置，一般为了防止他人恶意破坏文件夹内的资源，建议将权限设为"只读"。此外，单击 缓存 按钮可以允许访问用户暂时将文件存放到共享文件夹中。设置完成后，单击 应用(A) 或者 确定 按钮即可完成操作，访问者可通过【网上邻居】或直接在浏览器中输入本地计算机的 IP 地址来查看共享文件夹。

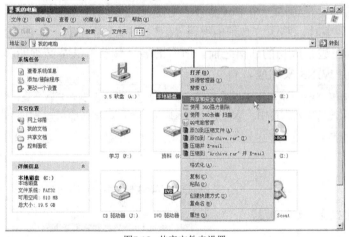

图7-18 共享文件夹设置

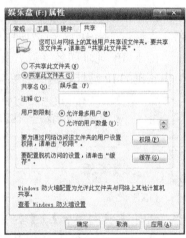

图7-19 将文件夹设置为共享

案例小结

共享资源设置在实际生活中应用得非常广泛，特别是在学校或办公室内，经常需要相互传送文件，此时，共享文件夹就成了相互之间进行信息交流和共享的重要工具。因此，熟练掌握共享资源的原理和设置方法，对以后的工作将有很大帮助。

【例7-4】 DNS 和 WINS 设置。

计算机需要通过网络进行资源共享，DNS 提供域名和 IP 地址的转换，可以使用户方便地输入网址、浏览网页。在局域网内，一般都是按计算机名标识不同的计算机，WINS 提供计算机 NetBIOS 名称和 IP 地址的转换，使用户能够在局域网内进行信息的交流。

所有使用 TCP/IP 进行通信的网络，无论是局域网还是 Internet，都必须使用 IP 地址来标识计算机。IP 地址是一个 4 字节的长整数，不管是采用点分十进制，还是二进制，用户记忆都十分困难。因此，人们使用域名服务 DNS 来帮助用户记忆，DNS 的作用就是在二进制 IP 地址和容易记忆的文字之间进行转换。

计算机要上网就要从浏览器输入网络地址，而通常所说的网址只是某个要登录的网站的域名，网络只确认 IP 地址，而无法确认这些英文字母组合，因此，就需要有一个系统来将域名和 IP 地址进行相互转换，这就是 DNS。WINS 和 DNS 具有类似的功能，不同的是它是将 NetBIOS 和 IP 地址进行相互转换。

 基础知识

(1) 域名：采用文字来表示 IP 地址的一种方法，可以将域名理解为 IP 地址的别名，这样，用户只需要记忆名称，不用记忆数字。

(2) DNS：网络中计算机之间通信仍然使用二进制的 IP 地址。因此，网络必须提供域名服务才能在 IP 地址和名字之间进行转换。这个工作就由网络中 DNS 域名服务器来完成。

(3) NetBIOS（Network Basic Input/Output System，网络基本输入/输出系统）：1983 年 IBM 公司开发的一套网络标准，之后微软公司在其基础上继续开发。在局域网内，网络上的每一台计算机都必须唯一地与 NetBIOS 名等同起来。一个 NetBIOS 名称包含 16 个字符。每个名称的前 15 个字节是用户指定的，第 16 个字符被 Microsoft NetBIOS 客户用做名称后缀，用来标识该名称，并表明用该名称在网络上注册的资源的有关信息。

(4) WINS：每个 NetBIOS 名称都配置成一个唯一的（专有的）名称或组（非专有的）名。当通过 NetBIOS 会话使用该名字时，发送方必须能够将 NetBIOS 名转化为一个 IP 地址。由于 IP 地址和名字都需要，在进行成功的通信之前，所有的名字转换方法都必须能够给出正确的 IP 地址，这一转换就由 WINS 来完成。

要点提示 NetBIOS 可以泄漏用户的计算机名和工作组。有不少人会用自己的真实姓名做计算机名称，还有将自己的单位名称作为工作组。这样很容易根据某个人的固定信息找到某个人的 IP 地址。

 步骤解析

(1) DNS 设置。

① 选择【网上邻居】/【本地连接】/【属性】/【Internet 协议（TCP/IP）】/【属性】命令，弹出【Internet 协议（TCP/IP）属性】对话框，在该对话框中单击 高级(V)... 按钮，进入下一步。

② 在弹出的【高级 TCP/IP 设置】对话框中切换【DNS】选项卡，如图 7-20 所示。

③ 单击 添加(A)... 按钮添加 DNS 的 IP 地址，单击 编辑(E)... 按钮修改 DNS 地址，可以通过右边的箭头改变 DNS 的顺序。

(2) WINS 设置。

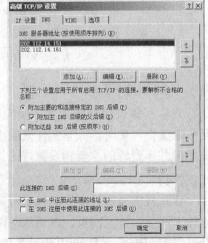

图7-20 DNS 设置

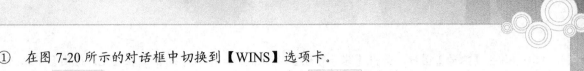
① 在图 7-20 所示的对话框中切换到【WINS】选项卡。

② 单击 添加(A)... 按钮添加 WINS 的 IP 地址，单击 编辑(E)... 按钮修改 WINS 地址，可以通过右边的箭头改变 WINS 的顺序。

案例小结

对于客户机，不一定非要添加 WINS，但 DNS 是必须要添加的，在设置 IP 地址时，应同时设定 DNS 服务器地址。

【例7-5】 使用 CCProxy 设置代理服务器。

在局域网内如果只有一个账号或者 IP 地址可以访问外部网络，其他客户机能不能同时上网呢？答案是可以的，主要方法就是将一台计算机设置为代理服务器，本案例基于当前比较流行的代理服务器软件 CCProxy 来讲述如何设置代理服务器。

基础知识

(1) 代理服务器（Proxy Server）：是介于浏览器和 Web 服务器之间的另一台服务器，使用代理服务器，浏览器不是直接到 Web 服务器去取回网页而是向代理服务器发出请求，信号会先送到代理服务器，由代理服务器来取回浏览器所需要的信息并传送给用户的浏览器。

(2) 代理服务器功能：由于代理服务器主要工作在 OSI 参考模型的会话层，从而可以起到防火墙的作用；所有用户对外只占用一个 IP，节省 IP 开销。

(3) CCProxy：代理服务器软件，主要用于局域网内共享宽带上网，ADSL 共享上网、专线代理共享、ISDN 代理共享、卫星代理共享、蓝牙代理共享、二级代理等共享代理上网。CCProxy 主要有两大功能：代理共享上网和客户端代理权限管理。只要局域网内有一台机器能够上网，其他机器就可以通过这台机器上安装的 CCProxy 来代理共享上网，最大程度地减少了硬件费用和上网费用。用户只需要在服务器上 CCProxy 代理服务器软件里进行账号设置，就可以方便地管理客户端代理上网的权限。

步骤解析

(1) 服务器端设置。

① 下载最新版本的 CCproxy 软件（又叫遥志代理，可以在华军软件站或天空软件站下载），安装到指定文件夹。

② 单击桌面上的 CCProxy 快捷图标运行软件，如图 7-21 所示。

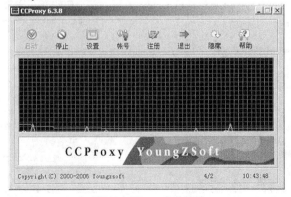

图7-21 CCProxy 软件界面

③ 单击【账号】图标，弹出【账号管理】对话框，如图 7-22 所示，在【允许范围】下拉列表中选择【允许部分】选项。单击 新建 按钮，弹出【账号】对话框，如图 7-23 所示，其中【用户名/组名】文本框可自己定义填写要代理的客户机的名称，以方便管理。【密码】文本框为客户机允许的密码，可根据情况选择是否设置。【IP 地址/IP 段】文本框为输入要代理的客户机的 IP 地址，建议代理验证选择该项，其中客户端的 IP 地址设置最后 3 位只要和其他客户机不同即可。其他选项选择默认设置。设置完毕后单击 保存 按钮。

图7-22 【账号管理】对话框

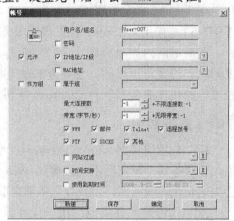

图7-23 【账号】对话框

④ 重复上述操作，继续添加用户，直到所有需要代理的客户机添加完毕，单击图 7-22 中的 确定 按钮即可完成操作。

⑤ 如果需要进行缓存或者二级代理等高级操作，可单击图 7-21 中的【设置】图标进行高级设置。无特殊要求选择默认设置即可。

(2) 客户端设置。

① 用鼠标右键单击桌面上的 "Internet Explorer" 图标，从快捷菜单中选择【属性】命令，在弹出对话框中切换到【连接】选项卡，单击 局域网设置(L) 按钮，弹出图 7-24 所示的【局域网（LAN）设置】对话框。勾选【代理服务器】选项区中的【为 LAN 使用代理服务器（这些设置不会应用于拨号或 VPN 连接）】复选框，单击 高级 按钮，进入下一步操作。

② 弹出【代理服务器设置】对话框，在【服务器】选项区中【Socks】选项的【代理服务器地址】一栏填写服务器端的 IP 地址，在【端口】一栏填写 1080（端口号可能随网络不同而有差别），如图 7-25 所示，单击 确定 按钮完成操作。

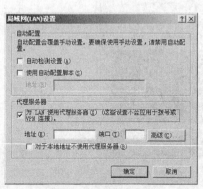

图7-24 客户端代理选择

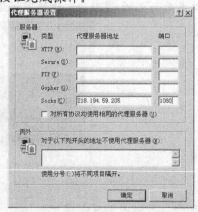

图7-25 【代理服务器设置】对话框

(3) QQ 代理设置。

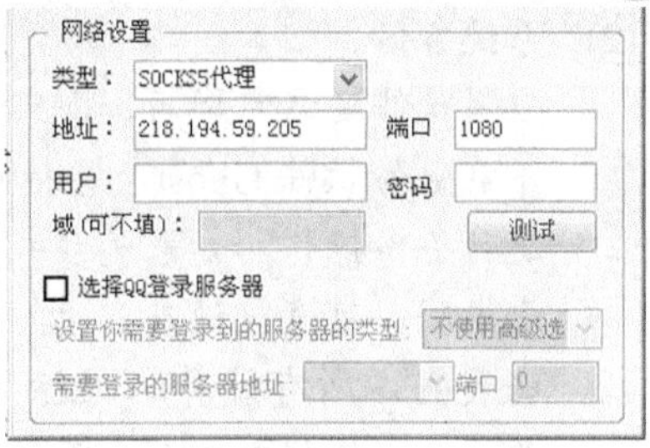

① 打开 QQ 运行程序，单击 按钮，打开【高级设置】下拉列表，在【网络设置】选项区的【类型】下拉列表中选择"SOCKS5 代理"选项，在【地址】文本框输入服务器端地址，在【端口】文本框输入网络段端口，进入下一步操作，如图 7-26 所示。

图7-26 QQ 代理设置

② 返回登录窗口，即可使用代理服务器进行登录。

案例小结

目前，在许多学校和公司内部都设置了账号管理服务器，通过账号登录外部网络。此外，由于 IP 地址日益紧缺，企业内部每台计算机都设置一个 IP 地址的可能性非常小，因此，在办公室内设置代理就成了许多办公网络常用的方法了。

7.4 综合案例

如何更有效地维护自己的计算机，如何避免在系统出问题之后为重装系统而带来的麻烦，如何连机实现资源共享。这些问题都是我们经常遇到但又不太好解决的问题，下述案例就讲述如何合理地配置自己的计算机，使它更大限度地为我们服务。

【例7-6】 寝室计算机组网配置与管理。

基础知识

应用软件：指提供某种特定功能的软件，一般都运行在操作系统之上，由专业人员根据各种需要开发。我们平时见到和使用的绝大部分软件均为应用软件，如杀毒软件、文字处理软件、学习软件、游戏软件、上网软件等。

步骤解析

(1) 应用软件安装。

① 安装路径。应用软件如 Office 系列软件、QQ 软件、Photoshop、Visual C++、游戏软件等建议安装在 D 盘，因为作为系统盘的 C 盘内装有操作系统文件、各种硬件驱动、注册表信息等关乎系统生命的文件，如果在 C 盘内安装太多应用软件势必导致系统文件的冲突或损坏，从而导致系统无法正常运行。

② 软件安装格式。应用软件的安装主要分两种情况，一种是安装写入注册表信息软件，另一种是直接运行软件。对于前一种，在程序安装过程中应该会看到，安装时如果显示"正在写入注册表信息"等内容，表明该软件信息正在写入注册表，这样的软件如果在系统备份后安装，当恢复备份后由于注册表被修改就不能正常使用了，如 Photoshop，Visual C++，Visual.Net，Office 等都是这样的软件，建议读者在安装好这些重要的应用软件之后再做备份。后一种软件不论何种情况下只要软件本身无损伤就可以顺利使用，如通常使用的下载工具迅雷、BT 等。

(2) 系统备份。

应用软件安装完毕后，即可进行备份操作。

① 下载备份软件 Ghost，重新启动计算机，进入 DOS 系统，运行 Ghost 软件。

② 进行备份操作，如果是台式机，建议将备份文件设在 E 盘或 F 盘；对于较低端的笔记本电脑，可直接设在 D 盘。

③ 将寝室内所有计算机进行系统备份，以防止因为不正当操作或中病毒而造成系统文件损坏。

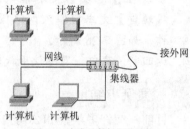

图7-27 寝室计算机网络结构

(3) 网络连接。

购买一款集线器（或交换机），准备足够的网线（已做好接头），将各台计算机通过集线器连接起来。其网络结构如图 7-27 所示。

(4) 安装网络协议。

① 安装 TCP/IP：依次选择【网上邻居】/【属性】/【本地连接】/【属性】/【Internet 协议（TCP/IP）】/【安装】命令进行设置。

② 添加 DNS 和 WINS：依次选择【网上邻居】/【属性】/【本地连接】/【属性】/【Internet 协议（TCP/IP）】/【属性】/【高级】/【DNS】/【WINS】命令进行设置。

(5) 设置文件夹共享。

参见例 7-3。

(6) 设置代理服务器。

代理服务器设置需要注意的是，用做服务器的计算机要选择性能好一些的，否则会造成网络速度减慢，另外做服务器的计算机要长时间工作，对硬件特别是硬盘多少会有所损伤，具体设置参见例 7-5。

案例小结

寝室内的计算机上网会带来很多问题，如网速过慢、病毒感染、系统瘫痪等。遇到这样的问题一定不要惊慌，有很多问题解决起来其实是很简单的。希望读者细心学习、仔细观察，为以后熟练地维护计算机系统打下基础。

7.5 实训

相对于服务器和网络结构的知识，客户机的配置及网络连接要直观和简单得多。除了硬件之外，还有文件共享、网络连接、计算机维护等多方面的知识，如果很好地掌握了计算机的这些方面，对于充分利用自己的计算机，提高工作效率将有很大帮助。

7.5.1 制作系统备份文件

 实训要求

· 熟悉系统备份的原理。

- 熟悉软件的使用。
- 熟练掌握系统备份的方法和步骤。

 步骤解析

(1) 下载磁盘备份软件 Ghost，并记住软件所放置的位置。
(2) 重新启动计算机，进入 DOS 系统，通过 DOS 界面运行软件 Ghost，进入操作界面。
(3) 选择备份文件的目标路径，进行备份。

7.5.2 使用备份文件恢复磁盘镜像

 实训要求

- 理解系统恢复的概念。
- 掌握系统恢复的方法和步骤。

 步骤解析

(1) 记住曾经做过的备份文件路径，重新启动计算机，进入 DOS 系统。
(2) 从 DOS 系统运行软件 Ghost，进行系统备份还原操作。
(3) 检查系统还原后的模式和未恢复前有何不同。

7.5.3 设置共享文件夹

 实训要求

- 理解共享文件夹的用途。
- 掌握如何设置自己计算机上的文件夹为共享文件夹。

 步骤解析

(1) 用鼠标右键单击要共享的文件或文件夹，在快捷菜单中选择【属性】/【共享】或者【共享和安全】命令。
(2) 设置共享，先后设置"完全"和"只读"两种模式，使用另一台计算机查看该共享文件夹，检查是否成功。
(3) 用另一台计算机修改共享文件夹内的内容（或者向文件夹内添加文件），验证是否成功，并分析两种情况的异同。

7.5.4 设置代理服务器

 实训要求

- 了解代理服务器的功能。
- 了解各种不同的代理软件。
- 掌握如何设置自己的计算机为代理服务器。

步骤解析

(1) 上网查找各种代理服务器软件的介绍，代理服务器的功能。

(2) 下载 CCProxy 软件（也可以在网上搜索，尽量选择最新版本），安装并运行。

(3) 设置代理软件中的账号，添加客户端 IP 地址和用户名。

(4) 设置客户端计算机的浏览器属性为代理模式。

(5) 登录网络，检查设置是否成功。

习题

一、填空题

1. 对客户机配置主要有两个方面，即_____和_____。

2. 目前市场上的 CPU 主要有两种，即_____和_____。

3. 使用 Ghost 进行系统备份，有_____和_____两种方式。

4. NetBIOS 名称包含 16 个字符。每个名称的前_____个字符是用户指定的，第_____个字符被 Microsoft NetBIOS 客户用做名称后辍，用来标识该名称，并表明用该名称在网络上注册的资源的有关信息。

5. 当通过 NetBIOS 会话使用该名字时，发送方必须能够将 NetBIOS 名转化为一个 IP 地址，这一转换就由_____来完成。

二、判断题

1. 配置计算机时可以不配音箱。（   ）

2. 只要局域网内有打印机，就可以使用。（   ）

3. 文件夹共享后访问者可以修改文件夹的内容。（   ）

4. WINS 服务器的主要功能是将计算机名转化为与之对应的 IP 地址。（   ）

三、简答题

1. 简述 Ghost 软件的功能。

2. 简述设置文件夹共享的方法。

3. 简述 DNS 和 WINS 服务器的主要功能。

四、分析题

查资料，列出一个组装计算机的配置方法，花费尽量少，性能尽量高，并列出每件产品的生产厂商、型号和价格。硬件要求：内存 512MB、主板（集成网卡声卡）、显卡 256MB 缓存、硬盘 160GB，显示器为纯平台显，光驱为 DVD 刻录，其他配件可自由安排。

第8章 组建局域网

如今，许多公司或企业因为日常办公或经营业务的需要都配置了大量的计算机，随着公司或企业的发展，一些单位开始意识到构建内部局域网的现实必要性，但因为经费短缺等关键因素的制约，许多公司都被迫构建简单实用的局域网。另外，一些游戏厅或网吧的经营者从开始就需要自己购买计算机来构建性价比较高的局域网。究竟如何才能合理有效地构建一套局域网系统呢？本章将从小型网、虚拟专用网和无线局域网几个方面详细介绍小型局域网的组网方法。

学习目标

- 了解什么是对等网。
- 掌握双机互连的两种设置方法。
- 理解虚拟专用网的 VPN 服务器设置过程。
- 掌握客户端 VPN 配置方法。
- 了解无线局域网的相关配置。
- 了解蓝牙构建局域网的方法。

 ## 8.1 构建对等网

计算机网络按其工作模式主要分为对等网模式和客户机/服务器（C/S）模式，在家庭网络或小型办公室内通常采用对等网模式，而在大型企业网络中则通常采用 C/S 模式。对等网模式注重的是网络的共享功能，而企业网络更注重的是文件资源管理、系统资源安全等方面。对等网除了应用方面的特点外，更重要的是它的组建方式简单，投资成本低，容易组建，非常适合于家庭、小型企业选择使用。学习网络组建当然是从最基本的着手，而对等网是最简单的一种网络模式，它只需几条网线，加上几块网卡就可以，这些硬件知识在前面已做过详细介绍，完全具备基本的对等网组建能力。

8.1.1 对等网简介

对等网也称工作组网，它不像企业专业网络中那样通过域来控制，而是通过组。在对等网中没有"域"，只有"工作组"。正因如此，我们在后面的具体网络配置中，就没有域的配置，而需配置工作组。很显然，工作组的概念远没有域那么广，所以对等网所能连接的用户数也非常有限，通常不会超过 20 个，所以对等网络相对比较简单。

对等网上各台计算机有相同的功能，无主从之分，网上任意节点计算机既可以作为网络服务器，为其他计算机提供资源，也可以作为工作站，以分享其他服务器的资源。任一台计算机均可同时兼作服务器和工作站，也可只作其中之一。同时，对等网除了共享文件之外，还可以共享打印机，对等网上的打印机可被网络上的任一节点使用，如同使用本地打印机一样方便。因为对等网不需要专门的服务器来做网络支持，也不需要其他组件来提高网络的性能，因而对等网络的价格相对要便宜很多。对等网的性能特点如图 8-1 所示。

虽然对等网结构比较简单，但根据具体的应用环境和需求，对等网也因其规模和传输介质类型的不同分为几种不同的模式，主要有双机对等网、三机对等网、多机对等网。下面介绍几种对等网模式的结构特性。

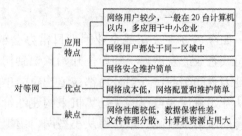

图8-1 对等网的性能特点

1. 双机对等网

这种对等网的组建方式比较多，传输介质既可以采用双绞线，也可以使用同轴电缆，还可采用串、并行电缆。网络设备只需相应的网线或电缆和网卡，如果采用串、并行电缆还可省去网卡的投资，直接用串、并行电缆连接两台计算机即可。串、并行电缆俗称零调制解调器，但这种连接传输速率非常低，并且电缆制作比较麻烦，在网卡如此便宜的今天这种对等网连接方式比较少用。

2. 三机对等网

如果网络所连接的计算机有 3 台，传输介质必须采用双绞线或同轴电缆，且必须要用到网卡。采用双绞线作为传输介质，根据网络结构的不同又可有两种方式。一种是采用双网卡网桥方式，就是在其中一台计算机上安装两块网卡，另外两台计算机各安装一块网卡，然后用双绞线连接起来，再进行有关的系统配置即可，如图 8-2 所示。另一种是添加一个集线器作为集线设备，组建一个星型对等网，3 台计算机都直接与集线器相连。如果采用同轴电缆作为传输介质，则不需要购买集线器，只需把 3 台计算机用同轴电缆网线直接串连即可，如图 8-3 所示。

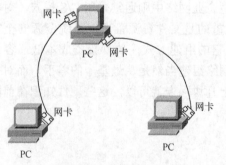

图8-2 双网卡网桥方式

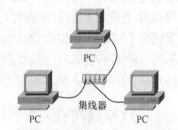

图8-3 集线器集连方式

3. 多机对等网

对于多于 3 台计算机的对等网组建方式只有两种，即采用集线设备（集线器或交换机）组成星型网络，用同轴电缆直接串连。目前大部分都采用前一种方法。

以上介绍的是对等网构建的硬件配置，在软件系统方面，对等网也非常灵活，几乎所有操作系统都可以配置对等网，如 Windows NT Server/2000 Server/Server 2003，Windows 9x/Me/2000/XP 等，甚至早期的 DOS 系统也可以。

8.1.2 构建对等网

因为对等网类型繁多，所用系统组成也是多种多样，不可能对所有类型的对等网组建方法都一一介绍，况且实际应用中有些对等网类型并不常用。在操作系统方面，如 Windows NT Server/2000 Server/Server 2003 等也通常不应用于对等网中，所以在本节主要介绍目前在家庭中常用的 Windows 2000 及 Windows XP 操作系统中用双绞线连接两台计算机的对等网配置方法，其他操作系统配置方法类比即可。

【例8-1】 双绞线连接实现双机通信。

用串并口线缆通信虽然方便，但连接距离较短（一般只有几米），利用双绞线接网卡进行双机通信，一是真正做到了资源共享，联网的计算机处于平等地位；二是设置灵活，可根据不同的软件要求，选择不同的协议；三是连接距离较远。

 基础知识

ping 命令：用于检测网络连接性、可到达性和名称解析的疑难问题的主要 TCP/IP 命令。可以测试计算机名和计算机的 IP 地址，更正与对方计算机的连接，通过向对方主机发送"网际消息控制协议（ICMP）"的请求消息，得到对方的回应，从而验证对方计算机的 IP 地址，并且可以测试出对方和自己的连接状况。应答消息的接收情况将和往返过程的次数一起显示出来。操作方式为：选择【开始】/【运行】命令，在弹出的对话框中输入要运行的命令。

 步骤解析

(1) 物理安装和网络连接。

- 制作网线。准备一根网线，至少两个 RJ45 水晶头，按 1—3，2—6 交叉法制作一条 5 类（或超 5 类）双绞线，具体的网线制作方法在前面已做过详细介绍，在此不再赘述。接法如图 8-4 所示。制作好后进行网线测试，以确定接头连接良好。

- 安装网卡和网卡驱动。按照前面讲述的安装网卡和网卡驱动的方法，安装网卡和驱

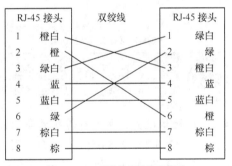

图8-4 1362 双绞线接头线序排列

动程序。网卡选择可以是同一型号网卡，也可以是不同型号的网卡，如果网卡是板上型（集成网卡），一般不需要安装，此步完全可以忽略。

- 网线连接。把网线两端的水晶头分别插入两台计算机已安装的网卡的 RJ45 接口中，这样就完成了两台计算机的网络连接。

(2) 系统设置。

- 添加网络协议。依次选择【网上邻居】/【属性】/【本地连接】/【属性】/【安装】命令，弹出图 8-5 所示的对话框，选择【协议】选项，单击 添加(A) 按钮，弹出图 8-6 所示的对话框。插入安装光盘，单击 从磁盘安装(H)... 按钮进行安装。

- 设置计算机名和工作组名。用鼠标右键单击【我的电脑】图标，从快捷菜单中选择【属性】命令，在弹出的【系统属性】对话框中选择【计算机名】选项卡，如图 8-7 所示，单击 更改(C)... 按钮。

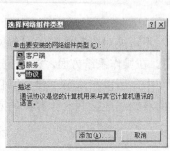

图8-5 添加协议

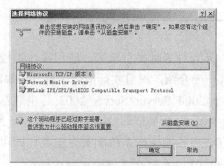

图8-6 网络协议的选择与安装

- 在弹出的【计算机名称更改】对话框中填写计算机名，在【隶属于】选项区中点选【工作组】单选钮，并设置工作组名称，如图 8-8 所示。设置完毕后单击 确定 按钮即可。

图8-7 【计算机名】选项卡

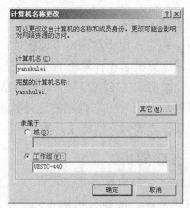

图8-8 设置工作组名和计算机名

要点提示

两台计算机的工作组名必须相同，计算机名必须不同，否则连机后双方将无法寻找对方。计算机名和工作组名可根据自己的喜好任意设置。

- IP 地址设置。两台计算机都各自手动设置 IP，其中一台设为 "172.192.0.1"，子网掩码为 "255.255.255.0"；另一台设置为 "172.192.0.2"，子网掩码相同。
- 检测是否连通。使用 ping 命令检测是否连接成功。选择【开始】/【运行】命令，在【运行】对话框的【打开】文本框中输入 "ping 127.0.0.1 –t"，检查本地主机地址是否正常。此操作可以确定 TCP/IP 是否安装正确，如图 8-9 所示。若安装正确，则显示图 8-10 所示的结果。

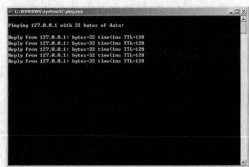

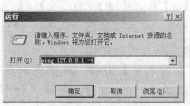

图8-9 运行 ping 命令

图8-10 运行 ping 命令结果

- ping IP 地址。在 IP 地址是 172.192.0.1 的计算机上使用命令 ping 172.192.0.2, 在 IP 地址是 172.192.0.2 的计算机上使用命令 ping 172.192.0.1, 看两台计算机是否已经连通。若显示错误就要检查硬件的问题, 如网卡是不是好的, 有没有插好, 网线是不是好的等。
- 设置 Windows 防火墙权限。在 ping 通 IP 和 TCP/IP 之后, 要对每台计算机进行权限的合理设置。首先是防火墙设置, 由于只有两台计算机通信, 因此不能设置防火墙, 取消 Windows 操作系统自带防火墙的设置方法是: 依次选择【网上邻居】/【属性】/【本地连接】/【属性】/【高级】/【设置】命令, 弹出图 8-11 所示的对话框, 点选【关闭 (不推荐)】单选钮, 将其他安装的杀毒软件或防火墙关闭即可。
- 启用 guest 账户。依次选择【开始】/【控制面板】/【性能和维护】/【管理工具】/【本地安全策略】/【用户权力指派】/【拒绝从网络登录】(或【拒绝从网络访问这台计算机】) 命令, 查看有没有 guest 的选项, 如果有, 则将其删除即可, 如图 8-12 所示。

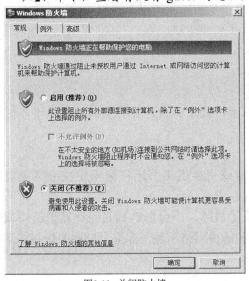

图8-11 关闭防火墙

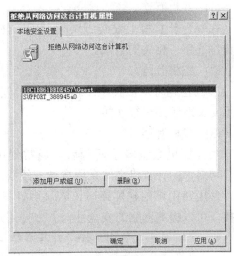

图8-12 删除禁止用户

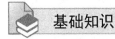 **案例小结**

完成上述操作之后, 就可以进行两台计算机之间的通信了。由于目前多数计算机都用来上网和数据交换, 因此单独的双机通信应用较少, 但在一些控制网络或者某些公司内部职能部门之间, 仍然需要进行这样的设置, 以保证信息的保密性。

【例8-2】 组建家庭局域网。

随着计算机的普及, 现在许多家庭中已经拥有不止一台计算机, 这时可以组建家庭局域网, 已达到资源共享的目的。

基础知识

1. 家庭局域网的功能

家庭局域网中的计算机数量较少, 用户的需求也各不相同, 因此应强调综合性、娱乐性和实用性, 而对安全性等要求则可以适度放宽。

家庭局域网的主要功能如表 8-1 所示。

表 8-1 家庭局域网的主要功能

功能	说明
共享文件	让家庭局域网中所有计算机共享文件，特别是占用空间较大的视频文件或软件，由于对等局域网独享带宽，因此不必担心传输速度问题
共享 Internet 连接	一个家庭通常只有一个上网接口，家庭局域网应支持共享 Internet 连接的功能，以便让网络中所有计算机都能接入 Internet
共享光驱、打印机等硬件设备	可以将一台计算机上的光驱、打印机等硬件设备共享给其他计算机使用，从而达到节省成本的目的
进行局域网游戏	通过家庭局域网可以让家庭用户一起加入到大型游戏中

2. 家庭局域网的规划

组建家庭局域网时，可以根据家庭计算机的数量来决定采用以下哪种连接方式。

(1) 双机互连。

在每台计算机上安装一块网卡后，使用交叉双绞线将计算机连接起来即可，在前面已经详细介绍了相关的方法。

(2) 三机互连。

三机互连时，在其中一台计算机上安装双网卡，其余两台计算机安装一块网卡，然后使用交叉双绞线进行连接。

(3) 多机互连。

当计算机数量多于两台后，通常使用路由器或交换机将其连接起来组成小型星型网络，网络中的计算机之间采用直通双绞线进行连接。

使用路由器组建网络时，若某台计算机出现了故障，不会影响到其他计算机的局域网连接，可以提高网络的安全性，并方便用户判断和解决网络问题。家庭局域网的规划如下。

- 局域网基本结构：采用对等网结构。
- 网络拓扑结构：采用星型拓扑结构。
- 传输介质：对等网中对带宽要求不高，采用最常见的普通双绞线即可，长度最好不要超过 10m。
- 路由器：通常采用 4 口路由器。
- 操作系统：使用目前主流的操作系统 Windows XP 或 Windows 7。

 操作步骤

(1) 连接路由器与计算机。

- 组建家庭局域网时，需要使用双绞线将计算机与计算机或计算机与路由器连接起来。首先将网线的一端插入路由器的接口，然后将网线的另一端插入计算机网卡接口中。
- 在搭建好家庭局域网的物理环境后，还必须对计算机操作系统的网络功能进行设置，内容包括配置网络协议、配置网络位置、检查网络连通性等。

(2) 配置网络协议。

- 在【网上邻居】图标上单击鼠标右键，在弹出的快捷菜单中选择【属性】命令，打开【网络连接】窗口，在【本地连接】图标上单击鼠标右键，然后选择【属性】命令，如图 8-13 所示。

- 在弹出的【本地连接 属性】对话框中双击【Internet 协议（TCP/IP）】选项，如图 8-14 所示，弹出【Internet 协议（TCP/IP）属性】对话框。

- 在【Internet 协议（TCP/IP）属性】对话框中点选【使用下面的 IP 地址】单选钮，然后输入 IP 地址、子网掩码、默认网关、DNS 服务器地址等参数，如图 8-15 所示，随后单击 确定 按钮。

图8-13　查看网络属性

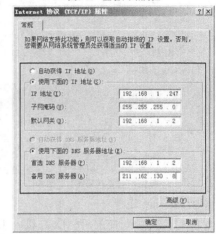

图8-14　设置 Internet 协议

图8-15　配置网络参数

 要点提示

　　在设置 IP 地址时，应避免使用网络中其他计算机已经使用过的 IP 地址，否则会造成网络 IP 地址的冲突，无法正常实现网络通信。

(3) 测试网络连通性。

　　配置完网络协议后，还需要使用 ping 命令来测试网络的连通性。

- 选择【开始】/【运行】命令，弹出【运行】对话框。

- 在【运行】对话框中输入 ping+局域网中其他计算机的 IP 地址。

- 根据显示的信息确定网络是否连通，如图 8-16 和图 8-17 所示。

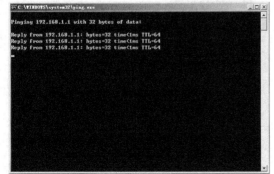

图8-16　网络连通

图8-17　网络未连通

(4) 设置计算机名称。

如果要让局域网中的其他用户能够访问自己的计算机,可以为自己的计算机设置一个简单易于记住的名称,同时该名称还不能与局域网中的其他计算机重名。

- 在【我的电脑】上单击鼠标右键,在弹出的快捷菜单中选择【属性】命令。
- 在弹出的【系统属性】对话框中切换到【计算机名】选项卡,如图 8-18 所示。
- 单击 更改(C)... 按钮,弹出【计算机名称更改】对话框,然后在【计算机名】文本框中输入拟设置的计算机名称,如图 8-19 所示,最后单击 确定 按钮。

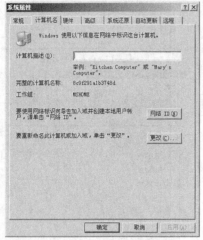

图8-18 【系统属性】对话框

图8-19 设置计算机名

(5) 共享 Internet 连接。

目前大多数家庭都采用 ADSL 接入 Internet,主要步骤如下。

- 在【网上邻居】上单击鼠标右键,在弹出的快捷菜单中选择【属性】命令,打开【网络连接】窗口,在左边的窗格中选择【创建一个新的连接】选项,如图 8-20 所示。
- 在弹出的【新建连接向导】对话框中直接单击 下一步(N) > 按钮,如图 8-21 所示。

图8-20 【网络连接】窗口

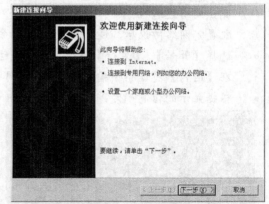

图8-21 选择工作任务

- 进入【网络连接类型】向导页,点选【连接到 Internet】单选钮,如图 8-22 所示,再单击 下一步(N) > 按钮。
- 进入【准备好】向导页,点选【手动设置我的连接】单选钮,如图 8-23 所示,单击 下一步(N) > 按钮。

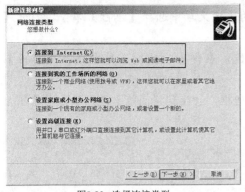

图8-22　选择连接类型　　　　　　　　　图8-23　选择连接形式

- 进入【Internet 连接】向导页，点选【用要求用户名和密码的宽带连接来连接】单选钮，如图 8-24 所示，然后单击 下一步(N) 按钮。
- 进入【连接名】向导页，输入 ISP 名称，该名称即为在桌面上显示的网络连接快捷图标名称，如图 8-25 所示，然后单击 下一步(N) 按钮。

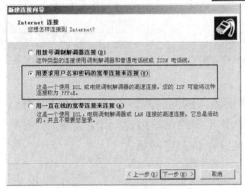
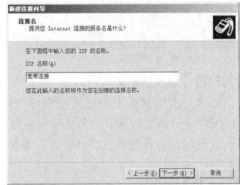

图8-24　选择连接方法　　　　　　　　　图8-25　输入连接名

- 进入【Internet 账户信息】向导页，输入申请到的宽带账号和密码，如图 8-26 所示，然后单击 下一步(N) 按钮。
- 勾选图示复选框，然后单击 完成 按钮，如图 8-27 所示。

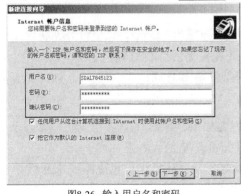
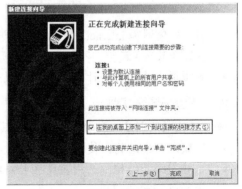

图8-26　输入用户名和密码　　　　　　　图8-27　连接完成

- 在桌面上将增加一个图标，其名称是在图 8-25 中设置的内容，如图 8-28 所示。
- 双击该图标，弹出如图 8-29 所示对话框，通常只需单击 连接(C) 按钮即可将计算机连接到 Internet。

图8-28　桌面图标

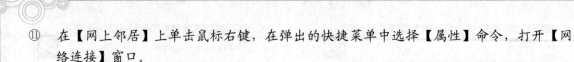

⑪ 在【网上邻居】上单击鼠标右键，在弹出的快捷菜单中选择【属性】命令，打开【网络连接】窗口。

● 在新建的【宽带连接】图标上单击鼠标右键，在弹出的快捷菜单中选择【属性】命令，如图 8-30 所示。

⑬ 弹出如图 8-31 所示的【宽带连接 属性】对话框，切换到【高级】选项卡，勾选图示复选框，然后单击 确定 按钮。

   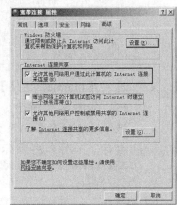

图8-29 连接到网络　　　　　图8-30 设置网络属性　　　　　图8-31 设置共享

【例8-3】 组建宿舍局域网。

如今，大学宿舍中组建局域网可以用来共享资源，联网游戏。与家庭局域网相比，宿舍局域网中计算机较多，一般为 4～8 台。通常使用 8 口路由器组建一个星型对等网络，这样可以确保一台计算机没有开机时，不影响到其他计算机共享网络。

 基础知识

1. 宿舍局域网的基本功能

宿舍局域网主要满足学习和娱乐需要，主要功能如下。

● 资源共享。局域网中的计算机共享电影、音乐文件等，以节省硬盘空间和下载时间。
● 接入校园网和 Internet。让局域网计算机接入校园网和 Internet，以便与外界联系。
● 共享 Internet 连接。不但可以节约开支，还能提高网络利用率。
● 局域网游戏。各个计算机用户可以通过局域网参与游戏。

2. 宿舍局域网规划

宿舍局域网依旧是一种小型局域网，其规划方案如下。

● 局域网基本结构。使用对等网络，各个计算机没有主从之分。
● 局域网拓扑结构。选用星型拓扑结构，以避免某台计算机出现故障或未开机导致局域网无法使用。
● 传输介质。宿舍局域网中的网线经常迁移或改动，一般选用超 5 类双绞线，20m 左右。
● 路由器。通常选用性价比较高的 8 口路由器即可。
● 操作系统。使用目前主流的操作系统 Windows XP 或 Windows 7。

操作步骤

(1) 添加网络协议。

在局域网中添加 IPX/SPX 协议的基本步骤如下。

- 在【网上邻居】上单击鼠标右键，在弹出的快捷菜单中选择【属性】命令，打开【网络连接】窗口，在【本地连接】图标上单击鼠标右键，然后选择【属性】命令，如图 8-32 所示。

- 在弹出的【本地连接 属性】对话框中单击 安装(N)... 按钮，如图 8-33 所示。

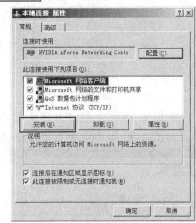

图8-32 设置网络属性

图8-33 准备安装协议

- 在弹出的【网络组件类型】对话框中选择【协议】选项，然后单击 添加(A)... 按钮，如图 8-34 所示。

- 在如图 8-35 所示的对话框中选择准备安装的协议后，单击 确定 按钮完成协议安装。

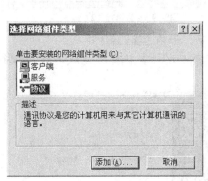

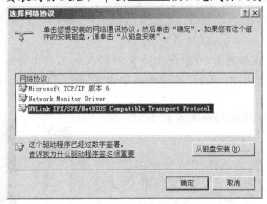

图8-34 选择安装类型

图8-35 选择安装协议

(2) 加入工作组。

所谓工作组就是一组共享文件和资源的计算机。加入工作组后，用户可以方便地访问本组中其他计算机，以便实现资源的共享。

- 在【我的电脑】上单击鼠标右键，在弹出的快捷菜单中选择【属性】命令，弹出【系统属性】对话框，切换到【计算机名】选项卡，如图 8-36 所示。

- 单击 网络 ID(N) 按钮，弹出【网络标识向导】对话框，单击 下一步(N) > 按钮，如图 8-37 所示。

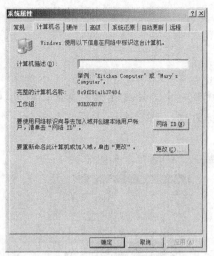

图8-36 【系统属性】对话框

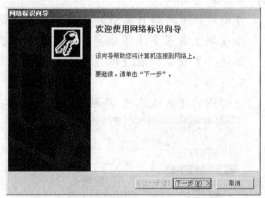

图8-37 【网络标识向导】对话框

- 在如图 8-38 所示向导页中点选图示单选钮后，单击 下一步(N) 按钮。
- 在如图 8-39 所示向导页中点选图示单选钮后，单击 下一步(N) 按钮。

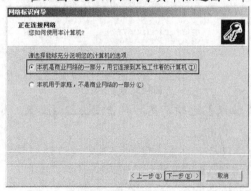

图8-38 参数选择（1）

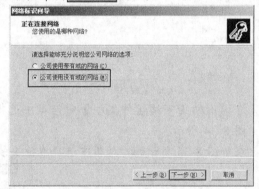

图8-39 参数选择（2）

- 在如图 8-40 所示向导页中输入加入的工作组名称后，单击 下一步(N) 按钮。
- 在如图 8-41 所示对话框中单击 完成 按钮，重新启动计算机即可完成工作组的添加工作。

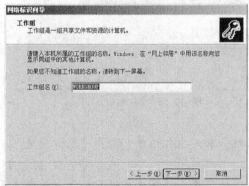

图8-40 输入工作组名称

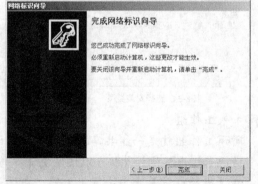

图8-41 完成添加操作

要点提示

　　路由器作为一种网络间的连接设备，其主要作用为连通不同的网络和选择信息发出的线路。选择畅通快捷的路径可以提高通信速度、减轻网络系统的负荷，节约网络资源。

下面以 TP-LINK 的 TL-R402 路由器为例，介绍以 ADSL 方式接入 Internet 后，通过路由器共享 Internet 接入的基本配置方法。随后只需要在与路由器连接的任何一台计算机上打开浏览器，输入路由器的 IP 地址后，即可进入相关页面进行设置。

(3) 安装路由器。

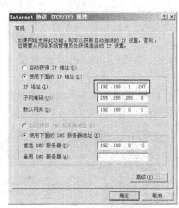

图8-42　输入 IP 地址

- 在【网上邻居】上单击鼠标右键，在弹出的菜单中选择【属性】命令，打开【网络连接】窗口，在【本地连接】图标上单击鼠标右键，然后选择【属性】命令。
- 在弹出的【本地连接 属性】对话框中双击【Internet 协议（TCP/IP）】选项。
- 将 IP 地址设置为 192.168.1.X（X 为 2～254 中的任意数值），如图 8-42 所示，然后单击 确定 按钮。
- 选择【开始】/【运行】命令，在弹出的【运行】对话框中输入命令 "ping 192.168.1.1"，如图 8-43 所示。
- 如果能顺利收到回复信息（见图 8-16），则表示计算机与路由器已经成功连接。
- 打开 IE 浏览器，在地址栏输入 http://192.168.0.1，然后按 Enter 键。
- 在随后打开的【连接到 192.168.1.1】对话框中输入登录用户名和密码。路由器的默认登录用户名和密码均为 "admin"，如图 8-44 所示。

图8-43　检查网络连通

图8-44　输入用户名和密码

- 随后打开路由器管理页面，表示已经成功安置了路由器，如图 8-45 所示。

(4) 设置路由器连接 Internet。

- 在图 8-45 左侧列表中选择【设置向导】选项，勾选图示复选框后单击 下一步 按钮，如图 8-46 所示。

图8-45　路由器设置页面

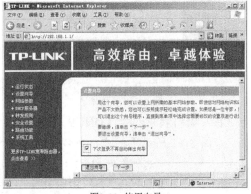

图8-46　使用向导

- 根据用户的实际情况选择网络类型，这里点选【ADSL 虚拟拨号】单选钮，如图 8-47 所示，然后单击 下一步 按钮。

> 要点提示　如果上网方式为 PPPoE，即 ADSL 虚拟拨号方式，则需要填写上网账号和密码，这些信息由 ISP 提供。如果上网方式为动态 IP，则可以自动从网络服务商处获得 IP 地址，不需要填写任何内容即可上网。如果上网方式为静态 IP，则需要分别填写由 ISP 提供的 IP 地址、子网掩码、网关和 DNS 服务器地址等信息。

- 在图 8-48 所示的页面中输入 ISP 提供的上网账号和口令后，单击 下一步 按钮即可连接到 Internet。

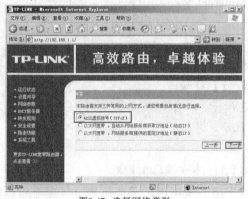　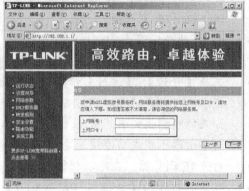

图8-47　选择网络类型　　　　　图8-48　输入上网账号和口令

(5) 设置路由器的局域网端口。

接入 Internet 后，还需要设置局域网端的功能，才能让宿舍的计算机之间可以相互访问，并共享 Internet 连接。

- 在左侧列表中选择【网络参数】/【LAN 口设置】选项。
- 在图 8-49 所示页面中输入 IP 地址：192.168.1.2，然后单击 保存 按钮。
- 在左侧列表中选择【DHCP 服务器】/【DHCP 服务】选项。
- 在图 8-50 所示页面中首先点选【启用】单选钮，然后输入自动分配地址的范围和租期，最后单击 保存 按钮。

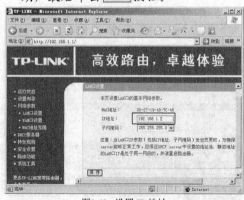　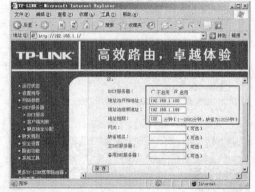

图8-49　设置 IP 地址　　　　　图8-50　设置 DHCP 服务

- 在左侧列表中选择【DHCP 服务器】/【静态地址分配】选项。
- 在图 8-51 所示页面中，可以将网络中计算机的网卡绑定到固定的 IP 地址。

> 要点提示　查看本机 MAC 地址的方法：选择【开始】/【运行】命令，输入命令 "CMD" 后按 Enter 键，在打开的命令提示符中输入 "ipconfig/all"。在随后打开的窗口中可以查看 MAC 地址，如图 8-52 所示。

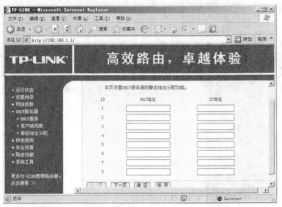

图8-51 静态地址分配

图8-52 查看 MAC 地址

(6) 路由器的安全设置。

- 在图 8-51 所示页面中选择【安全设置】/【防火墙设置】选项，打开如图 8-53 所示窗口，这里可以设置开启防火墙、开启 IP 地址过滤、开启域名过滤、开启 MAC 地址过滤等安全设置操作，设置完成后单击保存按钮。

- 选择【安全设置】/【IP 地址过滤】选项，打开如图 8-54 所示页面，单击 添加新条目 按钮设置需要过滤的 IP 地址。

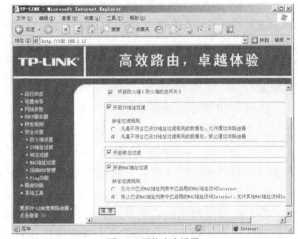

图8-53 网络安全设置

- 按照如图 8-55 所示设置过滤的 IP 地址，然后单击保存按钮。

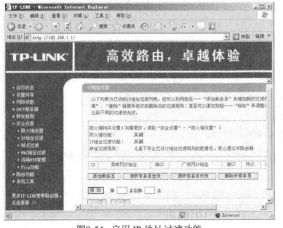

图8-54 启用 IP 地址过滤功能

图8-55 设置过滤参数

- 选择【安全设置】/【域名过滤】选项，打开如图 8-56 所示页面，单击 添加新条目 按钮设置需要过滤的域名。

- 按照图 8-57 所示设置过滤的域名：www.abc.net，然后单击保存按钮。

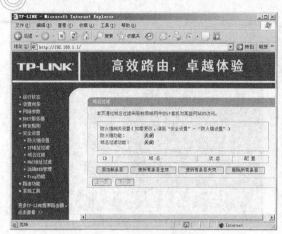

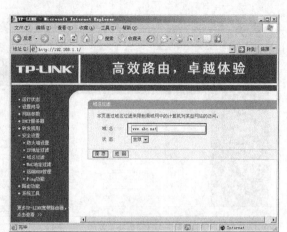

图8-56 启用域名过滤功能　　　　　　　　　　图8-57 设置过滤参数

8.2 虚拟专用网网络组建

传统的企业专网的解决方案大多通过向电信公司租用各种类型的长途线路来连接各分支机构的局域网，但是由于租赁长途线路费用昂贵，大多数企业难以承受。虚拟专网（Virtual Private Network，VPN）技术是近年来兴起的一种新兴技术，它既可以使企业摆脱繁重的网络升级维护工作，又可以使公用网络得到有效的利用。

在 VPN 技术的支持下，新的用户要想进入企业网，只需接入当地电信公司的公用网络，再通过公用网络接入企业网。这样企业就不必再支付大量的长途线路费用，企业网络的可扩展性也大为提高，从而降低了网络使用和升级维护的费用，而电信公司也会因此得到更多的回报。虚拟专用网的组网拓扑结构如图 8-58 所示。

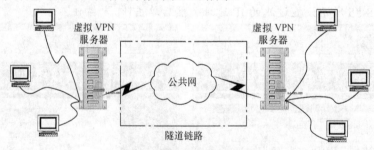

图8-58 虚拟专用网网络拓扑结构

VPN 是采用隧道技术以及加密、身份认证等方法，在公共网络上构建企业网络的技术。隧道技术是 VPN 的核心。隧道是基于网络协议在两点或两端建立的通信，隧道由隧道开通器和隧道终端器建立。隧道开通器的任务是在公用网络中开出一条隧道。多种网络设备和软件可以充当隧道开通器。

- PC 上的网卡和有 VPN 拨号功能的软件（该软件已经打包在 Windows NT/2000/2003 操作系统中）。
- 企业分支机构中有VPN功能的路由器。
- 网络服务商站点中有VPN功能的路由器。

【例8-4】 服务器端 VPN 设置。

在 Windows 操作系统中 VPN 服务称为"路由和远程访问",默认状态已经安装,只需对此服务进行必要的配置使其生效即可。

 基础知识

虚拟专网:VPN 技术实现了企业信息在公用网络中的传输,就如同在茫茫的广域网中为企业拉出一条专线,对于企业来讲公共网络就像自己公司内部的局域网连接一样,因此又叫虚拟专网。

 步骤解析

(1) 选择【开始】/【管理工具】/【路由和远程访问】命令,打开【路由和远程访问】窗口;再在窗口右边的本地计算机名上单击鼠标右键,从快捷菜单中选择【配置并启用路由和远程访问】命令,如图 8-59 所示。如果以前已经配置过这台服务器,现在需要重新开始,则在【SY-XFWPMB3V2Q44（本地）】上单击鼠标右键,从快捷菜单中选择【禁用路由和远程访问】命令,即可停止此服务,以便重新配置。

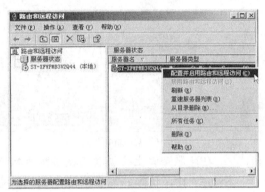

图8-59 选择配置路由和远程访问

(2) 当进入配置向导之后,在【公共设置】选项卡中,选中【虚拟专用网络（VPN）服务器】选项,以便让用户能通过公共网络（如 Internet）来访问此服务器。在【远程客户协议】对话框中,应该已经有了 TCP/IP,只需点选【是,所有可用的协议都在列表上】单选钮,之后系统会要求用户再选择一个此服务器所使用的 Internet 连接,在其下的列表中选择所用的连接方式,进入下一步。

(3) 在回答【您想如何对远程客户机分配 IP 地址】的询问时,除非已在服务器端安装好了 DHCP 服务器,否则应在此处点选【来自一个指定的 IP 地址范围】单选钮,这里建议选择此项,以方便对 IP 地址进行设置。

(4) 根据提示输入要分配给客户端使用的起始 IP 地址,添加进列表中。例如,此处要设置的码段为:192.168.0.80～192.168.0.90（此 IP 地址范围要同服务器本身的 IP 地址处在同一个网段中,即前面的"192.168.0"部分一定要相同）。

(5) 最后点选【不,我现在不想设置此服务器使用 RADIUS】单选钮即可完成最后的设置,如图 8-60 所示。进入下一步后屏幕上会自动出现一个【路由和远程访问服务】的连接小窗口,用于验证用户是否为开户网络,连接成功后会自动消失。当它消失之后,打开【管理工具】中的【服务】选项,即可以看到【Routing and Remote Access】（路由和远程访问）选项自动处于已启动状态。

(6) 用鼠标右键单击图 8-59 中树形目录里的【SY-XFWPMB3V2Q44（本地）】选项,从快捷菜单中选择【属性】命令,在弹出对话框中切换到【IP】选项卡,如图 8-61 所示。如果 Internet 接入方式为宽带路由接入即 DHCP 方式,则不需要改,不过根据经验,采用 DHCP 动态 IP 的网络速度相对较慢；而使用静态 IP 可减少 IP 地址解析时间，提升网络速度，其起始 IP 地址和结束 IP 地址的设置根据步骤（4）设置即可。若在步骤（4）中未输入 IP 地址，可点选图 8-61 中的【静态地址池】单选钮，单击 添加 按钮，输入 IP 地址段即可。

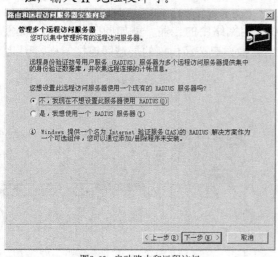

图8-60 启动路由和远程访问

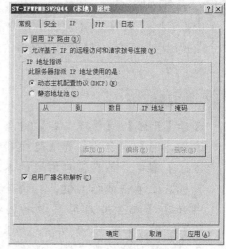

图8-61 添加静态 IP 地址池

(7) 在 VPN 服务器上安装动态域名解析软件，以方便家庭用户采用的 ADSL 宽带接入时选择动态 IP，使客户端在网络中找到服务端并随时拨入。常用的动态域名解析软件为名为"花生壳"的软件，其安装及注意事项请参阅相关资料。

案例小结

VPN 服务器端设置最重要的是 IP 地址的设置，使用静态地址设置可以避免网络速度过慢，从而高效地对客户机进行管理。

【例8-5】 客户端 VPN 设置。

在服务器端完成 VPN 设置之后，客户机要访问 VPN 服务器，还要进行网络访问设置，本例以 Windows XP 操作系统为例，讲述如何设置客户端 VPN。

步骤解析

(1) 选择【开始】/【控制面板】/【网络和 Internet 连接】命令。

(2) 在弹出的【网络和 Internet 连接】窗口中选择【创建一个到您的工作位置的网络连接】选项，单击该链接，进入【网络连接】向导页，如图 8-62 所示，点选【虚拟专用网络连接】单选钮，单击 下一步(N) > 按钮。

(3) 在【连接名】向导页中输入要连接的公司名，本案例输入"uestcvpn"，如图 8-63 所示。单击 下一步(N) > 按钮。

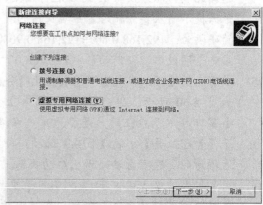

图8-62 选择虚拟专用网络连接

(4) 在弹出的对话框中点选【不拨初始连接】单选钮，单击 下一步(N) > 按钮。

(5) 在【VPN 服务器选择】向导页中填入要连接的服务器主机地址。本案例输入 "vpn1.uestc.edu.cn"，如图 8-64 所示（教育网用户输入 "vpn2.uestc.edu.cn"）。单击 下一步(N) > 按钮。

图8-63 输入 VPN 服务器公司名

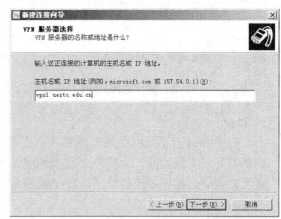
图8-64 输入 VPN 服务器主机地址

(6) 在弹出的对话框中选择【在我的桌面上添加一个到此连接的快捷方式】选项，单击 完成 按钮完成操作。

图8-65 VPN 网络连接图标

(7) 此时可以看到桌面上出现图 8-65 所示的图标。再次选择【开始】/【控制面板】/【网络和 Internet 连接】命令，在【网络和 Internet 连接】窗口中选择【网络连接】选项，打开图 8-66 所示的【网络连接】窗口。

(8) 选择【虚拟专用网络】一栏下的图标，双击该图标（或者双击桌面中图 8-65 所示的图标），打开图 8-67 所示的连接对话框，在【用户名】文本框输入在网络中心 VPN 服务器中登记的用户名，在【密码】文本框输入在网络中心 VPN 服务器中登记的密码。勾选【为下面用户保存用户名和密码】复选框，点选【任何使用此计算机的人】单选钮，单击 连接(C) 按钮，就可以登录到校园网中心的 VPN 服务器，以校园网用户身份访问校园网内部资源。

图8-66 查看网络连接

图8-67 输入密码和用户名

 案例小结

在校园网内，用户先要连接到互联网上，然后拨号上校园 VPN 服务器，这时只能上校园网，如果用户要上其他外网，必须要断开 VPN 连接后才能上。在其他企业网内也要做类似的操作。

8.3 无线局域网组建

时至今日，无线网络越来越普及，主流配置的笔记本电脑、计算机、手机、PDA 等设备都具备了无线功能，无线办公越来越贴近我们的生活，但大多数人并不知道如何连接和设置无线网络，即便是连接好了，在无线网络中也很容易遇到一些病毒的攻击，所以无线网络的维护也显得特别重要。

根据目前的无线技术状况，可以通过红外、蓝牙及 802.11b/a/g 这 3 种无线技术组建无线办公网络。

红外技术的数据传输速率仅为 115.2kbit/s，传输距离一般只有 1m。

蓝牙根据网络的概念提供点对点和点对多点的无线连接。在任意一个有效通信范围内，所有设备的地位都是平等的。蓝牙技术的数据传输速率为 1Mbit/s，通信距离为 10m 左右，更适合家庭组建无线局域网。

802.11b/a/g 的数据传输速率达到了 11Mbit/s，有效距离长达 100m，更适合"移动办公"，可以满足用户运行大量占用带宽的网络操作，因此 802.11b/a/g 适合用于办公室构建的企业无线网络（特别是笔记本电脑）。从成本来看，802.11b/a/g 也比较廉价。目前很多笔记本电脑大都集成了 802.11b/a/g 无线网卡，用户只要购买一台无线局域网接入器（无线 AP）即可组建无线网络。

【例8-6】 无线网络安装。

无线网络安装指在操作系统中对使用无线网络连接的计算机进行系统配置，本案例以 Windows XP 操作系统为版本，介绍如何配置无线网络。

 基础知识

无线网卡：专门用于无线网络连接的网络适配卡，目前流行的多为笔记本电脑用无线网卡。图 8-68 所示为 802.11b/a/g 标准无线网卡，图 8-69 所示为 802.11b 无线网卡。

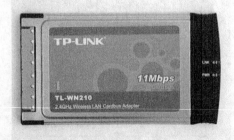

图8-68 802.11b/a/g 标准无线网卡

图8-69 802.11b 无线网卡

步骤解析

(1) 选择【开始】/【控制面板】/【网络和 Internet 连接】/【无线网络安装向导】命令，弹出图 8-70 所示的【无线网络安装向导】对话框。单击 下一步(N) > 按钮。

(2) 在【为您的无线网络创建名称】向导页中输入网络名（SSID），如图 8-71 所示。SSID 主要用来区别不同的无线网络，可根据自己的情况进行设置。点选【自动分配网络密匙（推荐）】单选钮，Windows 将自动创建密匙，如果点选【手动分配网络密匙】单选钮，那么将需要自己添加密匙。设置完成后单击 下一步(N) > 按钮。

> 要点提示　　如果确认自己的所有无线设备都支持 WPA，应勾选【使用 WPA 加密，不使用 WEP】复选框。和 WEP 相比，WPA 加密的安全性更高，不过由于是新出现的标准，所以有可能部分设备和 WPA 不兼容。

图8-70　无线网络安装向导

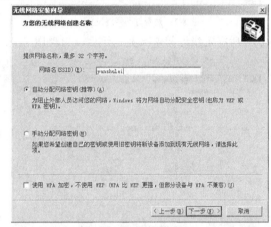

图8-71　创建网络名

(3) 在【您想如何设置网络？】向导页中点选【使用 USB 闪存驱动器（推荐）】单选钮。Windows XP 操作系统中的【无线网络安装向导】提供了两种方法来创建无线网络："使用 USB 闪存驱动器"和"手动设置网络"，如图 8-72 所示。手动设置网络需要手工为无线设备设置相应参数，不建议采用，除非无线设备不支持微软公司的 WSNK 快速配置。

(4) 如果无线设备不支持 WSNK 快速配置，就在点选【手动设置网络】单选

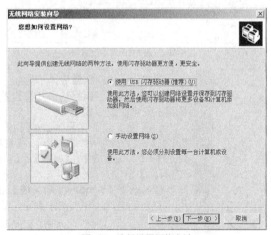

图8-72　选择设置网络方法

钮后，单击 下一步(N) > 按钮，在弹出的对话框中单击 打印网络设置(P) 按钮，如图 8-73 所示，然后根据打印信息到相应的无线设备上进行手工设置，如图 8-74 所示。

(5) 在步骤（3）中点选【使用 USB 闪存驱动器（推荐）】单选钮，单击 下一步(N) > 按钮，系统将借助于 USB 闪存驱动器自动、快速地完成无线网络的配置。将 USB 闪存盘与计算

机连接好，选择 USB 闪存盘的盘符，如图 8-75 所示。单击 下一步(N) > 按钮，就可以制作一个可以自动配置其他无线网络设备的 USB 盘。

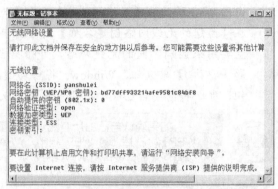

图8-73 选择打印网络设置 图8-74 修改无线网络设置

(6) 所有无线访问点配置完毕后，出现图 8-76 所示的对话框，把闪存盘插回原来的计算机，单击 下一步(N) > 按钮，弹出设置成功窗口，此时设置的所有网络设备都会在该窗口中显示。

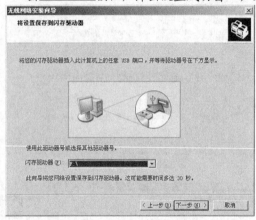

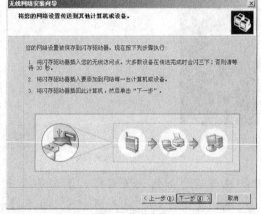

图8-75 选择 USB 闪存盘盘符 图8-76 安装完毕

要点提示

目前，无线网络最令人不放心的因素便是安全问题。虽然通过加密、禁用 SSID 广播等措施可以对无线网络进行加密设置，保护网络的安全，但无线网络还是非常脆弱。无线网络的安全设置步骤如下。

(1) 依次选择【开始】/【控制面板】/【网络连接】/【无线网络连接】/【属性】/【高级】/【Windows 防火墙】/【常规】/【启用（推荐）】命令（也可以依次选择【网上邻居】/【本地连接】/【属性】/【高级】/【设置】/【Windows 防火墙】/【常规】/【启用（推荐）】命令）。

(2) 选择【Windows 防火墙】对话框中的【例外】选项卡，在该选项卡中可以添加访问网络的程序和服务，如 MSN Messenger，QQ 等，如图 8-77 所示，此外，单击 添加程序(R)... 按钮还可以添加其他要访问网络的程序；单击 添加端口(O)... 按钮可以添加要访问网络的端口号，包括 TCP 和 UDP 端口。在【高级】选项卡中，选中【无线网络连接】选项，单击 确定 按钮就可启用无线网络的防火墙。

(3) 设置 802.1x 身份验证。打开【网络连接】窗口，用鼠标右键单击要为其启用或禁用 IEEE 802.1x 身份验证的连接，在快捷菜单中选择【属性】命令。在弹出对话框的【身份验证】选项卡上，要为此连接启用 IEEE 802.1x 身份验证，应勾选【使用 IEEE 802.1X 的网络访问控制】复选框。在【EAP 类型】中，单击要用于此连接的【可扩展的身份验证协议】类型即可。

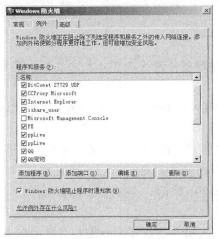

图8-77 选择跨越防火墙程序

案例小结

无线网络组建并不复杂，熟悉了普通网络设置以后，对于无线网络配置只需按照规定的操作步骤设置即可。需要注意的是无线数据传输安全性非常差，因此在安全性设置过程中一定要注意，千万不可产生漏洞。

【例8-7】 蓝牙无线组网设置。

蓝牙是无线数据和语音传输的开放式标准，它将各种通信设备、计算机及其终端设备、各种数字数据系统，甚至家用电器采用无线方式连接起来。本案例将介绍设置蓝牙无线网的基本方法。

基础知识

(1) 蓝牙：英文为 Bluetooth，原是 10 世纪统一丹麦的国王的名字，现取其"统一"的含义，用来命名统一无线局域网通信标准的蓝牙技术。该技术是爱立信、IBM 等 5 家公司在 1998 年联合推出的一项无线网络技术，随后成立的蓝牙技术特殊兴趣组织（SIG）负责该技术的开发和技术协议的制定。如今全世界已有 1 800 多家公司加盟该组织，最近微软公司也正式加盟并成为 SIG 组织的领导成员之一。蓝牙的传输距离为 10cm～10m，如果增加功率或是加上某些外设便可达到 100m。

(2) 蓝牙适配器：其功能类似于网卡，用于无线传输中的数据接收和发送，现多为 USB 接口。图 8-78 所示为某公司产品实物图。

(3) 组网方式：蓝牙技术组建局域网中有两种组网方式，一种是 PC 对 PC 组网，另一种是 PC 对蓝牙接入点的组网。对于第 1 种组网方式，可以用蓝牙适配器来让两台计算机共享互联网络。其中的一台计算机通过网卡连接 ADSL Modem 等接入设备即可访问 Internet。对第 2 种组网，蓝牙接入点（蓝牙网关）通过 RJ45 与 ADSL

图8-78 USB 接口蓝牙适配器

Modem 等宽带接入设备相连。其他要接入网络的计算机均安装有蓝牙适配器，一个蓝牙网关最多可连接 7 台这样的计算机，这里的蓝牙接入点的功能就如同 Internet 代理服务器。

步骤解析

(1) 购置 USB 接口的蓝牙适配器（价格在 200 元左右），蓝牙无线接入点（价格在 600 元左右）。

(2) 设置蓝牙接入点与宽带接入设备的连接，给计算机插入 USB 蓝牙适配器，并安装好驱动程序。

(3) 为蓝牙接入点设置相应的 IP、DNS 参数，为客户机设置 IP、DNS 等。

(4) 双击计算机屏幕右下角的蓝牙图标启动"我的蓝牙位置"系统，如图 8-79 所示，弹出"Bluetooth CONFIGURATION"窗口。

图8-79 启动蓝牙

(5) 选择【蓝牙设置向导】选项，选择【我知道我需要的服务和我要找提供服务的蓝牙设备】选项，单击 下一步(N) > 按钮。在弹出的【蓝牙服务选择】对话框中选择【网络访问】选项，单击 下一步(N) > 按钮开始搜索附近的蓝牙设备或蓝牙接入点。

(6) 双击桌面上的蓝牙接入图标，进入一个目录，上面有两个图标，分别是【Search For Devices】和【Local Device】。前者是搜寻在 10m 通信范围内的一切蓝牙设备，包括另外的一个或者几个 USB 无线传输器，如蓝牙手机或其他使用了蓝牙技术的通信设备；后者用来配置和控制本地这个蓝牙无线传输器。双击【Search For Devices】图标，就会到在另外一台计算机上安装的另外一个无线传输器，此处取名为"SKY"。

(7) 双击【Local Device】图标，进入【Local Device】层子目录，可以看到 7 个图标，分别是：蓝牙串行端口、拨号网络、传真、网络连接、文件传输、信息交换和信息同步。其中图标上没有红叉的表示已经启动了，而有红叉的则说明该项服务无法启用。

 案例小结

应用蓝牙技术进行信息传输有速度快、传输带宽等优点，另外蓝牙技术的配置方法简单，安全设置严格，蓝牙接入点自身的管理软件强大，这些都为蓝牙技术的应用提供了很多有利条件。

8.4 实训

学完本章后，应该掌握小型局域网络的组建，虚拟专用网络的设置和应用，无线局域网的组建方法等知识，以做到举一反三，将本章基础知识内容应用到实际中去，以适应目前网络配置行业的发展。下面根据本章所讲的内容，提供几个实训题目，以供读者练习。

8.4.1 使用双绞线实现双机通信

 操作要求

- 掌握双机通信的原理。
- 掌握双机通信中 1362 双绞线的制作方法。

- 掌握系统设置中应注意的事项。

 步骤解析

(1) 查验两台计算机是否都安装有网卡。
(2) 制作一根用于双机通信的双绞线（1362线），也可以到市场上购买，但一定要告诉营业员是用于双机通信的1362线。
(3) 进行系统配置，注意两台计算机要配置在相同的工作组中，但计算机名不可相同，另外防火墙要关闭。
(4) 连接硬件，将两台计算机用网线进行连接，测试是否顺利接通。

8.4.2　设置客户端VPN

 操作要求

- 了解VPN的原理和应用。
- 掌握在客户机上设置VPN的过程和步骤。

 步骤解析

(1) 查询建立的VPN网络和服务器地址，可以使用校园网的服务器，也可以到网上查找相关的免费服务器端口。
(2) 创建VPN网络连接，注意输入有效的VNP服务器地址。
(3) 测试是否成功登录已设定的服务器。

8.4.3　设置无线局域网

 操作要求

- 了解什么是无线网络。
- 了解目前主要的几种无线局域网组网方法。
- 掌握无线局域网设置的过程。

 步骤解析

(1) 配置无线网络设备，包括无线网卡、网卡驱动等。
(2) 创建无线网络安装向导。
(3) 配置系统。注意要开启防火墙。
(4) 测试网络连接是否成功，进行数据交换，验证网络的健壮性（批量数据传输）。

 　　　　　习题　　　　　

一、填空题

1. 计算机网络按其工作模式主要分为_____模式和_____模式。

2. 在家庭网络或小型办公室内通常采用_____模式，而在大型企业网络中则通常采用_____模式。

3. 在对等网中没有"域"，只有"_____"。

4. _____，简称串口，也就是 COM 接口，是采用串行通信协议的扩展接口。

5. 标准并口的数据传输率为 1Mbit/s，一般用来连接打印机、扫描仪等，又被称为_____。

6. ping 命令的操作方式为_____。

7. 用双绞线连接实现双机通信时，使用的双绞线端口接线方法为_____。

8. 确定 TCP/IP 是否安装正确，应在【运行】对话框的文本框中输入_____。

9. VPN 的核心是_____技术。

10. 根据目前的无线技术状况，可以通过_____、_____及_____ 3 种无线技术组建无线办公网络。

11. 蓝牙技术的数据传输速率为 1Mbit/s，通信距离为_____ m 左右；而 802.11b/a/g 的数据传输速率达到了 11Mbit/s，有效距离长达_____ m。

12. 蓝牙技术组建局域网中有两种组网方式，一种是____组网，另一种是____组网。

二、简答题

1. 简述三机对等网的两种组网方式。

2. 概述双绞线实现双机通信需要注意的几个方面。

3. 什么是虚拟专用网？

4. 简述无线局域网 3 种组网技术（红外、蓝牙、802.11b/a/g）的特点。

第9章 局域网与 Internet 连接技术

随着 Internet 的迅速发展，Internet 已经进入人们生活的各个方面。目前，接入 Internet 最普遍的方式之一是 ADSL，一般用户可以使用 ADSL Modem 接入 Internet。对于企业、学校、国家机关等已经组建内部局域网的单位，一般通过光纤连接到主干网。为了管理和维护的方便，局域网用户要连接到 Internet，需要通过代理服务器进行接入。

随着无线技术的发展和应用，无线宽带网正日益受到用户的青睐，特别是基于 802.11b/a/g 标准的无线网络传输，其具有传输速度快、距离远，信息安全性高的优点，是未来网络发展的主流。

- 了解 Internet 接入方式。
- 了解宽带接入的几种方法。
- 掌握 ADSL 的接入方法和设置。
- 了解光纤接入技术。
- 了解 Cable Modem 接入技术。
- 了解 ISDN、DDN 和无线接入技术。

9.1 Internet 概述

Internet 称为国际计算机互联网，俗称因特网，是将世界各地的计算机连接起来并彼此相互通信的一个大型计算机网络。"Internet 是网络的网络"，它将各种各样的网络连在一起，而不论其网络规模的大小、主机数量的多少、地理位置的异同。

9.1.1 Internet 的概念和组成

Internet 就像覆盖在地球表面的一个巨大藤蔓，有主藤，有支藤，主藤我们称为主干网，支藤从主藤上滋生。这个巨大的藤蔓以美国为根，正以惊人的速度向各个国家和地区漫延，目前已延伸到了 180 多个国家和地区。Internet 的逻辑结构如图 9-1 所示。

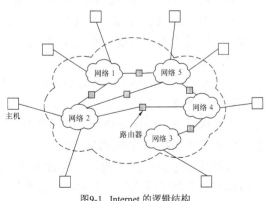

图9-1 Internet 的逻辑结构

要点提示 目前，美国高级网络和服务公司（Advanced Network and Services，ANS）所建设的 ANSNET 为 Internet 的主干网，其他国家和地区的主干网通过接入 Internet 主干网而连入 Internet，从而构成了一个全球范围的互联网络。

1. Internet 的概念

Internet 是由大量主机通过连接在单一、无缝的通信系统上而形成的一个全球范围的信息资源网，接入 Internet 的主机既可以是信息资源及服务的提供者（服务器），也可以是信息资源及服务的消费者（客户机）。Internet 上的主机以及所拥有的资源就像巨大藤蔓上结出的硕果，享用者不必考虑藤蔓是如何生长的，只求发现并获得果实。Internet 的用户示意图如图 9-2 所示。

Internet 采用了层次网络的结构，即采用主干网、次级网和园区网的逐级覆盖的结构，如图 9-3 所示。其中主干网由代表国家或者行业的有限个中心节点通过专线连接形成，覆盖到国家一级，连接各个国家的 Internet 互连中心，如中国互联网信息中心（CNNIC）。次级网（区域网）由若干个作为中心节点的代理的次中心节点组成，如教育网各地区网络中心和电信网各省互联网中心等。园区网（校园网、企业网）是直接面向用户的网络。

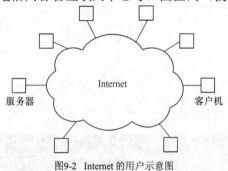

图9-2 Internet 的用户示意图

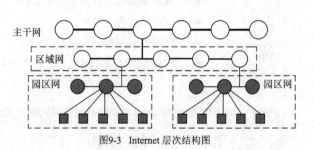

图9-3 Internet 层次结构图

2. Internet 的组成

Internet 通常由以下几个部分组成。

(1) 通信线路。

通信线路是 Internet 的基础设施，各种各样的通信线路将 Internet 中的路由器、计算机等连接起来，可以说没有通信线路就没有 Internet。Internet 中的通信线路归纳起来主要有两类：有线线路（如光缆、铜缆等）和无线线路（如卫星、无线电等），这些通信线路有的是公用数据网提供的，有的是单位自己建设的。

对于通信线路的传输能力通常用"数据传输速率"来描述。另一种更为形象的描述通信线路传输能力的术语是"带宽"，带宽越宽，传输速率也就越高，传输速度也就越快。

(2) 路由器。

路由器（在 Internet 中有时也称网关）是 Internet 中最为重要的设备，它是网络与网络之间连接的桥梁。当数据从一个网络传输到路由器时，路由器需要根据数据所要到达的目的地，为其选择一条最佳路径，即指明数据应该沿着哪个方向传输。如果所选择的道路比较拥挤，路由器负责指挥数据排队等待。

数据从源主机出发通常需要经过多个路由器才能到达目的主机，所经过的路由器负责将数据从一个网络送到另一个网络，数据经过多个路由器的传递，最终被送到目的网络。

(3) 服务器与客户机。

计算机是 Internet 中不可缺少的成员，是信息资源和服务的载体。接入 Internet 的计算机既可以是像"深蓝"一样的巨型机，也可以是一台普通的微机或笔记本电脑，所有连接在 Internet 上的计算机统称为主机。

接入 Internet 的主机按其在 Internet 中扮演的角色不同分成两类，即服务器和客户机。所谓服务器就是 Internet 服务与信息资源的提供者，而客户机则是 Internet 服务和信息资源的使用者。作为服务器的主机通常要求具有较高的性能和较大的存储容量，而作为客户机的主机可以是任意一台普通的微机。

要点提示 Internet 中的服务种类很多，如 WWW 服务、电子邮件服务、文件传输服务、Gopher 服务、新闻组服务等，用户可以通过各种服务来获取资料、搜索信息、相互交流、网上购物、发布信息、进行娱乐。

(4) 信息资源。

信息资源是用户最为关注的问题之一，如何较好地组织信息资源，使用户方便、快捷地获取信息资源一直是 Internet 的发展方向。WWW 服务的推出为信息资源提供了一种较好的组织形式，方便了信息的浏览，同时 Internet 上众多搜索引擎的出现使信息的查询和检索更加快捷、便利。

9.1.2　Internet 提供的主要服务

为什么如此众多的人钟情于 Internet？Internet 的魅力何在？在人们的工作、生活和社会活动中，Internet 至少在以下几个方面起着重要的作用。

1.　丰富的信息资源

Internet 是全球范围的信息资源宝库，丰富的信息资源分布在世界各地大大小小的站点中，如果用户能够将自己的计算机连入 Internet，便可以在信息资源宝库中漫游。Internet 中的信息资源几乎是应有尽有，涉及商业金融、医疗卫生、科研教育、休闲娱乐、热点新闻等诸多方面。例如，用户足不出户就可以在中国国家数字图书馆中遨游，如图 9-4 所示。

2.　便利、快捷的通信服务

如果用户希望将一封信件在几分钟之内投递到远在美国的一位朋友的信箱中，可以使用 Internet 所提供的电子邮件服务。用户只需将信件的内容输入到计算机中使之变成电子邮件，然后通过 Internet 发送，短则几秒钟长则几个小时邮件便可以到达接收人的电子信箱中。图 9-5 所示为一封写好的电子邮件，单击 发送 按钮便可以通过 Internet 发送该邮件。

图9-4　中国国家数字图书馆站点主页（http://www.nlc.gov.cn）　　图9-5　电子邮件

如果用户希望只花上几元钱便可以与大洋彼岸的亲友聊上一个小时，可以使用 Internet 提供的电话服务。虽然电话是目前最为方便快捷的通信工具，但国际长途电话费用昂贵；而通过 Internet 打国际长途的费用只是普通国际长途电话费用的几十分之一。

除此之外，还可以通过 Internet 使用 QQ、MSN 等工具与未谋面的网友聊天，或在 Internet 上发表自己的见解及请求帮助。

3. 电子商务快捷方便

Internet 不但是一个休闲娱乐的好去处，同时也是一个进行电子商务的良好平台。Internet 具有巨大的客户群，不但基数巨大，而且增长速度快。它遍布世界五大洲，覆盖 180 多个国家和地区，涉及的行业数不胜数。仅 Internet 上的用户数就足以对企业形成强大的吸引力。这样一个触角广泛的 Internet 大舞台，为企业提供了巨大的市场潜力和商业机遇。

Internet 连通了产品开发商、制造商、经销商和用户，信息传输不但迅速高效，而且安全可靠。购销合同、订单协议等各种单据的电子化，避免了纸片满天飞，不需要重复录入，处理高效可靠，传递迅速快捷。同时，利用计算机的安全特性、网络的安全特性及电子邮件的安全特性，还可以使电子交易数据的保存和传输更加安全。Internet 可以为个人提供方便，为企业创造竞争力。图 9-6 所示为淘宝站点主页，通过该站点，人们可以购买各式各样的商品。图 9-7 所示为 Cisco 公司利用 Internet 站点宣传自己的产品，进行技术支持和售后服务。

图9-6 淘宝站点主页（http://www.taobao.com） 　　图9-7 Cisco 公司站点主页（http://www.cisco.com）

当然，Internet 上的信息资源是靠我们大家来构造的，任何单位和个人都可以将自己的信息搬到 Internet 上。政府可以通过 Internet 展示自己的形象，企业可以通过 Internet 介绍和推销自己的产品，个人可以通过 Internet 结识更多的朋友。

9.1.3　Internet 在中国的发展现状

我国的计算机网络实现了和 Internet 的 TCP/IP 连接，开通了 Internet 全功能服务。目前，我国的计算机网络构成如图 9-8 所示。

其中，CASNET 是中国科学院网（或称中国科技网），用于研究与国家域名服务；CERNET 是中国教育科研网，用于教育，1995 年 CERNET 正式连接到美国的 128kbit/s 国际专线；CHINAGBNET 是中国金桥网；CHINANET 是中国公用计算机互联网，1994 年由中国电信与美国商务部合作开始建设，1996 年 6 月，CHINANET 全国骨干网正式开通，开始在全国范围内提供远程高速 Internet 业务。

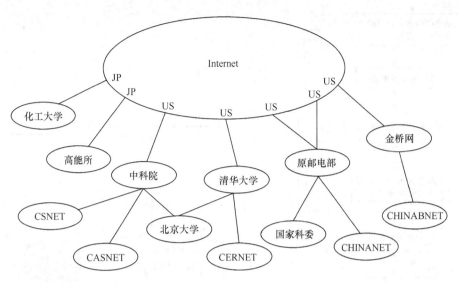

图9-8 Internet 中国示意图

截至 2010 年底，中国网民人数达到 4.5 亿；互联网普及率达到 30%，超过世界平均水平，使用手机上网的网民达到 2.5 亿人。

9.2 网络宽带接入

网络宽带接入领域，前几年曾出现过 DDN 专线、ISDN 等多种网络接入方式，但由于成本和速率等多方面的原因一直未能成功普及。目前读者可考虑的宽带接入方式主要包括 3 种：电信 ADSL、FTTX+LAN（小区宽带）和 CABLE MODEM（有线通）。这 3 种宽带接入方式在安装条件、所需设备、数据传输速率、相关费用等多方面都有很大不同，直接决定了不同的宽带接入方式适合不同的用户选择。

9.2.1 电信 ADSL

ADSL（Asymmetric Digital Subscriber Line，非对称数字用户线路技术），是利用现有的电话铜线资源，在一对双绞线上提供上行 640kbit/s、下行 8Mbit/s 的宽带。ADSL 充分利用普通电话线接入，免去了重新布线的问题。

ADSL 的申请安装非常方便，一般情况下一周内就可以把网络接通，图 9-9 所示为申请 ADSL 网络接入的流程。

设备配置完全后，首先将附送的直通线把网卡的 RJ45 口与 ADSL Modem 的 E 口（Ethernet 10Baset/MDI-X）相连，PWR 口连接变压器和电源。接下来，把语音分离器（Splitte）的 Line 口与电话线的总线相连（不能接在分机的线路上），Phone 口连接其他电话（可以接分线盒带多台电话），Modem 口跟 ADSL Modem 的 Line 口连接起来。连接好后的样式如图 9-10 所示。

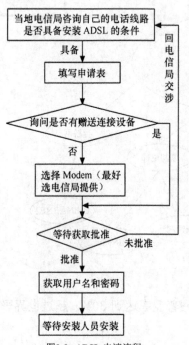

图9-9　ADSL 申请流程

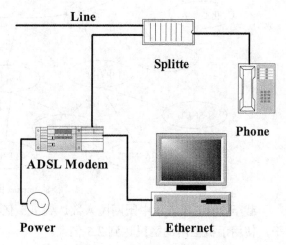

图9-10　ADSL 客户端连接方法

ADSL 的费用随用户的不同而略有差别。

【例9-1】　ADSL 宽带网络连接设置。

ADSL 网络连接设置比较简单，只要拥有一台计算机和已经接通的电话线路，就可以进行宽带网络连接，对于主机系统设置，也不像其他网络接入那样繁琐难以理解。本案例主要介绍如何设置主机的网络连接，以使大家了解 ADSL 的相关性能和设置方法。

 基础知识

（1）ADSL 的优点：采用星型拓扑结构，保密性好，安全系数高，可提供 512kbit/s～2Mbit/s 的接入速率；工作稳定，出故障的几率较小，售后服务质量基本可以保障，一旦出现故障可及时与电信公司联系，通常能很快得到技术支持和故障排除；电话、上网互不影响。

（2）连接距离：中国电信各地公司在本地的电话局端安装有 DSLAM 设备，用于网络中继，但这种模式仍受制于用户端和电话局端的线路长度，理论最长不得超过 5 000m，实际超过 3 000m 就出现网络速度变慢的情况。

（3）连接方式：专线连接。ADSL Modem 与网络总是处于连接的状态，免去了拨号上网的步骤，避免占线发生。

（4）主机配置要求：拥有 586 奔腾或以上的计算机处理器，主频 166MB 或以上，内存 32MB 或以上，硬盘可用空间 200MB 以上的计算机。

（5）缺点：速率偏慢，理论值 512kbit/s 带宽的最大下载实际速率为 87kbit/s 左右，即便升级到 1Mbit/s 带宽，也只能达到 100kbit/s；对电话线路质量要求较高，如果电话线路质量不好易造成网络不稳定或断线。

 步骤解析

（1）安装硬件。

① 查验硬件设备。需要查验网卡（10Mbit/s 或 10/100Mbit/s 自适应）、滤波分离器（也叫信号分离器）、ADSL Modem（可以在申请时从电信局购买）、电话线（ISDN 线需改回普通线）。图 9-11 所示为某型号 ADSL Modem 产品实物图。

② 将来自电信局端的电话线接入信号滤波分离器 Splitter 的输入端，用已准备好的一根电话线的一头连接信号分离器的语音信号输出口（一般标示为"Phone"），另一端连接电话机。如果连接正确，此时拿起电话机听筒应该能听到电话忙音或能够接听和拨打电话。然后再将分离器上的 ADSL 输出口（一般标示为"ADSL"或"Modem"），用一根电话线接入 ADSL Modem 的 ADSL 插孔。最后用 RJ45 双绞线（购买 Modem 时会附赠）将计算机和 ADSL Modem 连接起来。连接线路如图 9-12 所示。

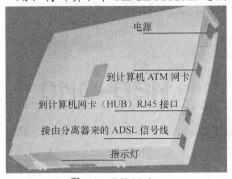

图9-11　ADSL Modem

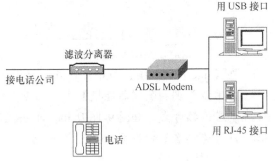

图9-12　ADSL 接线拓扑结构

③ 测试是否连接成功。

- "Power"或"PWR"灯：电源显示，常亮表示正常启动，供电正常。

- "ADSL"或"LINK"灯：用于显示 Modem 的同步情况，常亮绿灯表示 Modem 与局端能够正常同步；红灯表示没有同步；闪动绿灯表示正在建立同步。

- "10Baset"或"LAN"灯：用于显示 Modem 与网卡或交换机、宽带路由器的连接是否正常，如果此灯不亮，则 Modem 与计算机之间肯定不通，可检查网线是否正常；此外，当网线中有数据传送时，此灯会略闪动。

- "DATA"灯：指示数据传输状态。DATA 灯闪烁，表示有数据流。

- "READY"灯：灯亮且闪烁表示 ADSL 在正常运转。

(2) 设置软件。

① 选择【开始】/【所有程序】/【附件】/【通信】/【新建连接向导】命令，弹出图 9-13 所示的【新建连接向导】对话框，单击 下一步(N) 按钮。

② 在【网络连接类型】向导页中有多项选择：【连接到 Internet】、【连接到我的工作场所的网络】、【设置家庭或小型办公网络】、【设置高级连接】。在每一项后面都有对该项功能的描述，通过该对话框也可建立 VPN 虚拟专网连接、家庭小型局域网设置、串并口双机直连等，此处选择默认选项【连接到 Internet】，即宽带连接，如图 9-14 所示。单击 下一步(N) 按钮。

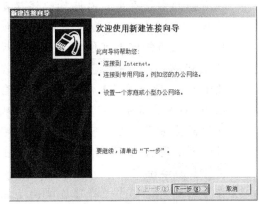

图9-13　新建网络连接

③ 在【准备好】向导页中点选【手动设置我的连接】单选钮，如图 9-15 所示。单击【下一步(N)】按钮。

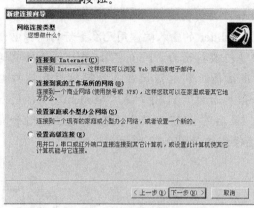

图9-14 选择网络连接类型 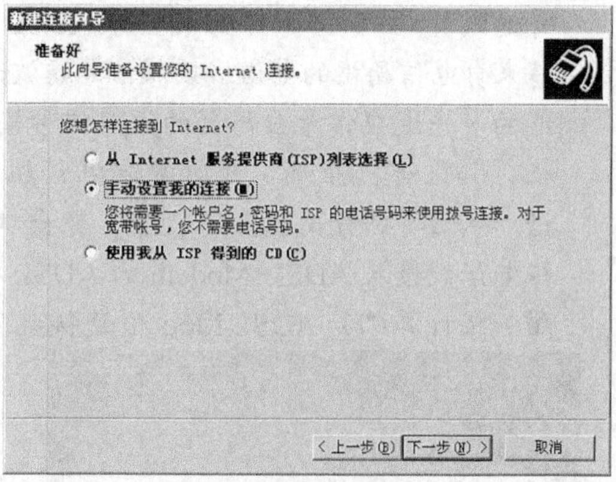　　　　　图9-15 选择手动设置我的连接

④ 在【Internet 连接】向导页中点选【用要求用户名和密码的宽带连接来连接】单选钮。【用拨号调制解调器连接】目前已很少使用，【用一直在线的宽带连接来连接】为小区宽带连接方式，如图 9-16 所示。单击【下一步(N)】按钮。

⑤ 在【连接名】向导页中输入 ISP 名称，此处输入 "ADSL"，单击【下一步(N)】按钮，如图 9-17 所示。

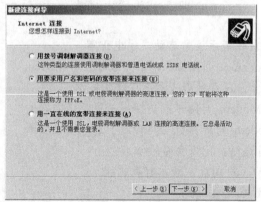

图9-16 设置 Internet 连接

图9-17 输入 ISP 名称

⑥ 在下面的向导页里可以选择此连接是为任何用户所使用或仅为自己所使用，默认为任何人可使用，此处选择默认设置，单击【下一步(N)】按钮。在【Internet 账户信息】向导页中输入自己的 ADSL 账号（即用户名）和密码（注意区分用户名和密码的格式和字母的大小写），如图 9-18 所示。单击【下一步(N)】按钮。

⑦ 在弹出的对话框中选择【在桌面上添加一个到此连接的快捷方式】，单击【完成】按钮即可完成设置操作。

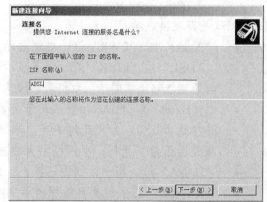

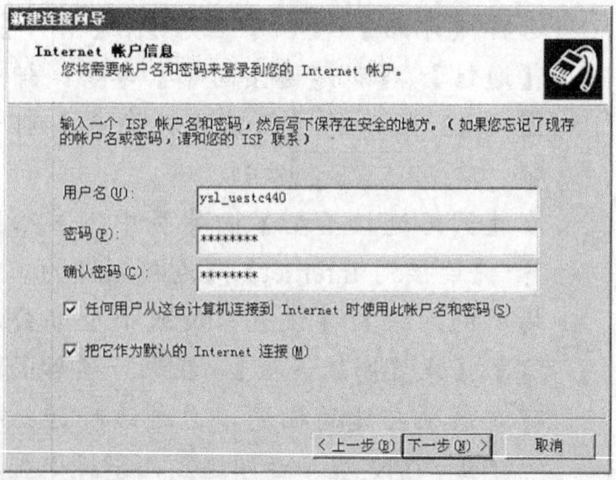

图9-18 输入用户名和密码

⑧ 此时桌面会出现图 9-19 所示的 ADSL 快捷图标，双击该图标，弹出图 9-20 所示的【连接 ADSL】对话框，如果用户名和密码正确，单击 连接(C) 按钮即可连接到网络。

图9-19 ADSL 快捷图标　　　　图9-20 【连接 ADSL】对话框

 案例小结

对于家庭安装 ADSL，初次设置一般会有工作人员负责安装，但作为网络管理人员，非常有必要了解目前最流行的这种宽带网络连接的设置方法。本案例介绍的是基于 Windows XP 操作系统的设置过程，如果是其他操作系统，则要安装第三方拨号软件，如 RASppppoE 0.96、EnterNet 300、EnterNet 500、WinpoET 2.51 等。

9.2.2 小区宽带 FTTX+LAN

小区宽带是大中城市目前较普及的一种宽带接入方式，网络服务商采用光纤接入到楼（FTTB）或小区（FTTZ），再通过网线接入用户家，为整幢楼或小区提供共享带宽（通常是 10Mbit/s 或 100Mbit/s）。目前国内有多家公司提供此类宽带接入方式，如网通、长城宽带、联通、电信等。

> 要点提示　这种宽带接入通常由小区出面申请安装，网络服务商不受理个人服务。用户可询问所居住小区物业管理部门或直接询问当地网络服务商是否已开通本小区宽带。这种接入方式对用户设备要求最低，只需一台带 10/100Mbit/s 自适应网卡的计算机。

【例9-2】 安装小区宽带。

小区宽带是光纤接入网的典型应用，一般的家庭小区宽带接入方法比较简单，只需要向电信部门申请就可以了，作为企业或网吧申请宽带接入，需要考虑的方面比较多，手续比较烦琐，本案例主要针对前者为大家介绍如何申请小区宽带。

 基础知识

(1) 优点：初装费用较低（通常在 100 元～300 元，视地区不同而异），下载速度很快，通常能达到 200kbit/s，适合批量下载文件，且上传速率较高。

(2) 接入方式：以太网接入、光纤接入，分为有源光接入和无源光接入，主要的传输媒质是光纤。

(3) 缺点：需要重新布线，交换机和用户网卡之间的双绞线距离不能超过 100m，否则信号衰减很严重，用户的实际速率受制于与城域网或互联网相连的专线速率。

(4) 接入结构：采用光纤到小区，屏蔽双绞线到楼，非屏蔽双绞线到用户的模式。图 9-21 所示为小区宽带的拓扑结构图。

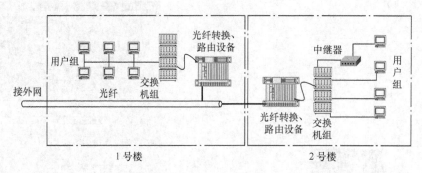

图9-21　光纤接入网络拓扑

 步骤解析

(1) 查询所在小区是否开通了宽带接入服务。如果是开通了，直接用电话申请，工作人员就可上门服务。工作人员会查看用户家中是否已施工布线，若没有则需要打墙施工，此时要计算施工费用，如果装修的时候已经布线则不用考虑这一点。

(2) 开户申请。第一种办法是拨打服务热线电话，说明所在的地区、小区名称、楼层号、姓名、身份证号码、银行账号及相关信息，待公司确认后，将在申请后的 7 个工作日内派技术人员上门调试开通。第二种方法是通过物业办理，很多网络服务商通过与小区物业的配合，在申请期间都是由物业代为管理，经过一段时间的统计后，再由网络服务商统一为申报的用户进行安装，目前许多小区都有这样的服务。第三种方法是通过网络申请，找到相应的网络提供商的主页后，在申请页面填写相应的个人信息，经过几天后网络提供商将会拨打确认电话，一切确认无误后，网络提供商派人上门安装小区宽带。

(3) 手续办理。如果是个人用户，只要填写用户开户确认书，提供开户人身份证原件及复印件到指定地方办理即可。如果是单位用户，需提供单位营业执照复印件并加盖公章，填写用户开户确认书，并加盖公章。另外，新装用户办理交款手续时，个人用户必须带存折原件及复印件并填写银行委托书。

(4) 对于单位申请宽带接入，情况要复杂一些，申请流程如图 9-22 所示。

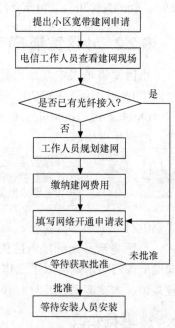

图9-22　光纤接入申请流程

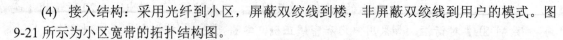 **案例小结**

绝大多数小区的共享宽带均为 10Mbit/s，如果在同一时间上网的用户较多，网速则较慢。如果是单位或网吧申请小区宽带，最好申请 100Mbit/s 为宜。另外，随着光纤技术的日益提高，安装小区宽带比 ADSL 会有更大的优势。

9.2.3 Cable Modem 有线通

Cable Modem 的接入一般通过有线电视电缆实现。申请 Cable Modem 的接入只需在初始安装时交纳一定的安装费用，以后每月缴纳固定的接入费用，通常在 1 000 元以内，具体价格根据各地情况而定。

Cable Modem 接入技术提供的带宽足够使用，可以为应用系统的管理提供便利，实现安全、便捷的应用系统和数据远程在线备份及恢复等功能，大大提高了网络的传输性能。能够进一步提升网络性能的有线电缆正在研制中，很快将要推出支持新版本 DOCSIS 标准（有线电缆数据业务接口标准）的 Cable Modem。

要点提示 这种接入方式是一种线路信号带宽不对称的技术，在安装时必须安装特定的接口卡。数据信号通过有线电缆传至用户家中，Cable Modem 完成信号的解码、解调等功能，并通过以太网端口将数字信号传送到计算机；反之，Cable Modem 接收计算机上传的数字信号，经过编码、调制后通过有线电缆传输数据信号。

【例9-3】 Cable Modem 接入。

相比 ADSL 宽带接入，Cable Modem 的申请安装要略复杂，虽然它已经有完整的网络线路，但在终端部分的线路仍需要改装才能顺利连入网络。本案例主要从 Cable Modem 网络开通申请和安装两方面介绍如何接入 Cable Modem。

 基础知识

(1) 连接方式：连接方式有对称速率型和非对称速率型。前者的 Data Upload（数据上传）速率和 Data Download（数据下载）速率相同，都为 500kbit/s～2Mbit/s；后者的数据上传速率为 500kbit/s～10Mbit/s，数据下载速率为 2Mbit/s～40Mbit/s。实际应用时，上传速率可在 200kbit/s～2Mbit/s 任选，下载速率可在 3Mbit/s～10Mbit/s 任选。由于目前时髦的应用都是非对称模式，因而非对称型 Cable Modem 将占主导地位。

(2) 传输速率：提供理论上上行 8Mbit/s、下行 30Mbit/s 的接入速率。

(3) 应用前景：在我国居住区接入户密集的地方，理论上尚不适用；但在如美国、英国等这样地域辽阔、人口稀疏的国家，应用非常便利。

 步骤解析

(1) 接入申请。

① 到当地有线电视业务办理部门询问自己所住地是否能够接入 Cable Modem 网络，得到肯定答复后填写申请表（可以通过电话、上网等方式）。

② 等待回应，一般填写申请表两天内会得到答复。

③ 得到相关部门回应后，等待工作人员前来进行设备安装与调试。

(2) 设备安装。

① 将有线电视网络终端接口和 Cable Modem 电缆调制解调器连接起来，如图 9-23 所示。为避免产生静电干扰，在连接或断开以太网接口之前，应用手摸一下调制解调器同轴电缆接口。

② 使用标准配置的电源线接到 220V 电源接口，如图 9-24 所示。等待几分钟使 Cable Modem 正常上线。

③ 使用两端带 RJ45 接头的 5 类线或者 USB 线把 Cable Modem 和计算机进行连接，如图
9-25 所示。如果使用 5 类线连接，需要用户计算机有以太网口，使用 USB 连接时，需
要另外安装 USB 驱动，一般两条线缆在购买安装设备时都会附赠。

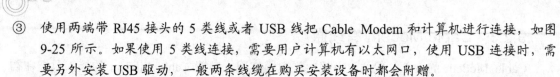

图9-23 信号线路连接　　　　图9-24 电源线路连接　　　　图9-25 网络线路连接

(3) 安装系统。

① 安装 Cable Modem 驱动程序。将随设备附带的驱动程序安装光盘插入光驱，按照提示
安装。

② 安装完毕后查看是否安装成功。依次选择【网上邻居】/【属性】/【配置】命令查看是
否有驱动程序的描述项，如图 9-26 所示。

③ 用鼠标右键单击【Internet Explorer】图标，从快捷菜单中选择【属性】命令，在
【Internet 属性】对话框的【连接】选项卡中单击 局域网设置(L)... 按钮，确定弹出的【局域网
（LAN）设置】对话框中的 3 个复选框都未选中，如图 9-27 所示。

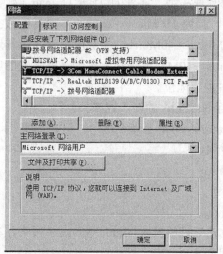

图9-26 Modem 驱动程序

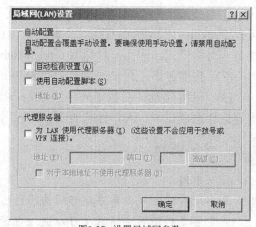

图9-27 设置局域网参数

④ 根据网络供应商提供的信息，设置 IP 地址（部分为共享 IP，每次上网自动搜索 IP 地址
方式）。

⑤ 重新启动计算机，测试是否能够接入网络。

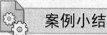 案例小结

　　Cable Modem 为共享带宽接入，如果某小区内同时上网人数比较多，则传输速度会明显
下降，因此建议大家在安装用户较少的小区内安装这种接入方式。另外，对于企业或网吧，
同样不适合安装这类接入网络方式。

9.2.4 综合业务数字网

综合业务数字网（Integrated Services Digital Network，ISDN）诞生于 20 世纪 80 年代末，在国外曾受到广泛关注和应用，我国在 1998 年开始启动相关应用服务。目前，ISDN 的国内应用主要集中于北京、上海、天津、广州等大城市以及部分省会城市。

ISDN 目前主要提供两种类型服务：一种是基本速率接口（Basic Rate Interface，BRI）服务，另一种是一次群速率接口（Primary Rate Interface，PRI）服务。前者适用于个人用户和小型企业；后者适用于大型企业和集团用户。国内目前所涉及的主要是适合于个人用户的 BRI 服务。图 9-28 所示为目前我国 ISDN 用户端连线图。

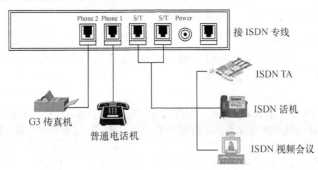

图9-28 ISDN 用户端连接图

目前一般有 4 种 ISDN 用户设备：ISDN 网络终端（NT）、ISDN 终端适配器（TA）、ISDN 数字电话机和 ISDN 适配卡。

网络终端是用户传输线路的终端装置，它是实现在普通电话线上进行数字信号发送和接收的关键设备。该设备安装于用户处，是实现 N-ISDN 功能的必备硬件；终端适配器也称为外置式适配器，主要功能是将原有的非 ISDN 标准终端接入 ISDN 线路；ISDN 适配卡也称 ISDN PC 卡或 PCTA，功能类似于普通的网卡；数字电话机是标准的 ISDN 终端设备，属于功能比较齐全的通信设备。

ISDN 的接入通过普通的电话线实现，申请 ISDN 的接入只需在初始安装时，在计算机上插入专用的 ISDN 卡，并安装驱动程序即可。

B-ISDN（Broadband Integrated Service Digital Network）是宽带综合业务数字网的简称，它是在 ISDN 的基础上发展起来的，可以支持各种不同类型、不同速率的业务，不但包括连续型业务，还应包括突发型宽带业务，其业务分布范围极为广泛，包括速率不大于 64kbit/s 的窄带业务（如语音、传真）、宽带分配型业务（广播电视、高清晰度电视）、宽带交互型通信业务（可视电话、会议电视）、宽带突发型业务（高速数据）等。

B-ISDN 的主要特征是以同步转移模式（STM）和异步转移模式（ATM）兼容方式服务。ATM（Asynchronous Transfer Mode）宽带交换是实现 B-ISDN 的关键和核心，它是一种快速分组交换，是数据分组大小固定，面向分组的转移模式。

9.2.5 DDN 专线接入

数字数据网（Digital Data Network，DDN）是利用光纤、铜线、数字微波或卫星等数字通信信道，提供永久或半永久连接电路，用来传输数字信号的传输网络。

DDN 由数字电路、DDN 节点、网络控制、用户环路等组成，可以为用户提供各种速率的高质量数字专用电路和其他业务，满足用户多媒体通信和组建高速计算机通信网的需要。

DDN 适用于大中型局域网接入 Internet，在技术方面已经非常成熟。DDN 接入方式具有以下特点。

- 传输速率高：具有 2Mbit/s 速率的数字传输信道。
- 低网络延时：由于 DDN 将用户数据准确地送到目的地，免去了目的终端对信息的重组，减少了网络延时。
- 高可靠性：DDN 采用光纤传输系统，用户之间专线固定连接，网络延时小，同时采用数字方式来传输数据，整个网络各节点在实现互连和电路的转接、分支时，能保持系统同步，无瓶颈现象。
- 支持多种数据连接方式：DDN 可以支持数字、语音、图像传输等多种业务，它不仅可以和客户终端设备进行连接，而且可以和用户网络进行连接，为用户网络互连提供灵活的组网环境。

要点提示 DDN 专线接入 Internet 一般需要一个专用路由器。一般在申请 DDN 业务时，ISP 不收取安装费用，只收取千元左右的设备费用，以后每月根据使用量支付一定的联网费用。

按网络功能层次，DDN 网络可以划分为核心层、接入层和用户接口层。核心层由大、中容量网络设备组成；接入层为 DDN 各类业务提供子速率复用和交叉连接；用户接口层由各种用户的应用设备、网桥/路由器设备、帧中继业务的帧装/拆设备组成。

中国公用数字数据骨干网（CHINADDN）于 1994 年正式开通，并已通达全国地市以上城市及部分经济发达县城。它是由中国电信经营的、向社会各界提供服务的公共信息平台。

9.2.6 无线接入网

无线接入技术是指在终端用户和交换端局间的接入网，全部或部分采用无线传输方式，为用户提供固定或移动接入服务的技术。作为有线接入网的有效补充，它具有系统容量大，语音质量与有线一样，覆盖范围广，系统规划简单，扩容方便，可加密或用 CDMA 增强保密性等技术特点，可解决边远地区、难于架线地区的信息传输问题。

移动无线接入主要指用户终端在较大范围内移动的通信系统的接入技术，主要为移动用户服务，其用户终端包括手持式、便携式、车载式电话等。主要的移动无线接入系统如下。

1. 无绳电话系统

它可以视为固定电话终端的无线延伸。无绳电话系统的突出特点是灵活方便。固定的无线终端可以同时带有多个无线子机，子机除和母机通话外，子机之间还可以通信。其主要代表系统是 DECT，PHS 和 CT2。

2. 移动卫星系统

通过同步卫星实现移动通信联网，可以真正实现任何时间、任何地点与任何人的通信，为全球用户提供大跨度、大范围、远距离的漫游和机动灵活的移动通信服务，是陆地移动通信系统的扩展和延伸，在边远的地区、山区、海岛、受灾区、远洋船只、远航飞机等通信方面更具有独特的优越性。整个系统由 3 部分构成：空间部分（卫星）、地面控制设备（关口站）和终端。

3. 集群系统

专用调度指挥无线电通信系统，应用广泛。集群系统是从一对一的对讲机发展而来的，现在已经发展成为数字化多信道基站多用户拨号系统，它可以与市话网互连互通。

4. 无线局域网

无线局域网（Wireless LAN，WLAN）是计算机网络与无线通信技术相结合的产物。它不受电缆束缚，可移动，能解决因有线网布线困难等带来的问题，并且具有组网灵活，扩容方便，与多种网络标准兼容，应用广泛等优点。过去 WLAN 曾一度增长缓慢，主要原因是传输速率低、成本高，产品系列有限，而且很多产品不能相互兼容。随着高速无线局域网标准 IEEE 802.11 的制定以及基于该标准的 10Mbit/s 乃至更高速率产品的出现，WLAN 已经在金融、教育、医疗、民航、企业等不同的领域内得到了广泛的应用。

5. 蜂窝移动通信系统

20 世纪 70 年代初由美国贝尔实验室提出的，在给出蜂窝系统的覆盖小区的概念和相关理论之后，该系统在 70 年代末得到迅速的发展。第一代蜂窝移动通信系统即陆上模拟蜂窝移动通信系统，用无线信道传输模拟信号；第二代蜂窝移动通信系统，采用数字化技术，具有一切数字系统所具有的优点，具代表性的是泛欧蜂窝移动通信系统 GSM 和北美的 IS-95 CDMA；目前二代半系统如 GPRS，CDMA2000-1x 已经大规模商用，为广大用户提供可靠、中速的数据业务服务以及传统的电话业务；第三代蜂窝移动通信系统也已经走出实验室，开始在部分国家和地区正式商业运营。

表 9-1 所示为几种常用的接入方式的性能对比，其中调制解调器是最早的 Internet 接入方式，而 PLC 则代表使用电线上网。

表 9-1　　　　　　　　　　几种无线接入方式的性能对比

接 入 方 式	速率（bit/s）	可否同线传输话音	物 理 介 质	评 价
调制解调器	36.6k/56k	否	双绞线	应用广泛、费用低，但速度慢
局域网	10M	是	双绞线	使用简单、普及不广
ISDN	128k	是	双绞线	费用较普通电话线稍贵
ADSL	8M	是	双绞线	可与普通电话同时使用，频带专用不共享，频宽受距离限制
PLC	1M～10M	是	电力线	利用电力线，分布广泛，接入方便，未完全达到实用化阶段
无线	8M	是	空气	需室外天线，易受天气、建筑物影响

9.3 综合案例

本案例是基于中型网吧的组建来介绍小型局域网的网络接入和组网方案。

【例9-4】 中型网吧网络接入与组网方案。

 基础知识

(1) 方案要求：中型网吧对网络环境的要求是"快"和"稳"，对网络设备的要求是"功能"与"质量"，二者都要兼顾起来确实有难度，因此，降低网吧组网成本、提高运行性能、简化管理维护，是构建中型网吧网络需要解决的问题。

(2) 最佳组网技术：中型网吧在组网技术上选择的仍然是当今使用面相当广，技术也比较成熟的以太网技术，采用这种网络技术在速度上可以得到很好的保障。针对中型网吧的特定户型，采用千兆端口百兆到桌面的方式。

(3) 无盘网络和无盘工作站：网络中的所有工作站上都不安装硬盘，而全部通过网络服务器来启动，这样的网络就是无盘网络，这些工作站被称为无盘工作站。无盘网络可以节省资金，便于管理和维护，是许多网吧和学校常用的组网硬件配置方式。

 步骤解析

(1) 选择接入方式。中型网吧选用的接入方式主要有两种：比较常见的 ADSL 宽带接入和光纤接入方式。ADSL 宽带接入方式资费较低，网络稳定性也比较强；光纤接入是未来趋势，是一种理想的宽带接入方式。是选择稳定性强、资费低的 ADSL 还是选择资费昂贵但更有速度优势的光纤接入呢？关键在于资金和对网吧等级的定位。

> **要点提示** 光纤接入具有速度快、障碍率低、抗干扰性强等优点，虽然资费上比 ADSL 接入方式要高得多，但是它可以很好地解决速度瓶颈问题。

(2) 组网模式。有线网络在稳定性上更有保障，是中型网吧组网模式的理想选择，中型网吧有线网络的组建采用的基本模式也跟小型网吧类似——采用"路由器＋交换机"的模式。无线网络是网吧组网的未来发展技术，但组网费用要高很多，尚不适合在中型网吧展开。

(3) 组网方案。中型网吧的客户端可以采用无盘方式，这样能够节省购买硬盘的费用，节省下来的钱可以给网吧装修或提高硬件配置的档次。

(4) 网络连接。网络主干为 1 000Mbit/s＋100Mbit/s 的模式，选用千兆交换机连接服务器，再用普通型 24 口交换机把所有客户机连接起来，服务器采用双千兆网卡接入千兆交换机，这样可以大大地提升网络的速度，消除网络中存在的速度瓶颈。

(5) 两种宽带接入方式。ADSL 接入方式：Internet—ADSL Modem—宽带路由器—防火墙—千兆交换机（中心交换机）—①千兆网卡—服务器；②百兆交换机（接交换机）—客户机。光纤接入：Internet—光纤收发器—光纤宽带路由器—防火墙—千兆交换机（中心交换机）—①千兆网卡—服务器；②百兆交换机（接交换机）—客户机。

(6) 设备选择——路由器。路由器在中型网吧的组网方案中非常重要，其稳定性和可靠性直接影响整个网吧的网络安全与稳定。在 ADSL 接入方式中，可以采用两条线路接入的双 WAN 口宽带路由器（也可以选择两个路由器分连），以弥补网速的不足，同时接入两条线路，不但可以很好地提升网络速度，而且也起到了备援的作用，如图 9-29 所示。光纤接入方面，带有光纤接口的宽带

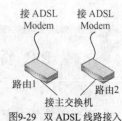

图9-29 双 ADSL 线路接入

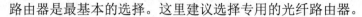

路由器是最基本的选择。这里建议选择专用的光纤路由器。

(7) 设备选择——交换机。由于中型网吧的计算机节点数比较多，在数据交换量上也比较大，高性能的二层千兆交换机可以让中型网吧的网络安全运行。在中心交换机的选择上，应该尽量选用吞吐量达到线速（或接近线速）的交换机产品（延迟也要尽量低），处理数据包的响应能力要好，稳定、可靠，能够保证长时间、满负荷的连续工作。连接工作站的交换机不必选择千兆，选择百兆的普通型交换机就可以了。

(8) 设备选择——千兆网卡。在服务器和千兆交换机上采用千兆网卡连接，对于这个千兆网卡的选择，建议选择一些知名度比较高、售后服务比较好的品牌。

(9) 设备选择——防火墙。网吧网络的防火墙首先要满足"性价比高"这个最低要求，对于用户限制数也要比较宽，需具备很强的监控与防侵入能力。

(10) 设备选择——连接设备。Modem（ADSL 宽带接入）和光纤收发器（光纤接入）由当地电信部门免费提供。

(11) 具体组网方案。

方案一：双线接入的 ADSL 稳定型网络

双宽带路由器＋千兆网管交换机（挂接服务器）＋多口交换机＋千兆网卡+客户机

设备选择：Netcore 2505NR 宽带路由器两台（选择理由：价格适中，每台可支持 200 个节点，中文界面，方便配置，可进行软件升级，方便维护）；Netcore 6008NS 智能交换机 1 台（选择理由：8 口钢壳机架式交换机（网吧的主打配置），支持 VLAN 和优先级控制）；Netcore 3616NS 交换机 4 台（选择理由：机架式，全线速，价廉物美）。

6008NS 的 VLAN 划分：端口 1，2 作为路由器的接口，3，4，5，6 口为连接 4 个 3616NS 的接口，7 口为连接服务器的接口。

端口 1 划分为只属于 VLAN1；

端口 2 划分为只属于 VLAN2；

端口 3，4 划分为既属于 VLAN3 又属于 VLAN1；

端口 5，6，7 划分为既属于 VLAN3 又属于 VLAN2。双 ADSL 连接网络拓扑结构如图 9-30 所示。

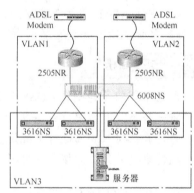

图9-30 双 ADSL 连接网络拓扑结构

两台 2505NR 内部 IP 地址都设置为同一 IP 地址，为方便管理，可将 2505NR 的 DHCP 功能关闭，另用服务器提供 DHCP 服务。这个方案不仅适用于两条 ADSL 线路的中型网吧，也适用于 3 条、4 条 ADSL 接入模式。只需要根据规模，将 8 口智能交换机更换为 16 口、24 口智能型交换机，下面再挂接更多的 16 口、24 口经济性交换机即可。

方案二：光纤接入高速宽带网络

双 WAN 口路由器＋16 口千兆智能交换机＋24 口交换机＋千兆光纤服务器网卡+客户机

设备选择：侠诺 FVR9208S 路由器 1 台、D-Link DGS-1216T 交换机 1 台、华为 3COM S1024 交换机 4 台、3Com 3C996B-TX 服务器网卡 1 个。

其网络拓扑结构类似于使用 ADSL 接入模式，区别仅在于所用接入设备的不同，方案一所用的是 ADSL Modem，而方案二要使用光纤转换器（由电信提供并负责接线工作）。

案例小结

在网络接入方式上,两个方案都能满足稳定和可靠这两个基本需求;资费方面,ADSL 要比光纤便宜,但由于方案一选择的是 ADSL 双线接入,资费有所增加;方案二也可以选择双光纤接入,但对于中型网吧来说,单线接入带宽是完全可以应付的。对于中小型企业,同样也可以仿照上述方法接入和组网,所不同的是企业内部网线要略长(注意双绞线的 100m 限制),布线时要考虑建筑布局、美观度等因素。

9.4 实训

学完本章后,应掌握和理解目前较流行的几种宽带接入方法,特别是对 ADSL 和光纤接入的申请和设置过程,两种接入方式的不同优势等知识,下面为读者提供几个实训内容,以期进一步巩固本章所学知识内容。

9.4.1 电信 ADSL 安装

操作要求

- 了解 ADSL 安装程序。
- 掌握 ADSL 硬件安装方法。
- 掌握 ADSL 系统配置过程。

步骤解析

(1) 到电信部门了解安装 ADSL 的相关程序(也可以在网上查看相关内容介绍)。
(2) 将一套 ADSL 客户端设备拆除重新安装一遍(有条件的可选做)。
(3) 为计算机接入方法进行系统设置(Windows XP 操作系统不需要拨号软件,其他操作系统需要安装第三方拨号软件进行设置)。

9.4.2 光纤接入设置

操作要求

- 了解光纤接入的优势和前景。
- 了解光纤接入所具备的条件。
- 掌握光纤接入的过程。

步骤解析

(1) 实地考察具有光纤接入网吧的接入方法(或到学校网管中心询问)。
(2) 上网查询光纤接入的相关规定和申请过程。
(3) 参与有关光纤接入的相关项目或工作(有条件的可选做)。

习题

一、填空题

1. Internet 可以提供电子邮件、远程登录_____、_____、_____、_____等多种服务。

2. 域名系统采用分级形式。第 1 级域名一般表示_____，如中国（cn），英国（uk），商业组织（com）等；第 2 级、第 3 级是子域；第 4 级是主机。

3. 目前的宽带接入方式主要包括 3 种：_____、_____和_____。

4. ADSL 英文全称为 Asymmetric Digital Subscriber Line，又叫_____。

5. Cable Modem 的接入一般通过_____实现。

6. Cable Modem 的连接方式主要有_____方式和_____方式。

7. ISDN 目前主要提供两种类型服务，一种是_____服务，另一种是_____服务。前者适用于个人用户和小型企业，后者适用于大型企业和集团用户。

8. B-ISDN（Broadband Integrated Service Digital Network）是_____的简称，它是在 ISDN 的基础上发展起来的。

9. B-ISDN 的主要特征是以同步转移模式（STM）和异步转移模式（ATM）兼容方式服务。_____宽带交换是实现 B-ISDN 的关键和核心。

10. 无线接入网又称为_____，由无线基站和用户单位组成。

二、简答题

1. 简述 Internet 的域名机制。

2. 简要介绍 ADSL 的申请安装过程。

3. 分析光纤接入和 ADSL 接入的优缺点、传输速率、费用等。

三、实践练习

到当地电信营业部门询问申请和安装 ADSL 的过程，详细了解需要注意的事项，需要具备的条件，需要准备的材料和设备，申请初装费用和月租费，了解不同部门、不同方式接入时的差别。

第10章 局域网维护与使用技巧

当一个小型局域网组建以后，为了保障网络运转正常，网络维护就显得非常重要。由于网络协议和网络设备的复杂性，网络故障比个人计算机故障要复杂得多。网络故障的定位和排除，既需要长期的知识和经验积累，也需要一系列的软件和硬件工具。因此，学习各种最新的知识，是每个网络管理员应该具备的基本素质。

学习目标

- 了解系统安全配置的几个方面。
- 了解用户安全设置的方法。
- 掌握事件查看器的作用和功能。
- 了解注册表的使用。
- 掌握注册表的几个常用设置。
- 了解防火墙的功能和分类。

10.1 网络安全与维护

从 20 世纪 60 年代开始，计算机安全逐渐受到重视。当时，计算机系统的脆弱性已日益为美国政府和私营机构所认识。进入 80 年代后，计算机性能得到了数量级的提高，计算机应用的范围也在不断扩大，计算机已遍及世界各个角落。但是，随之而来并日益严峻的问题是计算机信息的安全问题。人们在这方面所做的研究与计算机性能和应用的飞速发展不相适应，因此，它已成为未来信息技术中的主要问题之一。

在计算机网络和系统安全问题中，常有的攻击手段和方式有：利用系统管理的漏洞直接进入系统；利用操作系统和应用系统的漏洞进行攻击；进行网络窃听，获取用户信息及更改网络数据；伪造用户身份、否认自己的签名；传输释放病毒（例如，使用 Java/ActiveX 控件来对系统进行恶意控制；IP 欺骗；摧毁网络节点；消耗主机资源致使主机瘫痪和死机等）。

作为网络管理人员，如何有效地管理局域网络是其基本职责。本节主要介绍如何有效配置系统安全策略的相关知识，并讲解防火墙的基本概念。

10.1.1 操作系统进行安全配置

即使正确地安装了网络操作系统，但是系统还是有很多的漏洞，还需要进一步进行细致地配置。网络管理员安全、有效地配置操作系统是网络安全的前提。操作系统的安全包括用户安全、密码安全、服务安全和系统安全。

【例10-1】 Guest 和 Administrator 账户的重命名和禁用设置。

Windows 操作系统并不是一个安全的系统，在安装好之后，为了安全起见，必须对某些组件进行重新设置，特别是对服务器端操作系统，安全问题配置不好，极容易遭到攻击，造成系统故障甚至整个网络瘫痪。本案例主要讲述装机后 Guest 账户和 Administrator 账户的设置。

基础知识

(1) Guest 账户：即所谓的来宾账户，它可以访问计算机，但受到系统限制。

(2) Administrator 账户：系统默认管理员账户，拥有最高的系统权限。黑客入侵的常用手段之一就是试图获得 Administrator 账户的密码，然后侵入系统进行恶意修改。

步骤解析

(1) 关闭 Guest 账户。

① 依次选择【开始】/【设置】/【控制面板】/【管理工具】/【计算机管理】（Windows XP 操作系统为【开始】/【控制面板】/【性能和维护】/【管理工具】/【计算机管理】）命令，打开【计算机管理】窗口，依次选择左侧列表中的【本地用户和组】/【用户】选项，选择右侧的【Guest】选项，如图 10-1 所示。

② 用鼠标右键单击该选项，在弹出的快捷菜单中选择【属性】命令，弹出图 10-2 所示的【Guest 属性】对话框，选择【常规】选项卡，选择【账户已停用】复选框，单击 确定 按钮完成操作。

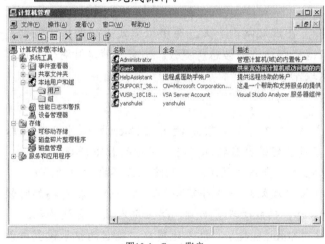

图10-1 Guest 账户

图10-2 停用 Guest 账户

③ 设置完毕后再次查看【计算机管理】窗口中的【本地用户和组】就会发现右侧的【Guest】账户上面出现了一个红色叉号，说明该账号已被停用。

(2) 修改 Administrator。

① 依次选择【开始】/【设置】/【控制面板】/【管理工具】/【本地安全设置】（Windows XP 操作系统为【开始】/【控制面板】/【性能和维护】/【管理工具】/【本地安全设置】）命令，打开【本地安全设置】窗口，如图 10-3 所示。

② 在左侧列表中依次选择【本地策略】/【安全选项】选项，在右侧的列表中双击【账户：重命名系统管理员账户】选项，在弹出的对话框中输入想要设定的名称即可，如图 10-4 所示。

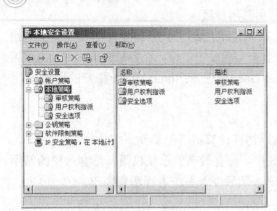

图10-3 【本地安全设置】窗口

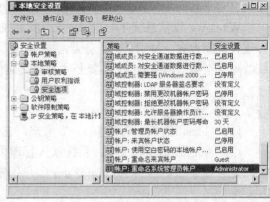

图10-4 修改 Administrator 名称

③ 【本地安全设置】窗口中还有许多其他的安全设置策略，此处不一一细讲，感兴趣的读者可参考有关资料，对计算机进行更进一步地配置。

案例小结

Guest 账户和 Administrator 账户是系统安装之后默认的两个账户，在 Windows 2000/2003 操作系统中，Guest 账户被设为禁用，但在 Windows XP 操作系统中，该账户被激活，而 Administrator 账户则都被设为管理员账户。因此，在重装系统之后，不管是什么系统，都建议对其进行修改，特别是服务器端系统，更要注意这一点。

【例10-2】用户安全设置。

用户安全是对于客户端计算机而言，在局域网内个人计算机也需要进行保护，特别是在企业内的某些涉密部门，更要注意防范资料被盗或被恶意更改。本案例就是针对个人计算机的安全问题，介绍如何有效防止恶意攻击。

步骤解析

(1) 仿照例 10-1，在【计算机管理】窗口中，设置禁止使用【Guest】账号，或者给【Guest】账号设置复杂的密码，密码最好是包含特殊字符、字母的长字符串。

(2) 在【组】策略中设置相应的权限，经常检查系统的用户，删除已经不再使用的用户。

(3) 创建两个管理员账号：一个用来收信以及处理一些日常事务，另一个只在需要的时候使用。改变【Administrator】账号名称，伪装管理员名称，防止别人多次尝试密码。

(4) 创建陷阱用户，即创建一个名称为 "Administrator" 的本地用户，把它的权限设置成最低，并且加上一个超过 8 位的超级复杂密码，这样可以增加密码破解的难度，借此发现想要入侵的人员的企图。

(5) 删除共享文件为 "Everyone" 的权限：任何时候都不要把共享文件的用户设置成【Everyone】组。如图 10-5 所示，在相应对话框的【组或用户名称】列表框中选中【Everyone】选项，并将其删除。

(6) 选择【开始】/【程序】/【管理工具】/【本地安全策略】命令，开启【账户锁定策略】选项。分别设置【复位用户锁定计数器】事件为 30 分钟，【用户锁定时间】为 30 分钟，【用户锁定阈值】为 3 次，当然，这些值也可以根据需要进行相应的设置。设置后的结果如图 10-6 所示。

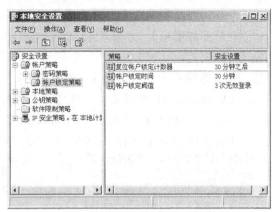

图10-5　删除【Everyone】用户　　　　　　　　　　图10-6　设置账户锁定策略

(7) 不让系统显示上次登录的用户名。默认情况下，登录对话框中会显示上次登录的用户名，这使得其他人可以很容易地得到系统的一些用户名，从而做密码猜测。选择【开始】/【运行】命令，输入 regedit，打开注册表编辑器，找到注册表项【HKEY_LOCAL_MACHINE\SOFTWARE\Microsoft\WindowsNT\CurrentVersion\winlogon】中的【Don't Display Last User Name】，将串数据改成 "1"，这样系统不会自动显示上次的登录用户名。将服务器注册表【HKEY_LOCAL_MACHINE\SOFTWARE\Microsoft\WindowsNT\CurrentVersion\Winlogon】项中的【Don't Display Last User Name】串数据修改为 "1"，隐藏上次登录控制台的用户名。

 案例小结

　　在中小型企业内部，需要进行安全配置的多为客户端计算机，因此，掌握本案例所讲述的安全配置是非常重要的，这对于防范黑客攻击和防止某些恶意破坏本机内部资料的行为都有很好的制约作用。

【例10-3】系统安全设置。

　　系统安全设置主要是针对系统密码策略、网络端口、IIS 等方面的配置，有效设置这些项目可以很好地防止病毒入侵和黑客的攻击。

 基础知识

　　IIS 安全性：IIS 是微软组件中漏洞最多的一个，平均 2～3 个月就要出一个漏洞，微软 IIS 的默认安装同样十分不合理，所以 IIS 的配置是重点。

步骤解析

(1) 密码设置。
① 密码尽量选择比较复杂的组成。
② 设置屏幕保护密码，防止内部人员破坏服务器。在桌面空白区域单击鼠标右键，从快捷菜单中选择【属性】/【屏幕保护程序】/【在恢复时使用密码保护】命令即可。
③ 如果条件允许，用智能卡来代替复杂的密码。

④ 选择【开始】/【程序】/【管理工具】/【本地安全策略】/【账户策略】/【密码策略】
命令，修改密码设置，设置密码长度最小值为 6 位，设置强制密码历史为 5 次（为 0
表示没有密码），时间为 42 天，如图 10-7 所示。

(2) 端口设置。

① 依次选择网卡的【属性】/【TCP/IP】/【高级】/【选项】/【TCP/IP 筛选】/【属性】
（Windows XP 操作系统选择【网上邻居】/【属性】/【本地连接】/【属性】/【Internet
协议（TCP/IP）】/【属性】/【高级】/【选项】/【TCP/IP 筛选】/【属性】）命令，弹出
【TCP/IP 筛选】对话框，添加需要的 TCP、UDP，如图 10-8 所示。

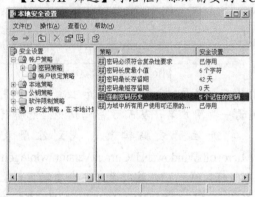

图10-7 配置密码策略

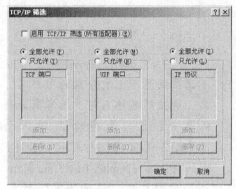

图10-8 配置 TCP/IP 筛选

② 修改注册表来禁止建立空连接。防止任何用户都可通过空连接连上服务器，从而列举
出账号。打开【注册表编辑器】窗口，将【Local Machine\System\CurrentControlSet\
Control\LSA-RestrictAnonymous】的值设置为 "1"。

(3) 设置 IIS。

① 把 C 盘 Inetpub 目录彻底删除，在 D 盘新建一个 Inetpub 目录，在 IIS 管理器中将主目
录指向 "D:\Inetpub"。

② 将在 IIS 安装时默认的 scripts 等虚拟目录全部删除，如果需要什么权限的目录可以自
建，需要什么权限开什么（特别注意 "写" 权限，没有绝对的必要尽量不要开）。

③ 打开 IIS 管理器，用鼠标右键单击【主机】，再在弹出的快捷菜单中依次选择【属性】/
【WWW 服务编辑】/【主目录配置】/【应用程序映射】命令，然后开始删除。

 案例小结

重装系统后一定要记得对系统进行安全配置，否则登录网络后会很容易被攻击，对于
服务器操作系统，首先要设置的是管理员和密码，尽量让安全性搞一些，如设置复制的用户
名，超长的密码等。对于客户端系统，应注意删除 Inetpub 目录（在浏览网页或下载资料时
病毒很容易进入该文件夹而无法删除）。

【例10-4】IP 安全性设置。

IP 安全性（Internet Protocol Security）是 Windows 操作系统中提供的一种安全技术，它
是一种基于点到点的安全模型，可以提供更高层次的局域网数据的安全保障。

基础知识

IP 过滤器：用来阻挡某些特定的对网络有损害的 IP 地址。对于没有设定的 IP 地址，可

以像防火墙一样将其革除，从而拒绝其访问本地计算机。Windows 操作系统自带的 IP 过滤器功能已十分强大，但网络上还有相关的过滤器软件，较常用的是 Lussnig's IP Filter。

 步骤解析

(1) 添加 IP 安全策略管理。

① 选择【开始】/【运行】命令，在【运行】对话框中输入"mmc"，单击 确定 按钮打开【控制台 1】窗口，如图 10-9 所示。

② 选择【文件】/【添加/删除管理单元】命令，弹出【添加/删除管理单元】对话框，切换到【独立】选项卡，单击 添加(D)... 按钮，在弹出的【添加独立管理单元】对话框的列表框中选择【IP 安全策略管理】选项，单击 添加(D)... 按钮，如图 10-10 所示。

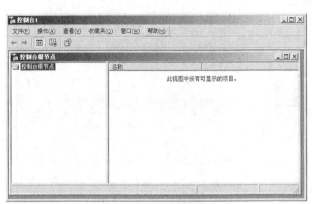

图10-9 启动控制台　　　　　　　　　　图10-10 添加 IP 安全管理策略

③ 在打开的【选择计算机或域】对话框中可以利用各个单选钮确定当前 IP 安全策略待管理的计算机。选择完毕后单击 完成 按钮完成操作。

(2) 设置 IP 过滤器。

① 添加新 IP 过滤器。按上述步骤打开【控制台 1】窗口，选择【控制台根节点】下的【管理 IP 筛选器表和筛选操作】选项，弹出【管理 IP 筛选器表和筛选操作】对话框，如图 10-11 所示。在【管理 IP 筛选器列表】选项卡中单击 添加(D)... 按钮。

② 在弹出的对话框中进行相关设置，在【名称】文本框中输入新创建的 IP 过滤器的名称（如"我的 IP 地址"），如图 10-12 所示。单击 添加(D)... 按钮进行 IP 筛选器安装操作。

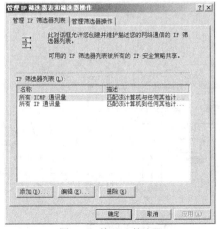　　　　　　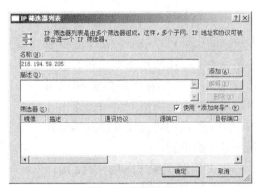

图10-11 管理 IP 筛选器　　　　　　　　　图10-12 设置新 IP

③ 在弹出的【筛选器向导】对话框中，选择【源地址】下拉列表中的"一个特定的 IP 地址"选项，在【IP 地址】文本框中输入服务器的 IP 地址和子网掩码，如图 10-13 所示。单击 下一步(N) > 按钮。

④ 同样，在弹出的对话框中要求输入目标地址，此处输入本地计算机的 IP 地址即可。完成操作后单击 下一步(N) > 按钮。

⑤ 在【IP 协议类型】对话框中，选择协议类型为 TCP，单击 下一步(N) > 按钮，完成操作。

(3) 编辑已有 IP 过滤器。

① 在图 10-11 中单击 编辑(E)... 按钮，弹出【IP 筛选器列表】对话框，单击 编辑(E)... 按钮，弹出【筛选器 属性】对话框，如图 10-14 所示，切换到【寻址】选项卡，在该选项卡中可以对源地址和目的地址进行重新设置。

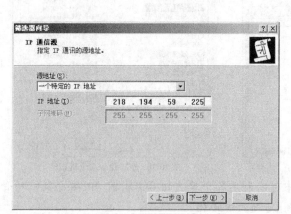

图10-13 设置源 IP 地址

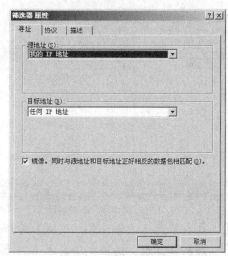

图10-14 配置筛选器属性

② 选择图 10-11 所示对话框中的【管理筛选器操作】选项卡，在文本列表框中选中需要编辑的选项，如【所有的 IP 通信】选项，单击 编辑(E)... 按钮，对其进行相关内容的设置。

案例小结

IP 安全属性的每一个组成部分都称为安全策略，而 IP 过滤器又是安全策略中的重要组成部分，因此，设置 IP 过滤器对于保护网络数据的传输有着极其重要的作用。

10.1.2 防火墙技术

防火墙是一种确保网络安全的方法。防火墙可以被安装在一个单独的路由器中，用来过滤不想要的信息包，也可以被安装在路由器和主机中，发挥更大的网络安全保护作用。图 10-15 所示为防火墙处在内部和外部网络中的位置。

防火墙就其结构和组成而言，大体可分为如下 3 种。

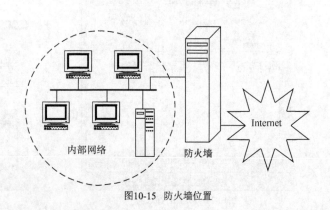

图10-15 防火墙位置

1. 软件防火墙

软件防火墙又分为个人防火墙和系统网络防火墙。前者主要服务于客户端计算机，Windows 操作系统本身就有自带的防火墙，其他如金山毒霸、卡巴斯基、瑞星等都是目前较流行的防火墙软件。用于企业服务器端的软件防火墙运行于特定的计算机上，它需要预先安装好的计算机操作系统的支持，防火墙厂商中生产网络版软件防火墙较有名的是Checkpoint。

2. 硬件防火墙

相对于软件防火墙来说更具有客观可见性，就是可以见得到摸得着的硬件产品。硬件防火墙有多种，其中路由器可以起到防火墙的作用，代理服务器同样也具有防火墙的功能。独立的防火墙设备比较昂贵，一般在几千元到几十万元之间，图 10-16 所示为某公司的防火墙产品。较有名的独立防火墙生产厂商有华为、思科、中华卫士、D-Link 等。

图10-16 防火墙实物图

3. 芯片级防火墙

芯片级防火墙基于专门的硬件平台，没有操作系统。专有的 ASIC 芯片促使它们比其他种类的防火墙速度更快，处理能力更强，性能更高。生产这类防火墙较有名的厂商有NetScreen.、FortiNet 等。

【例10-5】天网防火墙的设置和使用方法。

防火墙是指位于不同网络（如可信任的企业内部网和不可信的公共网）或网络安全区域之间的一系列部件的组合。它是不同网络或网络安全区域之间信息的唯一出入口，能够根据企业的安全政策（允许、拒绝、监测）控制出入网络的信息流，且本身具有较强的抗攻击能力。它是提供信息安全服务，实现网络和信息安全的基础设施。

在逻辑上，防火墙是一个分离器、限制器，也是一个分析器，它有效地监控了内部网和 Internet 之间的任何活动，保证了内部网络的安全。下面以天网防火墙个人版 3.0 为例介绍其设置和基本用法。

 操作步骤

(1) 天网防火墙的安装非常简单，不做详细介绍。安装后弹出【天网防火墙设置向导】对话框，如图 10-17 所示，选择使用的安全级别，一般点选【中】单选钮即可。

 要点提示　　当计算机没有接入任何网络时，可以选择安全级别为"低"，此时防火墙采用普通级别保护计算机；当计算机连入局域网时，可以选择安全级别为"中"，此时防火墙允许网络资源共享并根据需要开放网络端口；当计算机接入 Internet 时，可以选择安全级别为"高"，此时防火墙将关闭网络资源共享和不常用的端口。

(2) 单击 下一步 按钮，进入【局域网信息设置】向导页，如果是在局域网中使用，可以选中【我的电脑在局域网中使用】复选框，然后再输入局域网中的地址，如图 10-18 所示。

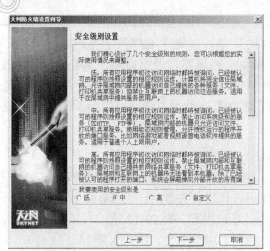

图10-17 【天网防火墙个人版设置向导】对话框

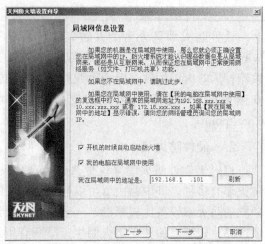

图10-18 【局域网信息设置】向导页

(3) 单击 [下一步] 按钮，进入【常用应用程序设置】向导页，选择允许访问网络的系统文件，最好采用默认设置，如图 10-19 所示。

(4) 单击 [下一步] 按钮，防火墙自动安装完成，而且自动地缩为一个小图标，单击该图标会弹出如图 10-20 所示天网防火墙程序的主界面。

(5) 单击程序主界面左上角的 图标，进入应用程序访问网络权限设置界面，如图 10-21 所示。

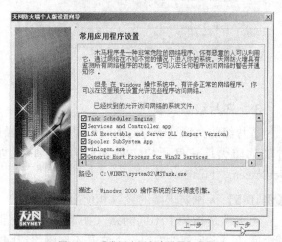

图10-19 【常用应用程序设置】向导页

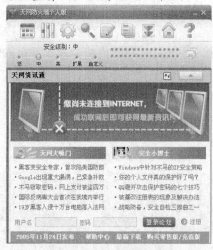

图10-20 天网防火墙的主界面

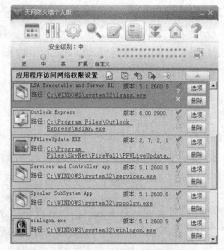

图10-21 应用程序访问网络权限设置界面

(6) 单击程序列表右侧的 [选项] 按钮，可以设置该应用程序禁止使用 TCP 或者 UDP 传输，以及设置端口过滤，让应用程序只能通过固定的几个通信端口或者一个通信端口范围接收和传

输数据。完成这些设置后，可以选择【询问】或者【禁止操作】选项，如图 10-22 所示。

(7) 自定义 IP 规则设置。

① 在如图 10-20 所示程序主界面顶部单击 图标可以自定义 IP 规则。IP 规则是对整个系统网络数据包监控而设置的。利用自定义 IP 规则，用户可针对个人的不同网络状态，设置自己的 IP 安全规则，使防御手段更周到、更实用，如图 10-23 所示。

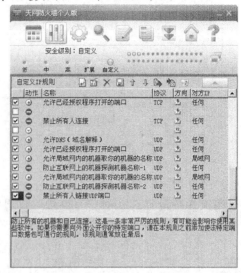

图10-22 【应用程序规则高级设置】对话框　　　图10-23 自定义 IP 规则设置

② 由于天网防火墙本身的默认设置规则相当好，用户一般不需要进行任何 IP 规则的修改，就可以直接使用。

知识链接 ——自定义 IP 规则的选项含义

- 防御 ICMP 攻击：选择此项，则别人无法用 ping 的任何方法来确定用户的存在，但是不影响用户去 ping 别人。
- 防御 IGMP 攻击：IGMP 是用于组播的一种协议，对 Windows 用户来说是没有什么用途的，但是现在也被用来作为蓝屏工具的一种方法，建议选择此项。
- TCP 数据包监视：通过这条规则，可以监视机器与外部之间的所有 TCP 连接请求。
- 禁止互联网机器使用我的共享资源：开启该规则后，别人无法访问用户的共享资源，包括获取用户的机器名称。
- 禁止所有的人连接低端端口或者允许以及授权的程序打开端口等。

(8) 系统设置。

① 在如图 10-20 所示程序主界面中顶部单击 图标，进入天网防火墙的系统设置界面，如图 10-24 所示。

② 在【启动】栏中勾选【开机后自动启动防火墙】复选框，天网防火墙将在操作系统启动的时候自动启动。

③ 在【管理权限设置】选项卡中，选中【允许所有的应用程序访问网络，并在规则中记录这些程序】复选框，那么所有的应用程序对网络的访问都默认通行而不拦截，如图 10-25 所示。

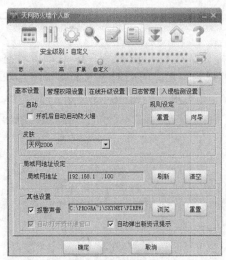

图10-24 系统设置界面

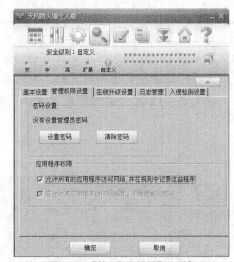

图10-25 【管理权限设置】选项卡

(9) 网络访问监控功能。

单击主界面的图标，可以进入应用程序网络状态界面，如图 10-26 所示。此处查看当前系统中各应用程序的网络使用状况。

> **要点提示**　天网防火墙不但可以控制应用程序访问网络的权限，而且可以监视该应用程序访问网络所用到的数据传输通信协议端口等。通过天网防火墙个人版提供的应用程序网络状态功能，用户能够监视到所有开放端口连接的应用程序及它们使用的数据传输通信协议，任何不明程序的数据传输通信协议端口，如特洛伊木马等，都可以在应用程序网络状态下一目了然。

(10) 日志记录。

单击主界面中的图标，将进入日志界面，如图 10-27 所示。当然，并非所有的被拦截的数据都意味着有人攻击，有些正常的数据包由于用户设置防火墙 IP 规则的问题，也会被防火墙拦截。

> **要点提示**　天网防火墙会把所有不符合规则的数据传输包拦截并且记录，如果选择了监视 TCP 和 UDP 数据传输封包，那么用户发送和接收的每个数据传输封包也将被记录下来。

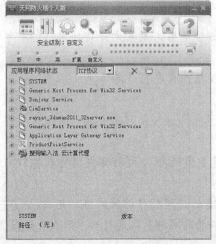

图10-26 应用程序网络状态界面

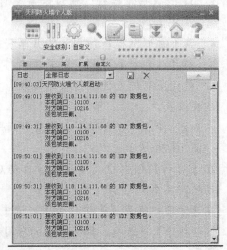

图10-27 日志界面

10.2 常见网络故障和排除方法

通常，在遇到网络故障时，管理人员不能着急，而应该冷静下来，仔细分析故障原因，通常解决问题的顺序是"先软件后硬件"。在动手排除故障之前，最好准备一支笔和一个记事本，将故障现象认真仔细记录下来（这样有助于日后同类故障的解决）。

10.2.1 如何识别网络故障

要识别网络故障，必须确切地知道网络上到底出了什么问题。知道出了什么问题并能够及时识别，是成功排除故障的关键。为了与故障现象进行对比，管理员必须知道系统在正常情况下是怎样工作的。

识别故障现象时，应该向操作者询问以下几个问题。

(1) 当被记录的故障现象发生时，正在运行什么进程（即操作者正在对计算机进行什么操作）。

(2) 这个进程以前运行过吗？

(3) 以前这个进程的运行是否成功？

(4) 这个进程最后一次成功运行是什么时候？

(5) 从那时起，哪些发生了改变？

当出现故障时，管理员要亲自操作一下刚才出错的程序，并注意出错信息。例如，在使用 Web 浏览器进行浏览时，无论输入哪个网址都返回"该页无法显示"之类的信息。使用 ping 命令时，无论 ping 哪个 IP 地址都显示超时连接信息等。诸如此类的出错消息会为缩小问题范围提供许多有价值的信息。对此在排除故障前，可以按图 10-28 所示步骤执行。

 作为网络管理员，应当考虑导致无法查看信息的原因可能有哪些，如网卡硬件故障、网络连接故障、网络设备（如集线器、交换机）故障、TCP/IP 设置不当等。注意：不要急于下结论，可以根据出错的可能性把这些原因按优先级别进行排序，一个个先后排除。

处理网络故障的方法多种多样，比较方便的有参考实例法、硬件替换法、错误测试法等。参考实例法是指参考附近有类似连接的计算机或设备，然后对比这些设备的配置和连接查找问题的根源，最后解决问题，操作步骤如图 10-29 所示。

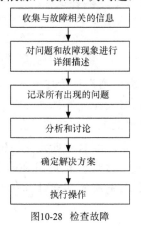

图10-28 检查故障

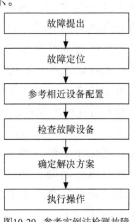

图10-29 参考实例法检测故障

硬件替换法是将正常设备替换到故障设备上，如果测试正常，则可说明是替换的设备有问题，注意替换的设备不能太多，并且精密设备不适合这种方法。错误测试法指网络管理员凭经验对出现的故障进行测试，最后找到症结所在。

虽然故障原因多种多样，但不外乎就是硬件问题和软件问题，说得再确切一些，就是网络连接性问题、配置文件选项问题及网络协议问题。

【例10-6】网络连通性故障及排除方法。

网络连接性是故障发生后首先应当考虑的原因。连通性的问题通常涉及网卡、跳线、信息插座、网线、Hub、Modem 等设备和通信介质。其中，任何一个设备的损坏，都会导致网络连接的中断。

 基础知识

(1) 故障表现。
- 计算机无法登录到服务器，计算机无法通过局域网接入 Internet。
- 在【网上邻居】窗口中只能看到本机，而看不到其他计算机，从而无法使用其他计算机上的共享资源和共享打印机。
- 计算机无法在网络内实现访问其他计算机上的资源。网络中的部分计算机运行速度异常的缓慢。

(2) 故障原因。
- 网卡未安装，或未安装正确，或与其他设备有冲突。
- 网卡硬件故障。
- 网络协议未安装，或设置不正确。
- 网线、跳线或信息插座故障。
- Hub 或交换机电源未打开，Hub 或交换机硬件故障。

 步骤解析

(1) 当出现一种网络应用故障时，首先查看能否登录比较简单的网页。查看周围计算机是否有同样的问题，如果没有，则主要问题在本机。

(2) 使用 ping 命令测试本机是否连通，选择【开始】/【运行】命令，在输入栏输入本机 IP 地址，如图 10-30 所示。查看是否 ping 通，若 ping 通则说明并非连通性故障。

图10-30 ping 本机地址

(3) 查看 LED 灯判断网卡的故障。首先查看网卡的指示灯是否正常，正常情况下，在不传送数据时，网卡的指示灯闪烁较慢；传送数据时，闪烁较快。无论指示灯是不亮，还是常亮不灭，都表明有故障存在。如果网卡的指示灯不正常，需关掉计算机更换网卡。

(4) 查看网卡驱动是否存在问题，若存在问题则需要重新安装网卡驱动程序。

(5) 如果在确定网卡和协议都正确的情况下，网络还是不通，可初步断定是 Hub（或交换机）和双绞线的问题。为了进一步进行确认，可再换一台计算机用同样的方法进行判断。如果其他计算机与本机连接正常，则故障一定是在先前的那台计算机和 Hub（或交换机）的接口上。

(6) 如果 Hub（或交换机）没有问题，则检查计算机到 Hub（或交换机）的那一段双绞线和
　　所安装的网卡是否有故障。判断双绞线是否有问题可以通过"双绞线测试仪"或用两块
　　万用表分别由两个人在双绞线的两端测试，主要测试双绞线的 1，2 和 3，6 共 4 条线
　　（其中 1，2 线用于发送，3，6 线用于接收）。如果发现有一根不通就要重新制作。
　　通过上面的故障分析，就可以判断故障出在网卡、双绞线或 Hub 上。

案例小结

当出现网络故障时，通过上述步骤，基本可以排除是哪方面的问题，如果仍然不能解
决，则考虑是否是协议故障或中病毒等原因，再进行其他方面的检查。

【例10-7】协议故障及排除方法。

网络协议是计算机能够进行通信的标准，没有网络协议，网络设备和计算机之间就没
有共同语言可以依据，因此也就不能继续进行网络互连和资源共享。

基础知识

(1) 常见故障。
- 计算机无法登录到服务器。
- 在【网上邻居】窗口中看不到本机，也无法在网络中访问其他计算机。
- 在【网上邻居】窗口中能看到本机和其他成员，但无法访问其他计算机。
- 计算机无法通过局域网接入 Internet。
(2) 故障原因。
- 协议未安装，实现局域网通信，需安装 NetBEUI 协议。
- 协议配置不正确，TCP/IP 涉及的基本参数有 4 个，包括 IP 地址、子网掩码、
  DNS 和网关，任何一个参数设置错误，都会导致故障发生。

步骤解析

(1) 检查计算机是否安装 TCP/IP 和 NetBEUI 协议，如果没有，建议安装这两个协议，并把
　　TCP/IP 参数配置好，然后重新启动计算机。
(2) 使用 ping 命令，测试与其他计算机的连接情况。使用 ping 命令检测是否连接成功。选
　　择【开始】/【运行】命令，在命令栏里输入"ping 127.0.0.1 –t"。检查本地主机地址是
　　否正常，此操作可以确定 TCP/IP 是否安装正确。
(3) 双击【网上邻居】图标，将显示网络中的其他计算机和共享资源。如果仍看不到其他计
　　算机，可以使用【查找】命令，能找到其他计算机，就没有问题了。
(4) 在【网络】属性的【标识】中重新为该计算机命名，使其在网络中具有唯一性。

案例小结

协议故障一般并不容易被发现，通常计算机用户不会注意到这些方面，但作为网络管
理员，应该十分熟悉这方面的操作，特别是在做常规检查无法发现问题所在时，检查网络协
议是非常有效的方法。

10.2.2 事件查看器及其应用

无论是普通计算机用户，还是专业计算机系统管理员，在操作计算机的时候都会遇到某些系统错误。很多人经常为无法找到出错原因，解决不了故障问题感到困扰。事实上，利用 Windows 内置的事件查看器，加上适当的网络资源，就可以很好地解决大部分的系统问题。

微软公司在以 Windows NT 为内核的操作系统中集成有事件查看器，这些操作系统包括 Windows 2000\NT\XP\2003 等。事件查看器可以完成许多工作，如审核系统事件和存放系统、安全及应用程序日志等。

【例10-8】使用事件查看器。

事件查看器内包含所有系统日志信息，计算机所有的操作在事件查看器中都可以查找到其历史记录，由于事件查看器中包含的信息量十分巨大，限于篇幅原因，本案例主要讲述几种实用的操作设置，其他选项可参考相关书籍。

 基础知识

(1) 应用程序日志：包含由应用程序或系统程序记录的事件。例如，数据库程序可在应用日志中记录文件错误。程序开发员决定记录哪一个事件。

(2) 系统日志：包含 Windows Server 2003 系统组件记录的事件。例如，在计算机启动过程将加载的驱动程序或其他系统组件的失败记录在系统日志中。Windows Server 2003 操作系统预先确定由系统组件记录的事件类型。

(3) 安全日志：用于记录安全事件，如有效的和无效的登录尝试，以及与创建、打开或删除文件等资源使用相关联的事件。管理器可以指定在安全日志中记录什么事件。例如，如果已启用登录审核，登录系统的尝试将记录在安全日志里。

(4) 事件查看器显示的事件类型如下。

- 错误：重要的问题，如数据丢失或功能丧失。例如，如果在启动过程中某个服务加载失败，这个错误将会被记录下来。

- 警告：并不是非常重要，但有可能说明将来的潜在问题的事件。例如，当磁盘空间不足时，将会记录警告。

- 信息：描述了应用程序、驱动程序或服务的成功操作的事件。例如，当网络驱动程序加载成功时，将会记录一个信息事件。

- 成功审核：成功的审核安全访问尝试。例如，用户试图登录系统成功会被作为成功审核事件记录下来。

- 失败审核：失败的审核安全登录尝试。例如，如果用户试图访问网络驱动器却失败了，则该尝试将会作为失败审核事件记录下来。

 步骤解析

(1) 查看事件日志。

① 选择【开始】/【程序】/【管理工具】/【事件查看器】命令，打开【事件查看器】窗口，在左侧的目录树窗格中列出了事件的方式，右边窗格列出的是对应事件方式的所有日志信息，包括事件的类型、日期、时间、来源、分类、事件、用户和计算机，如图 10-31 所示。

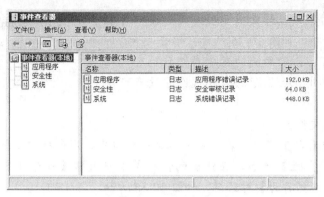

图10-31 【事件查看器】窗口

② 在【事件查看器】窗口中选择事件的方式，如图 10-32 所示，在右边窗口中的日志上单击鼠标右键，从快捷菜单中选择【属性】命令打开日志的属性对话框，如果要查看前后事件日志的属性可单击 ↑ 或者 ↓ 按钮。

③ 在日志的属性对话框中的【描述】列表框中，对事件发生的起因和解决方法进行了分析，为用户提供了一个解决方案，如图 10-33 所示。

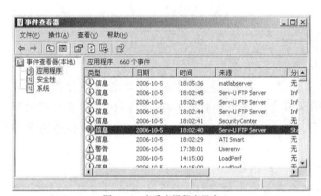

图10-32 查看应用程序日志

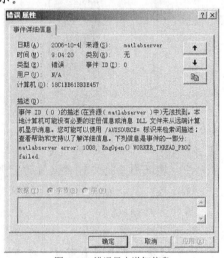

图10-33 错误日志详细信息

(2) 清除事件日志。

① 打开【事件查看器】窗口，在左侧目录树窗口中用鼠标右键单击所要清除的事件日志，如【系统】日志，在弹出的快捷菜单中选择【清除所有事件】命令，如图 10-34 所示。

图10-34 清除事件日志

② 选择该命令后，系统弹出提示用户是否要保存事件日志的对话框，如图 10-35 所示。单击 <u>否(N)</u> 按钮继续即可。清除所选的程序事件日志后，在该类型的日志中就会显示为"此视图中没有可显示的项目"。

图10-35 选择是否保存事件日志

(3) 保存事件日志文件。

① 打开【事件查看器】窗口，在左侧的目录树窗口中，用鼠标右键单击所要保存的事件日志，如【安全性】日志，在弹出的快捷菜单中选择【另存日志文件】命令，弹出【将"安全性"另存为】对话框，如图 10-36 所示。

图10-36 保存日志文件

② 在对话框中输入要保存事件日志的文件名，单击 <u>保存(S)</u> 按钮将日志保存为指定的文件。建议用户将文件名设置为"时间＋日志"格式类型，如在 2011 年 7 月 5 日备份系统日志，则将备份的系统日志文件命名为"2011-7-5.evt"，这样以后可以方便查看服务器的运行情况。

(4) 设置事件日志属性。

① 打开【事件查看器】窗口，在左侧的目录树窗口中用鼠标右键单击所要设置属性的事件日志，如【系统】事件日志，在弹出的快捷菜单中选择【属性】命令，如图 10-37 所示。

图10-37 设置事件日志属性

② 在【系统 属性】对话框的【常规】选项卡中，默认的系统日志文件大小为 512KB，日志文件达到上限时，服务器将按需要覆盖事件，可以设置覆盖的时间为一个指定事件，如图 10-38 所示。

③ 切换到【筛选器】选项卡，如图 10-39 所示，在这里可以取消勾选【信息】和【成功审核】复选框，这样 Windows 操作系统在系统正常启动的情况下，就不做事件日志记录，只对警告事件或者出错的事件做事件日志记录，可以节省日志文件所占用的资源。

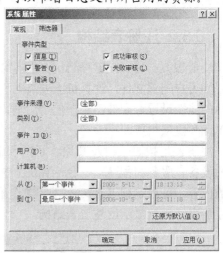

图10-38 设置日志保存时间　　　　　　　　　　图10-39 筛选器设置

案例小结

启动 Windows Server 2003 操作系统时，EventLog 服务会自动启动。所有用户都可以查看应用程序和系统日志，只有管理员才能访问安全日志。在默认情况下，安全日志是关闭的，可以使用组策略来启用安全日志。管理员也可在注册表中设置审核策略，以便当安全日志溢出时使系统停止响应。

10.3 使用注册表

Windows 注册表是帮助 Windows 操作系统控制硬件、软件、用户环境和 Windows 界面的一套数据文件，注册表包含在 Windows 目录下两个文件"system.dat"和"user.dat"里，它们还有一套备份文件"system.da0"和"user.da0"。通过 Windows 目录下的"regedit.exe"程序可以存取注册表数据库。在 Windows 操作系统的更早版本（Windows 98 以前）中，这些功能是靠"win.ini"，"system.ini"和其他与应用程序有关联的".ini"文件来实现的。

10.3.1 注册表概述

在 Windows 操作系统家族中，"system.ini"和"win.ini"这两个文件包含了操作系统所有的控制功能和应用程序的信息，"system.ini"管理计算机硬件而"win.ini"管理桌面和应用程序。所有硬件驱动程序、字体设置和重要系统参数会保存在".ini"文件中。

注册表最初被设计为一个应用程序的数据文件的相关参考文件，最后扩展为在 32 位操作系统和应用程序下能够实现全面管理功能的文件。注册表是一套控制操作系统外观以及如何响应外来事件工作的文件。这些"事件"的范围从直接存取一个硬件设备到接口如何响应特定用户再到应用程序如何运行等操作。

注册表是 Windows 程序员建造的一个复杂的信息数据库，不同系统上的注册表的结构基本相同。

10.3.2 注册表结构

注册表是一个用来存储计算机配置信息的数据库，里面包含操作系统不断引用的信息，如用户配置文件，计算机上安装的程序和每个程序可以创建的文档类型、文件夹和程序图标的属性设置，硬件，正在使用的端口等。注册表按层次结构来组织，由主项、子项、配置单元和值项组成。

注册表是按照子树及其项、子项和值项进行组织的分层结构。根据安装在每台计算机上的设备、服务和程序，一台计算机上的注册表内容可能与另一台有很大不同。要查看注册表的内容，可以运行 Windows NT 操作系统下面的注册表编辑器 Regedit.exe。图 10-40 所示为注册表编辑器显示的注册表结构。

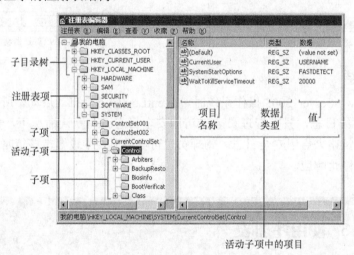

图10-40 注册表结构

从图 10-40 中可以看出，注册表项可以有子项，同样，子项也可以包含子项。尽管注册表中的大多数信息都存储在磁盘上，而且一般是永久存在的，但是，存储在 violatile keys 中的一些信息在操作系统每次启动时将被覆盖。

【例10-9】注册表典型应用实例。

注册表应用非常多，几乎可以控制整个计算机系统，本案例主要讲述几个应用比较频繁的注册表设置操作，其他功能可查阅有关资料。

(1) 使用注册表删除多余的 dll 文件。

① 选择【开始】/【运行】命令，打开【运行】对话框，输入"regedit"，如图 10-41 所示，单

击 ▭ 确定 ▭ 按钮，打开【注册表编辑器】窗口。选择【HKEY_LOCAL_MACHINE/ Software/ Microsoft/Windows/CurrentVersion/Shared DLLs】选项。

② 选中注册表列表中右侧的所有文件，单击鼠标右键，从快捷菜单中选择【删除】命令，即可删除多度的 dll 文件。

(2) 停止开机自动运行软件。

打开【注册表编辑器】窗口，选择【HKEY_LOCAL_MACHINE/Software/ Microsoft/Windows/CurrentVersion/run】选项，在右侧列表中选择开机不需要运行的软件，将其删除即可。

(3) 还原 IE 默认浏览页面。

① 选择【HKEY_LOCAL_MACHINE/SOFTWARE/Microsoft/Internet Explorer/Main】选项，在右侧窗口中双击串值【Start Page】，将键值改为"about: blank"即可。

② 选择【HKEY_CURRENT_USER/Software/Microsoft/Internet Explorer/Main】选项，按照上述步骤进行设置即可。

③ 选择【HKEY_LOCAL_MACHINE/Software/Microsoft/Windows/Current Version/Run】选项，将其下的 registry.exe 子键删除，并删除自运行程序 c:\Program Files\registry.exe，最后从 IE 选项中重新设置起始页，重启计算机。

(4) 去掉桌面快捷方式的小箭头。

① 打开【注册表编辑器】窗口，选择【HKEY_CLASSES_ROOT/lnkfile】选项。

② 在 lnkfile 子键下面找到一个名为"IsShortcut"的键值，它表示在桌面的.lnk 快捷方式图标上将出现一个小箭头。用鼠标右键单击【IsShortcut】，然后从弹出的快捷菜单中选择【删除】命令，将该键值删除。

③ 对指向 MS-DOS 程序的快捷方式（即.pif）图标上的小箭头，还需选择【HKEY_ CLASSES_ROOT/piffile】选项，然后执行步骤②操作。

④ 重新启动计算机，查看是否修改成功，如不成功可再执行一次操作。

(5) 注册表的备份与还原。

① 打开【注册表编辑器】窗口，选择【文件】/【导出】命令，在弹出的【导出注册表文件】对话框中，输入欲备份注册表的文件名及其保存位置，单击 ▭ 保存(S) ▭ 按钮即可。

② 需恢复注册表时，选择【文件】/【导入】命令，将以前保存过的注册表文件导入即可，如图 10-42 所示。

图10-41 【运行】对话框

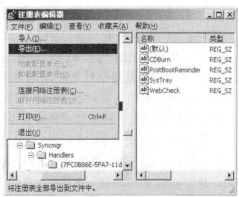

图10-42 注册表导入与导出

案例小结

平时最常用的是删除冗余 dll 文件和禁止自启动软件的注册表设置，注册表作为系统的备份文件，它包含了几乎所有应用程序的记录，但由于在注册表保存的信息中，含有许多系统启动时必要的参数，一旦出现问题将导致系统崩溃等严重后果。此外，由于注册表里含有许多无法通过操作系统本身进行操作的系统参数，因此在没有确定信息证明修改准确的情况下，建议不要随意修改注册表值。

10.4 局域网维护工具

为了保障网络运转正常，网络维护就显得尤其重要。由于网络协议和网络设备的复杂性，网络故障比个人计算机的故障要复杂很多。网络故障的定位和排除，既需要掌握丰富的网络知识和长期的经验积累，也需要一系列的软件和硬件工具。

10.4.1 Windows 操作系统常用命令

最初的操作系统是基于命令的操作系统，它没有良好的可视化界面，完全凭一条条操作命令来完成任务的执行，随着硬件设备的提高和软件的开发，可视化、人性化的系统界面应运而生，目前的绝大部分系统和应用软件都具有所见即所得的操作界面，不需要再用操作命令来控制软件的执行了。但是，作为最底层基于命令的操作系统，要对它进行系统的维护和修复，使用操作命令还是非常方便和实用的，用于系统操作的命令主要有 DOS 操作命令、ping 命令等。

磁盘操作系统（Disk Operate System，DOS）命令又分内部命令和外部命令。内部命令又称为驻机命令，它是随着 DOS 系统的启动同时被加载到内存里且长驻内存。也就是说，只要启动了 DOS 系统，就可以使用内部命令。外部命令是储存在磁盘上的可执行文件，执行这些外部命令需要从磁盘将其文件调入内存，因此，外部命令只有该文件存在时才能使用。带有.com，.exe，.bat 等扩展名的文件都可看成是外部命令。

常用的内部命令有 MD，CD，RD，DIR，PATH，COPY，TYPE，EDIT，REN，DEL，CLS，VER，DATE，TIME 和 PROMPT。

常用的外部命令有 DELTREE，FORMAT，DISKCOPY，LABEL，VOL，SYS，XCOPY，FC，ATTRIB，MEM 和 TREE。

ping 命令主要是用来检查路由是否能够到达。由于该命令的数据包非常小，所以在网上传递的速度非常快，可以快速地检测到要访问的站点是否能够顺利到达，要访问某站点时，可以先通过该命令的某些操作测试是否可达，如果执行 ping 命令不成功，则可以预测故障出现在以下几个方面：网线是否连通，网络适配器配置是否正确，IP 地址是否可用等。如果执行 ping 命令成功而网络仍无法使用，那么问题很可能出在网络系统的软件配置方面，执行 ping 命令成功只能保证当前主机与目的主机间存在一条连通的物理路径。

使用格式是在命令提示符下输入 ping IP 地址或主机名，执行结果显示响应时间。具体的 ping 命令后还可跟许多参数，详见本书附录 B。

10.4.2 常用系统维护软件

随着应用软件的开发，目前系统维护软件也多种多样，主要有病毒防护软件、系统修复与测试软件、系统维护软件等。

病毒防护软件主要有瑞星、诺顿、金山毒霸、东方卫士、卡巴斯基等。其中卡巴斯基是防护木马病毒和网络流行病毒较好的一款防护软件，只要实时更新病毒防护库，就可以防御网络上的大多数病毒入侵，但对一些隐蔽性特别强的病毒无法进行删除，只能查找其位置，如 U 盘病毒。另外，该软件运行期间占用内存较大，需要内存 256MB 以上配置。此外，有些木马病毒不容易删除，万一感染这类病毒，可以到网上搜索相关解决办法。

系统维护软件主要有优化大师、诺顿电脑大师、超级兔子魔法设置、MSN messenger等。优化大师是目前应用较多的系统维护软件，该软件可以进行磁盘清理、冗余文件清理、系统性能维护等多项操作。

系统修复软件主要有一键 Ghost、一键还原精灵、CPU-Z、Intel CPU 检测等。

10.4.3 局域网维护综合案例

Windows 操作系统提供了一个非常方便实用的网络诊断工具，它可以进行多种测试，收集不同的信息，根据所选择的扫描选项，网络诊断扫描系统来查看是否有网络连接，以及与网络有关的程序和服务是否在运行等信息。文件夹隐藏是对涉密文件进行保护的有效措施，但通常所隐藏的文件很容易被发现，使用注册表设置就会很安全地将自己的文件夹隐藏起来，从而避免自己较秘密的文件被发现。

【例10-10】 Windows 自带诊断程序解决网络故障。

(1) 自检诊断程序应用。

① 依次选择【开始】/【控制面板】/【网络连接】（Windows XP 操作系统选择【开始】/【控制面板】/【网络和 Internet 连接】/【网络连接】/【网络疑难解答程序】）命令，打开图 10-43 所示的【帮助和支持中心】窗口。

图10-43 【帮助和支持中心】窗口

② 选择【诊断网络配置并运行自动的网络测试】选项，打开图 10-44 所示的窗口，选择【扫描您的系统】选项，等待系统扫描，如果有网络故障，则系统会在窗口下部列出【Internet 服务】、【计算机信息】和【调制解调器和网络适配器】3 项详细列表，告诉用户网络出现什么故障，如图 10-45 所示。

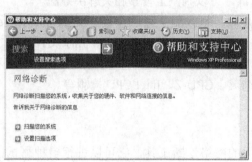

图10-44 网络诊断选择

图10-45 扫描系统

③ 双击每一个子项都会弹出其详细的下拉列表，可以根据提示的信息判断故障的原因。

④ 在图 10-43 所示窗口中可以在【选择一个任务】列表下任意选择一个选项，会弹出对该选项的详细说明。

(2) IE 浏览器出现乱码。

① 打开 IE 浏览器，选择【查看】/【编码】命令。

② 选择要使用的文字，一般选择"简体中文"即可。

(3) 使用 ipconfig 检测网络连接。

① 选择【开始】/【运行】命令，在弹出的【运行】对话框中输入"cmd"，按 Enter 键，打开图 10-46 所示的窗口。

② 输入"ipconfig"，按 Enter 键，即可看到图 10-47 所示的连接信息。

图10-46 使用 ipconfig

图10-47 执行 ipconfig 命令的结构

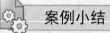
案例小结

网络故障使用 ping 和 ipconfig 命令基本可以检测到故障的症结，解决方法主要从协议和硬件两方面入手，因此，出现网络连接故障时使用 Windows 自带工具完全可以解决问题。

【例10-11】 使用注册表隐藏文件或文件夹。

步骤解析

(1) 隐藏普通文件。

① 选择要隐藏的文件，如选择 F 盘的 Ghost 文件夹，单击鼠标右键，在快捷菜单中选择
   【属性】命令，弹出属性对话框，在【常规】选项卡的【属性】选项区中勾选【隐
   藏】复选框，如图 10-48 所示。单击 确定 按钮完成操作。

② 打开 F 盘，在打开的窗口中选择【工具】/【文件夹选项】命令。

③ 在弹出的【文件夹选项】对话框中切换到【查看】选项卡，在【高级设置】列表框中点选
   【不显示隐藏的文件和文件夹】单选钮，如图 10-49 所示。单击 确定 按钮完成操作。

图10-48 设置文件夹为隐藏

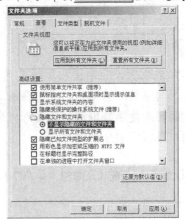

图10-49 【文件夹选项】对话框

④ 回到 F 盘目录，就会看到 Ghost 文件夹已经被隐藏起来，要显示该文件夹只需在图 10-49
   所示对话框中点选【显示所有文件和文件夹】单选钮即可。

(2) 使用注册表进行文件或文件夹永久隐藏。

① 在执行完上述操作之后，通过步骤④仍可以查看到所有隐藏的文件，而通过设置注册
   表项，则可以使设置为隐藏的文件或文件夹永远不能显示。

② 打开【注册表编辑器】窗口，选择【HKEY_LOCAL_MACHIN/ESoftware/Microsoft/
   Windows/CurrentVersion/explorer/Advanced/Folder/Hidden/SHOWALL】选项。

③ 在右边的窗口中双击【CheckedValue】键，如图 10-50 所示，将它的键值修改为 "0"，
   如图 10-51 所示。如果没有该键值的话，可以自己新建一个名为【CheckedValue】的
   DWORD 值，方法为在【注册表编辑器】窗口右侧空白区域单击鼠标右键，在弹出的
   快捷菜单中选择【DWORD 值】命令。然后将其值修改为 "0"，最后退出注册表编辑
   器，重新启动计算机。

图10-50 选择 CheckedValue 键值项

图10-51 设置键值

④ 修改完毕后重新查看被隐藏的文件或文件夹，看是否能够找到。如果执行普通隐藏方法中步骤④仍看不到隐藏的文件，则说明设置正确。

 案例小结

一定注意改变注册表之后隐藏的文件或文件夹就永远不能显示了，只有将注册表改回原来的键值才能显示，因此除非特殊需要，建议不要更改注册表，一旦进行这样的操作，必须记住文件夹的放置位置，否则很难找到。另外，要查找所隐藏的文件，也可以选择【开始】/【搜索】命令进行查找，但前提是必须知道文件或文件夹的准确名称。

10.5 实训

学完本章后，应掌握和理解常见的局域网故障和系统的维护方法，特别是对系统的安全配置、网络故障的检查、故障源的确定等知识。此外，对防火墙的理解、事件查看器的使用、注册表的使用等也都是需要深入理解的知识。下面为读者提供几个实训内容，以期进一步巩固本章所学的知识内容。

10.5.1 设置 Guest 和 Administrator 账户

 操作要求

- 了解 Guest 和 Administrator 账户的概念。
- 掌握如何禁用 Guest 账户。
- 掌握如何重设 Administrator 账户。

 步骤解析

(1) 通过计算机设置关闭 Guest 账户。

(2) 重命名 Administrator 账户。

(3) 新建一个 Guest 级别（用户级）账户，将其命名为 "Administrator"。

10.5.2 设置防火墙

 操作要求

- 了解防火墙的概念和作用。
- 掌握配置 Windows 自带防火墙。
- 掌握使用防火墙软件。

 步骤解析

(1) 设置 Windows 防火墙为开启状态（依次选择【开始】/【控制面板】/【安全中心】/【Windows 防火墙】命令）。

(2) 上网下载防毒应用软件卡巴斯基（Kaspersky）官方软件。

(3) 安装卡巴斯基软件（注意一般会有激活 KEY 文件），启动实时监控，进行全盘扫描（可能会花费十几分钟的时间）。

10.5.3 使用 ping 和 ipconfig 命令检测本机的网络连通性

 操作要求

- 了解 ping 和 ipconfig 命令的功能。
- 掌握如何执行 ping 命令。
- 掌握如何执行 ipconfig 命令。

 步骤解析

(1) 在运行窗口中执行 ping 命令，查看本机的 TCP/IP 是否正常。

(2) ping 本机 IP 地址，查看设置是否正常。

(3) 执行 ipconfig 命令查看网络是否正常。

10.5.4 使用注册表设置永久隐藏文件夹

 操作要求

- 了解隐藏文件夹的设置。
- 掌握注册表的结构和功能。
- 掌握如何修改注册表内容。

 步骤解析

(1) 在 D 盘新建一个文件夹。

(2) 将该文件夹设置为隐藏。

(3) 修改注册表键值，将其改为永久隐藏。

(4) 将注册表项改回原状，删除新建的文件夹。

 习题

一、填空题

1. 操作系统的安全包括_____、_____、_____。

2. 系统安全设置主要是针对系统_____、_____、_____等方面的配置。

3. IP 过滤器用来阻挡某些特定的对网络有损害的_____。

4. 防火墙就其结构和组成而言，大体可分为 3 种：_____、_____和_____。

5. 在遇到网络故障时，管理人员应该冷静下来，仔细分析故障原因，通常解决问题的顺序是_____。

6. 处理网络故障的方法多种多样，比较方便的有_____、_____、_____等。

7. 事件查看器显示的事件类型主要有：错误、_____、_____、_____、失败审核。

8. 注册表按层次结构来组织，由_____、_____、配置单元和值项组成。

二、简答题

1. 简述 IP 安全性设置的各项操作。
2. 什么是防火墙？
3. 简述排除网络故障的各项操作。
4. 概述事件查看器显示的事件类型的内容。
5. 简述注册表的结构。
6. 列举常用的系统维护软件。

- 综合布线系统（Generic Cabling System，GCS）：也称开放式布线系统（Open Cabling System），是一种在建筑物和建筑群中综合布线的网络系统。它把建筑物内部的语音交换设备、智能数据处理设备及其他数据通信设施相互连接起来，并通过必要的设备同建筑物外部数据网络或电话线路相连，是由通信电缆、光缆和各种连接设备等构成的，用以支持数据、图像、语音、视频信号通信的干线系统。综合干线系统包括 3 个子系统：水平干线子系统、垂直干线子系统和建筑群干线子系统，通常也称做网络的水平干线子系统、垂直干线子系统和主干线子系统。
- 建筑物与建筑群智能化系统：由通信系统、办公自动化系统、楼宇自动化系统（空调控制、给排水控制、照明控制等）、消防控制系统、综合布线系统等构成的弱电系统称做建筑物与建筑群智能化系统。
- 建筑群干线子系统：由建筑群配线架、连接建筑群配线架和各建筑物配线架的电缆、光缆等组成的布线系统。
- 水平干线子系统：由楼层配线架、信息端口以及连接楼层配线架和信息端口的网络电缆、光缆等组成的布线系统。
- 垂直干线子系统：由建筑物配线架、连接建筑物配线架和各楼层配线架的电缆、光缆等组成的布线系统。
- 工作区和信息点：工作区是用户使用终端设备的地方，也就是客户机所在的房间，信息点是客户机与网络的连接点。
- 区域电缆：建筑上的一个概念。这个概念将平面电缆分为两个部分。在移动、添加和更换时无须变动整个平面电缆。
- 集合点：一种互连设备，可将平面电缆分为两部分，用于区域电缆连接。
- 转接点：因型号或规格的不同或布线环境的要求进行电缆、光缆转接的地点。
- 配线架：一种机架固定的面板（通常 19 英寸宽），内含连接硬件，用于电缆组与设备之间的接插连接。
- 楼层配线间：放置楼层配线架和通信设备的空间。
- 建筑物配线间：放置建筑物配线架、通信设备和应用设备的空间。建筑物配线间简称为主配线间或设备间。
- 阻抗：导体中交流电流的总对抗力。
- 数据速率：按每秒比特测量的、特定网络（获其他设备）传输数据的速率。
- 延迟歪斜：电缆或系统中最慢与最快的线对之间的传输延迟差别。
- 衰减：信号通过一段线路之后，其幅度减小的程度，测量单位是分贝（dB）。
- 近端串扰衰减：规定频率的信号从一对双绞线输入时在同一端的另外一对双绞线上信号的感应程度，测量单位是分贝（dB）。

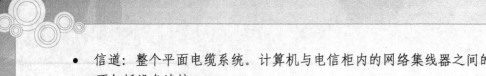

- 信道：整个平面电缆系统。计算机与电信柜内的网络集线器之间的每个装置，不包括设备连接。
- 功率和：来自多种干扰源的噪声的总计，适用于 NEXT（近端串音）和 ELFEXT（远端串音）标准。
- 传播延迟：信号通过电缆或系统所用的时间。
- 传播延迟歪斜：电缆或系统中最慢与最快的线对之间的传输延迟差别。
- 吉比特以太网：以太网的最新（1999）和最快版本。数据速率为 1 000Mbit/s，即每秒 1Gbit。
- 110 连接器：一种常用的绝缘置换连接器（IDC），采用模块插座、接插板和交叉连接。
- 均衡转换器：一种用于同轴或双轴电缆设备与双绞线电缆连接的转换器。
- 三类：双绞线电缆、连接器和系统性能的一个等级，规定适用于 10Mbit/s 速率以下的 16MHz 语音和数据应用。
- 五类：双绞线电缆、连接器和系统性能的一个等级，规定适用于 155Mbit/s（或者 1 000 Mbit/s）速率以下的 100MHz 语音和数据应用。
- 5e 类：又称超五类，双绞线电缆、连接器和系统性能的一个等级，规定适用于 1 000 Mbit/s 速率以下的 100MHz 语音和数据应用。
- 六类：双绞线电缆、连接器和系统性能的一个等级，250MHz 以下的性能规定。
- 主干电缆：建筑物各楼层或一个园区内各建筑物之间的电缆。
- 交叉连接器：用于插接两组电缆（例如，平面电缆与主干电缆）的连接硬件。
- 下线：指一个工作区内的平面电缆线路，如某个工作区有 100 条下线。
- F 连接器：一种通常用于视频传输（有线电视）的同轴电缆连接器。
- 平面电缆：包括工作区接线口、分布电缆和电信柜里的连接硬件。
- 多模：一种光纤类型，光以多重路径通过这种光纤，以发光二极管或激光器为光源。
- 单模：一种光纤类型，光以单一路径通过这种光纤，以激光器为光源。
- 多用户插座：一种在设计上支持多用户的工作插座，又称"多用户电信插座组件"，即 MUTOA。
- 连接环节：平面电缆系统上工作区与电信柜端接点之间的部分。
- 模块插座：用于双绞线的标准插口连接器，如"电话插座"。
- 模块插头：用于双绞线的标准插头连接器，如"电话插头"。
- 跳线：一种两端（通常）带有插头的电缆附件，用于交叉连接。
- 冲压：涉及 IDC 连接器和端接这种连接器所使用的方法。
- 机架：用于固定电信柜内的接插板、外壳和设备，通常宽 19 英寸，高 7 英寸。
- 回波损耗：由于电缆系统的阻抗变化而反射回到传送器的信号测量值。
- 1000Base-T：一种局域网标准，用于在五类电缆上执行 1 000Mbit/s 以太网。
- 100Base-T：100 Mbit/s 以太网的双绞线版本，需要五类双绞线。
- 10Base2：又称"细网络"，基于细（RG58）同轴电缆的 10 Mbit/s 以太网。
- 10Base5：又称"粗网络"，基于粗同轴电缆的 10Mbit/s 以太网。

- 10Base-T：基于双绞线（三类）的 10Mbit/s 以太网。
- IDC：绝缘置换连接器，一种可分开电缆绝缘进行连接的连接器，无须剥离绝缘。
- Coax：coaxial（同轴）的缩写，带编织屏蔽的单导线电缆，20 世纪 80 年代用于数据传输，现在普遍为 UTP（非屏蔽双绞线）所代替，但仍用于视频传输。
- BNC：一种刀形同轴电缆连接器。
- dB：decibel（分贝）的缩写，两个功率、电压或电流的对数比。
- IEEE：电气与电子工程师协会，802 委员会负责制定局域网标准和城域网标准。
- IEEE 802.3：一种网络协议，通常指以太网。
- IEEE 802.5：一种网络协议，通常指令牌环网。
- MT-RJ：一种小型双光纤连接器。
- NEXT：近端串扰，来自设备传输线路附加在该设备接收线路上的有害噪声。
- PBX：专用交换分机，场所电话交换机，执行电信功能。
- Plenum：室内空气流通的部位，这种地方需要采用增压通风型电缆。
- Riser：垂直放置于分离楼层的主干电缆连接电信柜。
- RJ11：一种用于 6 位模块插座的配线模式，参照插座本身使用。
- RJ21：一种用于 25 线对（AMP CHAMP）连接器的配线模式，参照连接器本身使用。
- RJ45：一种用于 8 位模块插座的配线模式，参照插座本身使用。
- SC 连接器：一种双向光纤连接器，符合 568 电缆标准的标准连接器。
- ST 连接器：一种刀形光纤连接器，符合 568 标准的可选连接器类型。
- STP：屏蔽双绞线，2 线对 150Ω 屏蔽电缆。
- UTP：非屏蔽双绞电缆，用数对绞在一起的电线制成的电缆。

附录 B　ping 命令常用参数

命令参数	描　述	功能及应用
ping 127.0.0.1	判断 TCP/IP 故障	127.0.0.1 是本地循环地址，如果本地址无法 ping 通，则表明本地机 TCP/IP 不能正常工作
运行 / cmd / ipconfig　ping 本机地址	ping 本机的 IP 地址	用 ipconfig 命令查看本机 IP，然后 ping 该 IP，通则表明网络适配器（网卡或 Modem）工作正常，不通则是网络适配器出现故障
ping 临近 IP	ping 同网段计算机的 IP	查看局域网内连接是否正常
ping –a IP	解析计算机 NetBios 名	测试要 ping 的 IP 地址的域名，例如：ping –a 192.168.1.21 则显示计算机 NetBios 名 iceblood.yofor.com
ping -n count IP	发送 count 指定的数据包数	在默认情况下，一般都只发送 4 个数据包，该参数可以测量发送 count 个数据包返回的平均时间为多少，最快时间为多少，最慢时间为多少
ping -l 65500 –t IP	定义要发送数据包大小	连续向某 IP 地址计算机发送数据包大小为 65500 的数据，直到强行停止（本命令带有攻击性，慎用）
ping -n 1 -r 9 IP	发送一个数据包，最多记录 9 个路由	一般情况下发送的数据包是通过一个路由才到达对方的，通过此参数可以设定想探测经过的路由的个数，限制在 9 个
ping　-f IP	数据包中发送"不要分段"标志	此参数以后设置路由不再分段处理
ping　-i IP	指定 TTL 值在对方的系统里停留的时间	此参数帮助检查网络运转情况
ping　-v IP	将"服务类型"字段设置为 tos 指定的值	
ping　-r IP	在"记录路由"字段中记录传出和返回数据包的路由	
ping　-s IP	指定 count 指定的跃点数的时间戳	此参数和-r 差不多，只是这个参数不记录数据包返回所经过的路由，最多也只记录 4 个
ping　-j IP	利用指定的计算机列表分隔路由数据包	连续计算机可以被中间网关分隔，IP 允许的最大数量为 9
ping　-k IP	利用指定的计算机列表分隔路由数据包	连续计算机不能被中间网关分隔，IP 允许的最大数量为 9
ping　-w IP	指定超时间隔，单位为毫秒	

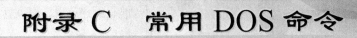

命　令	描　述	功能及应用
MD	建立子目录	功能：创建新的子目录 类型：内部命令 格式：MD[盘符：][路径名]〈子目录名〉 例：在 C 盘的根目录下创建名为 FOX 的子目录 C：>MD FOX　（在当前驱动器 C 盘下创建子目录 FOX） C：>MD FOX、USER　（在 FOX 子目录下再创建 USER 子目录）
CD	改变当前目录	功能：显示当前目录 类型：内部命令 格式：CD[盘符：][路径名][子目录名] 例： C：FOX>CD（返回到根目录） C：> C：>cd program files（进入 program files 文件夹）
RD	删除子目录命令	功能：从指定的磁盘删除子目录 类型：内部命令 格式：RD[盘符：][路径名][子目录名] 例：要求把 C 盘 FOX 子目录下的 USER 子目录删除 第一步：先将 USER 子目录下的文件删空 C：>DEL C：FOX\USER*.* 第二步：删除 USER 子目录 C：>RD C：FOX\USER
DIR	显示磁盘目录命令	功能：显示磁盘目录的内容 类型：内部命令 格式：DIR [盘符][路径][/P][/W] 例： C：\>program files>dir

命 令	描 述	功能及应用
TREE	显示磁盘目录结构命令	功能：显示指定驱动器上所有目录路径和这些目录下的所有文件名 类型：外部命令 格式：TREE[盘符：][/F][/PRN] 例： C：\〉tree
DELTREE	删除整个目录命令	功能：将整个目录及其下属子目录和文件删除 类型：外部命令 格式：DELTREE[盘符：]〈路径名〉 例： C：\〉DELTREE D：PROGRAM FILES\YANSHULEI*.*
DEL	删除文件命令	功能：删除指定的文件 类型：内部命令 格式：DEL[盘符：][路径]〈文件名〉[/P] 例： C：\〉DEL F：yanshulei*.*
FORMAT	磁盘格式化命令	功能：对磁盘进行格式化，划分磁道和扇区；同时检查出整个磁盘上有无带缺陷的磁道，对坏道加注标记；建立目录区和文件分配表，使磁盘做好接收 DOS 的准备 类型：外部命令 格式：FORMAT〈盘符：〉[/S][/4][/Q] 例： C：\〉FORMAT F：[/S]
CHKDSK	检查磁盘当前状态命令	功能：显示磁盘状态、内存状态和指定路径下指定文件的不连续数目 类型：外部命令 格式：CHKDSK [盘符：][路径][文件名][/F][/V] 例： C：\〉CHKDSK D：PROGRAM FILES
DISKCOPY	整盘复制命令	功能：复制格式和内容完全相同的软盘 类型：外部命令 格式：DISKCOPY[盘符 1：][盘符 2：] 例： DISKCOPY A：F：

命　　令	描　　述	功能及应用
SCANDISK	检测、修复磁盘命令	功能：检测磁盘的 FAT 表、目录结构、文件系统等是否有问题，并可将检测出的问题加以修复 类型：外部命令 格式：SCANDISK[盘符 1：]{[盘符 2：]…}[/ALL] 例： C：\ SCANDISK　F：
COPY	文件复制命令	功能：复制一个或多个文件到指定盘上 类型：内部命令 格式：COPY [源盘][路径]〈源文件名〉[目标盘][路径][目标文件名] 例：A：yanshulei.doc　F：
XCOPY	目录复制命令	功能：复制指定的目录和目录下的所有文件连同目录结构 类型：外部命令 格式：XCOPY [源盘：]〈源路径名〉[目标盘符：][目标路径名][/S][/V][/E] 例： C：\ XCOPY　C：DOCUMENTS AND SETTINGS　F：
CLS	清屏幕命令	功能：清除屏幕上的所有显示，光标置于屏幕左上角 类型：内部命令
CLS	清屏幕命令	格式：CLS 例： C：\ CLS
DATA	日期设置命令	功能：设置或显示系统日期 类型：内部命令 格式：DATE[mm——dd——yy] 例： C：\ DATE
TIME	系统时钟设置命令	功能：设置或显示系统时期 类型：内部命令 格式：TIME[hh：mm：ss：xx] 例： C：\ TIME